SCHÄFFER

POESCHEL

Michael Beyer / Reinhard Heyd / Niels George

Aufsichtsrat kompakt

Basiswissen mit Schaubildern

2017
Schäffer-Poeschel Verlag Stuttgart

Autoren:
Dr. Michael Beyer, Feingeist GmbH – Beratung für Aufsichtsräte und Geschäftsführer, Berlin
Prof. Dr. Reinhard Heyd, Hochschule Aalen, Universität Ulm
Dr. Niels George, Fachanwalt für Handels- und Gesellschaftsrecht, Berlin

Gedruckt auf chlorfrei gebleichtem, säurefreiem und alterungsbeständigem Papier

Bibliografische Information der Deutschen Nationalbibliothek
Die Deutsche Nationalbibliothek verzeichnet diese Publikation in der Deutschen Nationalbibliografie; detaillierte bibliografische
Daten sind im Internet über http://dnb.d-nb.de abrufbar.

Print ISBN 978-3-7910-3916-9   Bestell-Nr. 17003-0001
EPDF ISBN 978-3-7910-3650-2   Bestell-Nr. 17003-0150

© 2017 Schäffer-Poeschel Verlag für Wirtschaft · Steuern · Recht GmbH
www.schaeffer-poeschel.de
service@schaeffer-poeschel.de

Umschlagentwurf: Goldener Westen, Berlin
Umschlaggestaltung: Kienle gestaltet, Stuttgart
Layout: Olga Amann
Satz: Johanna Boy, Brennberg
Druck und Bindung: BELTZ Bad Langensalza GmbH, Bad Langensalza
Printed in Germany
Juni 2017

Schäffer-Poeschel Verlag Stuttgart
Ein Tochterunternehmen der Haufe Gruppe

Vorwort

Sehr geehrte Leserinnen und Leser,

für die Entstehung des Buches möchten wir uns in erster Linie bei Ihnen bedanken.

Durch viele Gremienberatungen, Effizienzprüfungen und Seminare etc., in denen wir Aufsichts-, Verwaltungs- und Beiräte begleiten und unterstützen durften, ergaben sich die Inhalte des Buches sozusagen aus der Praxis heraus.

Ein weiterer Anlass war und sind die stets wachsenden Anforderungen im Hinblick auf die Erfüllung der Sorgfaltspflicht von Aufsichtsräten. Einerseits sind damit »handwerkliche Themen« wie Kompetenzen zu Fachthemen, neue Entwicklungen wie z. B. der Diversity, der Digitalisierung o. Ä. oder z. B. der korrekten Durchführung einer Effizienzprüfung gemeint. Andererseits geht es um die Verschärfungen bei den Konsequenzen im Falle von Pflichtverletzungen, z. B. durch wissentliche »Nachlässigkeiten« oder bei Unwissenheit und daraus resultierenden Schäden, Fehlentscheidungen etc.

Daran kann auch eine aktuelle Entwicklung bei der momentanen Überarbeitung des Deutschen Corporate Governance Kodex (DCGK) geknüpft werden. Nach heutigem Stand wird in der Präambel künftig wieder auf den ehrbaren Kaufmann Bezug genommen. Der starke und positive Wert der Ehrbarkeit umfasst neben der moralischen Perspektive auch eine fachliche – nämlich als Grundlage dafür, dass das Mandat nach bestem Wissen und Gewissen ausgeübt werden kann. Wir würden uns freuen, wenn »Aufsichtsrat kompakt« dabei einen kleinen Beitrag leisten kann.

Berlin/Schwäbisch Gmünd, den 16. Mai 2017

Michael Beyer
Reinhard Heyd
Niels George

Inhaltsverzeichnis

Kapitel 10: AReG

Kapitel 1:

Grundlagen
der Aufsichtsratstätigkeit

Inhaltsverzeichnis

Einleitung

»Die Tätigkeit in einem Aufsichtsrat erfordert wenig Aufwand, ist mit keiner Verantwortung verbunden und übermäßig gut bezahlt.«

Gesetzesbegründung aus dem Jahr 1906 zur damaligen Höchstbesteuerung

Die zitierte Gesetzesbegründung dürfte der öffentlichen und politischen Wahrnehmung noch bis vor wenigen Jahre entsprochen haben oder zum Teil noch entsprechen. Zwar mögen einige Mitglieder des Aufsichtsrats diesen Einschätzungen nicht ganz ungerechtfertigt ausgesetzt sein, doch kann eindeutig festgestellt werden, dass die Anforderungen an die Mandatsträger sowie deren persönliche Haftungssituation deutlich zugenommen haben. Exemplarisch sind vermehrt nachfolgende Schlagworte zu vernehmen, auf die in den nachfolgenden Kapiteln eingegangen wird:

- Professionalisierung der Aufsichtsratsarbeit
- Dynamische Pflichtintensität
- Harte Zeiten für Aufsichtsräte
- Schadenersatzanforderungen steigen in Anzahl und Höhe
- Von der reinen Kontrolle zur eigenen Tatsachenfeststellung
- Erforderliche Sorgfalt nur mit Zeit und Kompetenz sicherzustellen
- Kompetente Sparringspartner für den Vorstand gesucht
- Haftungsvermeidung durch Expertise

Die Abbildung zeigt die Kernthemen der modernen Aufsichtsratsarbeit in Stichpunkten auf. Bereits auf den ersten Blick wird klar, dass die zeitgemäße und umfassende Ausübung des Mandats eine Vielzahl von Kompetenzen verlangt und mit diversen Risiken sowie neuen Anforderungen an die Kompetenzen einhergeht. Als Beispiel für solche neuen Themen soll stellvertretend die Digitalisierung genannt werden, die folgende exemplarischen Fragestellungen mit sich bringt:

> **Die Anforderungen an die Mandatsträger sowie deren persönliche Haftungssituation haben deutlich zugenommen.**

- Unterliegt das Unternehmen einem durch die Digitalisierung bedingten disruptiven Geschäftsmodell?
- Wird der Fokus der Aufsichtsführung auch verstärkt auf Aspekte wie Datenschutz, Datensicherheit, Cyberkriminalität, Auswirkungen der Digitalisierung auf die Arbeitswelt inkl. Kompetenzen und Strukturen gelegt?
- Gibt es ein IT-Kompetenzzentrum (IT-Verantwortlicher)?
- Welches sind die Auswirkungen der Digitalisierung auf das Geschäftsmodell, die Wettbewerbssituation sowie die wesentlichen Chancen und Risiken?

Einige der genannten Themen werden bereits in Kapitel 1 behandelt, andere – wie zum Beispiel die besonderen Rollen oder die Effizienzprüfung – werden in den folgenden Kapiteln erläutert.

Kernthemen der Aufsichtsratsarbeit

Pflichten im Rahmen der Mandatsausübung	Informationsversorgung/ Auskunftsbefugnisse
Selbstorganisation	Einwirkung auf die Geschäftsführung
Effizienzprüfung	Besondere Situationen und Rollen
Abgrenzung zur Geschäftsführung	Haftung

Pflichten

Die Aufgaben und Pflichten des Aufsichtsrats sind mitnichten als statisch zu bezeichnen. Die »klassische« Pflicht des Aufsichtsrats stellt, neben der Bestellung und Abberufung der Vorstandmitglieder, die in § 111 Abs. 1 AktG verankerte Kontrolle der Geschäftsführung dar. Dies bedeutet die retrospektive Ergebniskontrolle durch den Vergleich von Soll- und Istwerten anhand der Bücher und Schriften der Gesellschaft, sowie das Überprüfen von Handlungen der Geschäftsführung auf Recht-, Ordnungs- und Zweckmäßigkeit. Durch Gesetzesänderungen und Rechtsprechung unterliegen die weiterführenden Aufgaben von Aufsichtsräten jedoch einem stetigen Wandel.

So erfolgte 2009 durch die Umsetzung des Bilanzrechtsmodernisierungsgesetzes (BilMoG) eine Neuformulierung des § 107 Abs. 3 S. 2 AktG. Dieser konkretisiert und ergänzt nun die Aufgaben des Aufsichtsrats um die Überwachung des Rechnungslegungsprozesses, der Wirksamkeit des internen Kontrollsystems, des Risikomanagementsystems und des internen Revisionssystems, sowie der Abschlussprüfung.

Entsprechend obliegt dem Aufsichtsrat die Beauftragung des Abschlussprüfers sowie die Überwachung von dessen Unabhängigkeit.

Als weitere zugewachsene Aufgabe sind die mitunternehmerischen Tätigkeiten wie die Beratung des Vorstands, das Mitspracherecht und unter Umständen das Zustimmungserfordernis in weittragenden Unternehmensentscheidungen zu nennen.

Nicht zuletzt wird dies durch Ziffer 3.1 des Deutschen Corporate Governance Kodex (DCGK) deutlich. Dort heißt es: »Vorstand und Aufsichtsrat arbeiten zum Wohle des Unternehmens eng zusammen.«

> **Der Aufsichtsrat unterliegt zur Erfüllung seiner Aufgaben einer reinen Selbstorganisation.**

Diese Aufgabenverteilung und die daraus folgende gewandelte Rolle des Aufsichtsrats ist im Ergebnis ein sich zunutze machen der Vorteile der monistischen Board-Verfassung zum einen, sowie der Aufsichtsrats-Verfassung zum anderen. Entsprechend hoch sind hier die Anforderungen an die Informationsnetzwerke zwischen Aufsichtsrat und Geschäftsführung.

Um all diesen Aufgaben gerecht zu werden unterliegt der Aufsichtsrat einer reinen Selbstorganisation und kann im Bedarfsfall auch Teile seiner Aufgaben an selbst eingerichtete Ausschüsse delegieren, deren Aufgabe es wiederum ist, dem Aufsichtsrat zu berichten. Dieser hat in einem in der Satzung der Gesellschaft festgelegten Turnus der Hauptversammlung Bericht zu erstatten.

Wesentliche Pflichten des Aufsichtsrats

- Überwachung der Geschäftsführung gem. § 111 I AktG (Ergänzung DCGK 5.1.1: auch deren Beratung!)

- Bestellung und Abberufung der Vorstandsmitglieder (§ 84 I und III AktG)

- Erteilung der Prüfungsauftrages an den Abschlussprüfer (§ 111 II S. 3 AktG)

- Prüfung und Feststellung des Jahresabschlusses (§§ 171 I, 172 AktG)

- Allgemeine Sorgfaltspflicht (§ 116 S. 1 AktG)

- Pflicht zur Selbstorganisation → z.B. Durchführung von Sitzungen

Wichtigste Pflicht des Aufsichtsrats ist die Überwachung der Geschäftsführung gemäß § 111 AktG. Diese hat der Aufsichtsrat als Organ wahrzunehmen. Entsprechend sind sämtliche Aufsichtsratsmitglieder hier grundsätzlich Kraft organschaftlicher Rechtsverhältnisse zur Mitwirkung verpflichtet. Diese Überwachungsfunktion ist eine Dauerfunktion und hat daher, wie auch die Geschäftsführung durch den Vorstand, dauerhaft zu erfolgen. Ein Verstoß gegen diese Pflicht begründet einen Anspruch auf Schadensersatz der Gesellschaft.

In der Praxis erstreckt sich die Überwachung des Vorstands primär auf alle bedeutsamen Maßnahmen der Geschäftsführung. Dies sind zunächst alle operativen Maßnahmen zur Organisation der Geschäftsführung. Hier sind insbesondere die Überwachung der Systeme zur Erkennung bestandsgefährdender Entwicklungen für die Gesellschaft zu nennen sowie die Überwachung der internen Kontroll- und Compliance-Systeme auf Angemessenheit und Effizienz. Es besteht außerdem die Verpflichtung, Hinweisen auf Fehlverhalten nachzugehen.

> **Zur Überwachung und Beratung gewährt das Gesetz dem Aufsichtsrat umfangreiche Informationsrechte.**

Um diese Aufgaben effektiv wahrnehmen zu können, gewährt das Gesetz dem Aufsichtsrat (nicht jedoch dem einzelnen Mitglied) umfangreiche Einsichts- und Prüfungsrechte.

Unterstützt werden diese durch die Berichtspflichten des Vorstands gegenüber dem Aufsichtsrat.

Im Rahmen der Ausarbeitung dieser Rechte sind vielfach Verweise auf das Aktiengesetz (AktG) sowie auf das Genossenschaftsgesetz (GenG) und GmbHG zu finden.

Die Ursache dafür ist, dass insbesondere die Regelungen für den Vorstand und den Aufsichtsrat in beiden Rechtsformen (AG und eG) nahezu deckungsgleich sind. Daher wenden die Gerichte, vor allem auch der Bundesgerichtshof, bei der Auslegung von Zweifelsfragen im Genossenschaftsrecht oder im Recht der GmbH auch das Aktiengesetz an (sofern es keine rechtsformspezifische gesetzliche Regelung gibt).

Vor diesem Hintergrund wird bei Genossenschaften und Gesellschaften mit beschränkter Haftung auch der sogenannte Deutsche Corporate Governance Kodex (DCGK) für anwendbar gehalten. Es handelt sich dabei um Grundsätze guter Unternehmensführung, die eigentlich für börsennotierte Aktiengesellschaften erarbeitet wurden, aber auch auf andere Rechtsformen anwendbar sind. Dies gilt sinngemäß auch für den PCGK (Public Corporate Governance Kodex), der die Grundsätze guter Unternehmensführung der öffentlichen Hand definiert. An den Stellen, wo das Genossenschaftsgesetz und das GmbHG vom Aktiengesetz deutlich abweichen, wird gesondert darauf hingewiesen.

Wesentliche Pflichten des Aufsichtsrats

- Allgemeine Verschwiegenheitspflicht (§ 116 S. 2 AktG)

- Einberufung der Hauptversammlung zum Wohl der Gesellschaft (§ 111 III AktG)

- Prüfung der Vertretung der Gesellschaft ggü. Vorstandsmitgliedern (§ 112 AktG)

- Insolvenzantragspflicht bei Führungslosigkeit, Zahlungsunfähigkeit oder Überschuldung (§ 15a III InsO)

- Zustimmungspflichtige Rechtsgeschäfte gem. Geschäftsordnung (§ 111 IV S. 2 AktG)

Die besondere Bedeutung des Rechnungslegungsprozesses zeigt sich bereits darin, dass er als (einziger) zentraler Unternehmensprozess der Überwachungsfunktion des Aufsichtsrats unterstellt ist und Eingang ins Gesetz gefunden hat. Nach § 107 AktG obliegt dem Aufsichtsrat die Überwachung des Rechnungslegungsprozesses, der Wirksamkeit des internen Kontroll- und Risikomanagementsystems, des internen Revisionssystems sowie der Abschlussprüfung. Gegenstände der Überwachung sind nicht nur Jahresabschluss, Konzernabschluss und (Konzern-)Lageberichte als Ergebnis der Rechnungslegung, sondern auch der gesamte Rechnungslegungsprozess selbst. Dies umfasst auch die rechnungslegungsbezogenen Aspekte des internen Kontrollsystems, des Risikomanagementsystems sowie der internen Revision. Die Einrichtung des Rechnungslegungsprozesses obliegt dem Vorstand. Der Aufsichtsrat hat zu überwachen, ob der Vorstand den genannten Prozess pflichtgemäß eingerichtet hat und ob die Wirksamkeitskontrollen funktionieren. Sollte der Prozess nach Einschätzung des Aufsichtsrats nicht angemessen implementiert sein, so hat der Aufsichtsrat die Anpassungen vom Vorstand einzufordern. Dies setzt jedoch zur Beurteilung der IST-Situation sowie zur beratenden Skizzierung des Soll-Bildes neben Branchenkenntnissen umfassende Kenntnisse aus den Bereichen Rechnungslegung, Controlling, Risikomanagement etc. voraus.

> **Zur Beurteilung von Sachverhalten müssen Ist-Situationen vom Aufsichtsrat verstanden werden und Soll-Bilder erstellt oder kompetent geprüft werden können.**

Um eine Vorstellung zu erhalten, wie diese Kompetenzen im Aufsichtsratsgremium vorzuhalten sind, hilft ein Blick in den § 25d KWG, der die erforderliche Sachkunde von Mandatsträgern in Kreditinstituten konkretisiert. Danach müssen alle Mitglieder des Gremiums insbesondere bei Finanzthemen in der Lage sein, Kollektiventscheidungen individuell beurteilen zu können – unabhängig von der vertieften Expertise von Ausschüssen, Experten etc. Die hier angesprochene Fachkompetenz bezieht sich ebenfalls auf Arbeitnehmervertreter und politische Vertreter innerhalb des Aufsichtsrats. Zwar sind diese Anforderungen lediglich im KWG kodifiziert, doch ist im Streitfall durchaus auch von einer Ausstrahlungswirkung der Sachkunde-Kriterien auf Mandatsträger außerhalb des Bankensektors auszugehen. Insbesondere durch die jüngsten Bilanzskandale und Urteile scheint ein Kompetenzmangel auf diesem Gebiet vor Eignern, der Öffentlichkeit und ggf. der Gerichtsbarkeit schwerlich argumentierbar.

Die hier angeführten Beispiele wesentlicher Pflichten stellen keine umfassende und abschließende Auflistung dar – zumal sich der Begriff der Wesentlichkeit auch immer auf die besonderen Umstände beziehen kann, in denen sich ein Unternehmen befindet. Als Konsequenz kann sich ergeben, dass eine im Mandatsalltag weniger relevante Aufgabe in speziellen Situationen zur signifikanten Herausforderung wird.

Wesentliche Pflichten des Aufsichtsrats

- Erlass einer Geschäftsordnung für den Vorstand § 77 Abs. 2 S. 1 AktG

- Überwachung des Rechnungslegungsprozesses nach § 107 AktG

- Prüfung des Abhängigkeitsberichts gem. § 314 AktG

- Passive Empfangszuständigkeit bei Führungslosigkeit der Aktiengesellschaft § 78 Abs. S. 2 AktG

- Geltendmachung von Schadensersatzansprüchen der Aktiengesellschaft § 93 AktG

Abgrenzung der Organe

Der Vorstand ist das (geschäftsführende) Leitungsorgan der Aktiengesellschaft. Bestellt wird dieser durch Beschluss vom Aufsichtsrat und besteht grundsätzlich aus mindestens einem Mitglied, bei einem Grundkapital von mehr als drei Millionen Euro aus mindestens zwei Mitgliedern. Die zentrale Aufgabe des Vorstands geht aus § 76 Abs. 1 AktG hervor und ist die eigenverantwortliche Leitung der Gesellschaft mit der Sorgfalt eines ordentlichen, gewissenhaften Geschäftsleiters (»Business Judgement Rule«). Besteht der Vorstand aus mehreren Mitgliedern, so sind diese grundsätzlich nur zur gemeinsamen Geschäftsführung befugt. Weiterhin vertritt der Vorstand die AG, sowohl außergerichtlich als auch gerichtlich. Ebenso obliegt dem Vorstand die Führung der laufenden Geschäfte. Weitere Pflichten des Vorstands sind unter anderem:

- Die Aufstellung vom Jahresabschluss und Lagebericht
- Die Erstellung des Jahresabschlusses
- Die Einberufung und Durchführung von ordentlichen und außerordentlichen Hauptversammlungen.
- Berichterstattung an den Aufsichtsrat
- Die Eröffnung des Insolvenzverfahrens

Aus der Eigenverantwortlichkeit des Vorstands ergibt sich, dass dieser seine Tätigkeiten grundsätzlich selbstständig und weisungsfrei ausübt. Einschränkungen ergeben sich hier für besonders weitreichende Rechtsgeschäfte, bei denen der Vorstand der Hauptversammlung die Frage zur Entscheidung vorzulegen hat (vgl. Holzmüller-Entscheidung). Ebenso können sich Beschränkungen der Geschäftsführungsbefugnis aus der Satzung der AG, oder der Geschäftsordnung des Vorstands ergeben. Dort sind die Rechtsgeschäfte in einem Katalog festzuhalten, die der Zustimmung des Aufsichtsrats bedürfen. Verweigert der Aufsichtsrat seine Zustimmung, so kann der Vorstand von der Hauptversammlung die Zustimmung verlangen. Verweigert auch diese die Zustimmung, so hat das Rechtsgeschäft zu unterbleiben.

Möglich ist dem Vorstand die Delegation von Aufgaben in verschiedene Ausschüsse, beispielsweise nach dem Divisionsmodell. Mit wachsender Größe einer Aktiengesellschaft kann diese Möglichkeit wohl als unverzichtbar bezeichnet werden. Ausgenommen hiervon sind allgemein alle Grundlagengeschäfte der Gesellschaft.

> **Die zentrale Aufgabe des Vorstands ist die eigenverantwortliche Leitung der Gesellschaft mit der Sorgfalt eines ordentlichen, gewissenhaften Kaufmanns.**

Wesentliche Eckpfeiler zur Abgrenzung der Organe

Der Vorstand leitet das Unternehmen in eigener Verantwortung (§ 76 I AktG, § 27 I S. 1 GenG)

Der Vorstand bestimmt die Unternehmenspolitik und entscheidet nach eigenem Ermessen

Ziel ist die nachhaltige Wertschöpfung im Unternehmens- und Stakeholder-Interesse (DCGK 4.1.1, § 1 GenG)

Die Gesamtverantwortung obliegt ungeachtet der Ressortaufteilung dem Gesamtvorstand

Der Aufsichtsrat hat den Vorstand zu überwachen (§ 111 I AktG, § 38 I GenG)

Auf den Aufsichtsrat ist an dieser Stelle nur zur Abgrenzung und daher stark verkürzt einzugehen. Bei Gründung der Aktiengesellschaft wird der Aufsichtsrat zunächst von den Gründern bestellt. Dieser bleibt dann bis zur Entlastung durch die erste Hauptversammlung im Amt. Von dort an obliegt die Wahl der Aufsichtsratsmitglieder, soweit es sich nicht um Arbeitnehmervertreter handelt, der Hauptversammlung. Eine Wahl zum Aufsichtsratsmitglied ist bis zur maximalen Höchstdauer von fünf Jahren möglich, kann jedoch beliebig oft durch den Hauptversammlungsbeschluss verlängert werden. Die zentrale Aufgabe des Aufsichtsrats ist die in § 111 Abs. 1 AktG niedergelegte Überwachung der Geschäftsführung. Diese und alle weiteren Aufgaben des Aufsichtsrats sind in den folgenden Kapiteln näher zu beleuchten.

Eine zentrale Aufgabe des Aufsichtsrats ist die Überwachung des Vorstands bzw. der Geschäftsführung.

Aufgaben der Geschäftsführung können dem Aufsichtsrat grundsätzlich nicht übertragen werden, jedoch stellt der Katalog von möglichen Zustimmungserfordernissen ein starkes Werkzeug zur Einflussnahme auf die Geschäftsführung dar. Die Aktionäre der Aktiengesellschaft üben in der Hauptversammlung ihre Rechte und Pflichten aus. Sowohl Vorstand, als auch Aufsichtsrat sollen an der Hauptversammlung teilnehmen.

Die Hauptversammlung hat gemäß § 119 AktG Beschluss zu fassen in folgenden Themen:

- Bestellung der Mitglieder des Aufsichtsrats, soweit diese nicht nach anderen Vorschriften entsendet werden
- Gewinnverwendung
- Entlastung der Mitglieder von Vorstand und Aufsichtsrat
- Bestellung der Abschlussprüfer
- Satzungsänderungen
- Maßnahmen der Kapitalbeschaffung und -herabsetzung
- Bestellung von Prüfern für etwaige Sonderprüfungen von Gründungsvorgängen oder Vorgängen der Geschäftsführung
- Auflösung der Gesellschaft.

Über Fragen der Geschäftsführung kann die Hauptversammlung nur entscheiden, wenn der Vorstand es verlangt. Eine Pflicht kann sich jedoch aus der besonderen Tragweite von Vorgängen der Geschäftsführung ergeben (vgl. Vorstand/Holzmüller Entscheidung).

Turnusmäßig hat die Hauptversammlung einmal jährlich am Sitz der Gesellschaft stattzufinden und wird vom Vorstand einberufen (ordentliche Hauptversammlung). Zusätzlich kann in bestimmten Fällen eine Hauptversammlung durch Minderheitsaktionäre einberufen werden, oder durch den Aufsichtsrat, wenn das Wohl der Gesellschaft es erfordert (außerordentliche Hauptversammlung).

Zum Aufsichtsrat soll noch erwähnt werden, dass seit der Novellierung des Aktiengesetzes (Reform seit 31.12.2015 in Kraft) der Grundsatz der Dreiteilbarkeit der Anzahl der Aufsichtsratsmitglieder abgeschafft wurde. Dies sorgt für größere Flexibilität bei der Festlegung der Größe des Aufsichtsrats für Aktiengesellschaften, die nicht der Mitbestimmung unterliegen. Für die Beschlussfähigkeit sind mindestens drei Mitglieder notwendig.

Wesentliche Eckpfeiler zur Abgrenzung der Organe

- Die Kompetenzverteilung zwischen beiden Organen ist zwingend und steht nicht zur Disposition

- Es gilt der Grundsatz der formellen Satzungsstrenge (§ 23 V 1 AktG, § 18 S. 2 GenG)

- Im Fokus der Überwachung stehen Unternehmensplanung (Strategie, Finanzen) und Risikomanagement

- Die maßgebliche Abgrenzung bestimmt sich (auch für eG's) aus § 90 AktG, nämlich den Regeln über die Berichterstattung des Vorstands an den Aufsichtsrat

- Aufsichtsrat und Vorstand arbeiten zum Wohl der Gesellschaft eng zusammen (DCGK 3.1)

- Kompetenzverteilung zwischen beiden Organen gilt auch für GmbH, außer der Gesellschaftsvertrag regelt einen anderen Inhalt (§ 52 GmbHG)

Rechte im Überblick

Da sich häufig aus den Pflichten auch vice versa die Rechte ergeben (z. B. kann die Pflicht zur Überwachung der Geschäftsführung auch als Recht angesehen werden), sollen hier lediglich einige Rechte angeführt werden, die bisher nicht explizit genannt worden sind.

Dem Aufsichtsrat steht das präventiv wirkende Zustimmungserfordernis aus § 111 Abs. 4 AktG für bestimmte Handlungen des Vorstands als effizientes Werkzeug der Kontrolle zur Verfügung. Dies darf jedoch der grundsätzlichen Geschäftsführung durch den Vorstand nicht zuwider laufen, so dass Maßnahmen des gewöhnlichen Geschäftsbetriebes nicht unter den Zustimmungsvorbehalt des Aufsichtsrats fallen dürfen. Genauer kann sich der Vorbehalt nur auf Maßnahmen erstrecken, die aufgrund ihrer Art, des Volumens oder des Risikos für das Unternehmen von grundlegender Bedeutung sind. Diese Maßnahmen müssen weiterhin auf genaue Geschäfte oder Geschäftsarten präzisiert werden.

Ein effizientes Werkzeug des Aufsichtsrats ist der Zustimmungsvorbehalt, wenn er konsequent genutzt wird.

Die Zustimmungserteilung durch den Aufsichtsrat hat grundsätzlich vor Durchführung der Maßnahme durch eine Beschlussfassung zu erfolgen. Eine Ausnahme ist hier nur durch besondere Eilbedürftigkeit und das Ziel, die Gesellschaft vor Schäden zu schützen, zu rechtfertigen. Sollte der Aufsichtsrat seine Zustimmung verweigern, so bleibt dem Vorstand die Möglichkeit die Maßnahme der Hauptversammlung zum Beschluss vorzulegen. Versagt auch dieser seine Zustimmung hat die Maßnahme zu unterbleiben.

Es besteht zwar keine gesetzliche Pflicht, dass der Aufsichtsrat eine Geschäftsordnung für den Vorstand erlässt, jedoch ist dies in der Praxis üblich, was nicht zuletzt durch den Deutschen Corporate-Governance Kodex (DCGK) in Ziffer 4.2.1 S. 2 DCGK durch eine »Soll«-Empfehlung bestätigt wird. Zwar ist es auch dem Vorstand möglich sich selbst eine Geschäftsordnung zu geben, jedoch hat der Aufsichtsrat hierzu das vorrangige Recht.

Die Bedeutung des Rechts auf angemessene Ressourcen ist ebenfalls hervorzuheben, da – wenn von diesem Recht kein Gebrauch gemacht wird – er sich grundsätzlich auch nicht exkulpieren kann wegen zu wenig Fortbildung, mangelnder Expertise etc. Schließlich sei daran erinnert, dass der Aufsichtsrat das höchste Gremium im Unternehmen ist und sich im einvernehmlichen Rahmen mit dem Vorstand die Ressourcen, Mittel usw. zuweisen lässt, die er nach seiner Einschätzung benötigt. Hier soll es mitnichten um Konfrontation oder Machtspiele gehen, jedoch muss sich der Aufsichtsrat seiner Aufgabe und Verantwortung bewusst sein und gelegentlich auch einfordern, was er zur Erfüllung seiner Aufgaben benötigt.

Wesentliche Rechte des Aufsichtsrats

Einsichts- und Prüfungsrecht

Zustimmungsvorbehalte

Recht zur Bildung von Ausschüssen

Recht auf angemessene finanzielle und personelle Ressourcen zur Erfüllung der Aufgabe

Recht auf Nutzung externer Expertise

Informationsversorgung

Gemäß § 111 Abs. 1 AktG hat der Aufsichtsrat die Geschäftsführung zu überwachen. Diese Grundfunktion wird einerseits im DCGK aufgegriffen und andererseits weiter spezifiziert. Dieser Aufgabe kann er indes nur mit angemessen umfangreichen und aktuellen Informationen nachkommen.

Antizipative Kontrolle bedeutet, dass der Aufsichtsrat bereits in die strategische Planung einbezogen wird. Diese Anforderung setzt voraus, dass eine strategische Planung erstellt wird. Umfang und Detailliertheitsgrad der sich aus der Beratungs- und Überwachungsfunktion des Aufsichtsrats ergebenden Informationsanforderungen können vom Aufsichtsrat festgelegt werden. Daraus resultiert jedoch eine doppelte Zielrichtung und Begrenzung: Einerseits sind die Anforderungen an den Wirtschaftlichkeitsgrundsatz gebunden, d. h. dass die gewünschten Informationen seitens des Vorstands nicht erhoben werden müssen, wenn die Kosten der Informationserhebung und -auswertung höher sind als der Informationsnutzen. Andererseits erfordert die Business Judgement Rule (§ 93 Abs. 1 Satz 2 AktG) fundierte unternehmerische Entscheidungen auf Basis angemessener Informationen. Dazu gehört auch, wie im nächsten Abschnitt weiter ausgeführt wird, dass der Aufsichtsrat die notwendigen Informationen erhält bzw. nachfordern kann und in der Lage ist, sie auch fachlich zu verstehen.

Gerade für Entscheidungen von grundlegender Bedeutung sind planerische und strategische Informationen erforderlich. Hierzu reichen regelmäßig operativ angelegte Auswertungen oftmals nicht aus. Daraus folgt, dass der Aufsichtsrat das gesamte Portfolio der die Geschäftseinheiten betreffenden Informationen benötigt wie auch die auf den Produktlebenszyklus einzelner Segmente bezogenen Daten.

Sowohl Planung als auch Kontrolle bedürfen der Informationsfundierung. Dabei ist zwar die Informationsversorgung gemeinsame Aufgabe von Vorstand und Aufsichtsrat, die Initiative über Inhalt, Umfang, Aufbereitung und zeitliche Verfügbarkeit liegt jedoch beim Aufsichtsrat. Besondere Anforderungen ergeben sich aus dem in Deutschland vorherrschenden Trennungsmodell mit seiner Aufgabenparzellierung zwischen Vorstand und Aufsichtsrat. Daher empfiehlt es sich, ein Berichtswesen einzuführen bezüglich der Planvariablen, der Abschätzung der Auswirkungen alternativer Planvarianten und der – getrennt von der Faktendarstellung zu kommunizierenden – Einschätzung des Vorstandes. Die Parameter für die Planungs- und Kontrollunterlagen, die an den Aufsichtsrat kommuniziert werden, sollten nicht anders sein als jene, die für die managementbezogene Planung und Kontrolle herangezogen werden, wenngleich die Aufbereitung kompakt und auf die Zielgruppe der Aufsichtsratsmitglieder abzustimmen ist.

Insbesondere bei Entscheidungen grundlegender Bedeutung reichen operativ angelegte Auswertungen nicht aus, sondern sind Informationen zur Planung und Strategie zu ergänzen.

1 Antizipative Kontrolle

- Aufsichtsorgan ist in die strategische Planung einzubeziehen (Ziffer 3.2. DCGK).

- Das setzt voraus, dass es eine strategische Planung gibt.

- Fundierung unternehmerischer Entscheidungen gemäß Business Judgement Rule.

2 Angemessene Informationsversorgung

- Informationsversorgung ist zwar Aufgabe von Vorstand und Aufsichtsrat, …

- die Initiative über Inhalt, Umfang, Aufbereitung und zeitlicher Verfügbarkeit liegt jedoch beim Aufsichtsrat (Ziffer 3.4 DCGK).

3 Follow-up Berichterstattung

- Berichterstattung über Projektstände, Zielerreichungen oder -abweichungen (Ziffer 3.2 i.V.m. 3.4 DCGK).

- Präzise Formulierung der Strategie ist erforderlich für Soll-Ist-Vergleiche, Meilensteine etc.

- Dafür sind Budgets ein mögliches Mittel.

Hierfür können Grundsätze, wie sie in DRS 20 bzw. dem Konzept des Integrated Reporting entwickelt wurden, in analoger Anwendung auf ihre Eignung zur Kommunikation zwischen Vorstand und Aufsichtsrat geprüft werden. Angesichts des knappen Zeitfensters der Aufsichtsratssitzungen sollten nicht die Budgetierungsverfahren erläutert werden müssen, vielmehr haben die angewandten Budgetierungskonzepte bekannt zu sein.

Aufsichtsführung bedeutet unter anderem, Entwicklungen zu begleiten und projektbegleitende Überwachung und Beratung auszuüben. Dies erfordert eine laufende Berichterstattung über den Projektstand sowie ggf. eingetretene oder erwartete Abweichungen von den Ziel-/Planungsprojektionen. Die Erörterung des Stands der Strategieumsetzung bzw. der Planung setzt deren präzise Formulierung voraus, sowie ihre Fortschreibung in zeitlicher Hinsicht nach Meilensteinen und Projektfortschrittsgrößen. Dafür sind Budgets eine von mehreren möglichen Darstellungsweisen. Planungsrelevante Kennzahlen und deren Entwicklung im Zeitvergleich können ebenfalls herangezogen werden. Wichtig ist, dass die Vorgabe- und Kontrollgrößen homogen sind und die durch den Zeitvergleich ermittelten Differenzen inhaltlich interpretierbar und hinsichtlich der relevanten Verantwortlichkeiten nachvollziehbar sind.

> **Vom Aufsichtsrat wird erwartet, dass er über die Berichtspflicht hinausgehende notwendige Informationen eigenständig anfordert.**

Die Berichterstattung ist die Grundlage der Überwachungstätigkeit des Aufsichtsrats, da er umfassende Informationen zur Überwachung und zukunftsorientierten Beratung benötigt. Dafür kann er im Wesentlichen auf die folgenden Quellen zurückgreifen:

- Vorstand
- Abschlussprüfer
- Eingeschränkt: Mitarbeiter

Auf die Möglichkeit des Austauschs mit Mitarbeitern wird später innerhalb dieses Abschnitts eingegangen.

Eine der wesentlichen Pflichten des Vorstands ist die regelmäßige, zeitnahe und umfassende Information des Aufsichtsrats. Dazu ist auf alle relevanten geschäftspolitischen Aspekte, Strategie, Planung, Geschäftsentwicklung, Risikolage, Risikomanagement und Compliance einzugehen.

Das Mindestmaß der Berichtspflicht enthält § 90 AktG, dem ein Katalog an Themen entnommen werden kann. Letztlich bleibt es jedoch die gemeinsame Aufgabe von Vorstand und Aufsichtsrat, eine ausreichende und angemessene Informationslage sicherzustellen. Diese gemeinsame Verpflichtung ist auch dadurch zu begründen, dass vom Aufsichtsrat erwartet wird, über die Pflichtberichterstattung hinausgehende notwendige Informationen selbst aktiv einzufordern. Auf diese Weise kann er seine Informationslage so gestalten, dass eine effektive Überwachung des Vorstands möglich ist.

Zentrale Elemente der Berichterstattung des Vorstands an den Aufsichtsrat sind der Jahresabschluss und der Lagebericht (bzw. Konzernabschluss und Konzernlagebericht), welche ggf. mit

1

Informationsversorgung

Gesetzliche Grundlage

**DCGK
Deutscher Corporate
Governance Kodex**

**PCGK
Public Corporate
Governance Kodex**

- Berichte an den Aufsichtsrat (§ 90 I 1 AktG): »Der Vorstand hat dem Aufsichtsrat zu berichten über die beabsichtigte Geschäftspolitik und andere grundsätzliche Fragen der Unternehmensplanung.«

- Hierbei geht es insbesondere um die Finanz-, Investitions- und Personalplanung.

- Auf Abweichungen gegenüber den früher berichteten Zielen (Planwerten) ist unter Angabe der Ursachen einzugehen (§ 90 AktG).

- Die Berichterstattung erstreckt sich auch auf Tochterunternehmen bzw. verbundene Unternehmen, wenn der Vorfall für die Lage der Mutterunternehmen von erheblichen Einfluss sein könnte (§ 90 AktG).

Die Überwachungsaufgabe ist folglich primär planungsbezogen und damit zukunftsorientiert.
Die vergangenheitsbezogene Überwachung dient im Wesentlichen der Kontrolle der Planerfüllung.

dem sog. Abhängigkeitsbericht über die Beziehungen zu verbundenen Unternehmen zu ergänzen sind. Hinzu kommen Halbjahres- und Quartalsberichte. Diese Berichte sind vom Aufsichtsrat auf ihre Richtigkeit intensiv durchzuarbeiten und zu prüfen.

Bei dieser wesentlichen Aufgabe ist die zweite angeführte Informationsquelle von besonderer Bedeutung, nämlich der Abschlussprüfer. Seine Ergebnisse und Berichte an den Aufsichtsrat helfen dem Aufsichtsrat, die Berichterstattung des Vorstands zu würdigen und auf Richtigkeit hin zu prüfen. Die Prüfungsergebnisse und das Prüfungsurteil des Abschlussprüfers geben dem Aufsichtsrat entscheidende Hinweise auf die Korrektheit der vom Vorstand übermittelten Informationen. Dies ist zwar eine essentielle Botschaft, sagt jedoch nichts über die Erreichung der Geschäftsziele aus, sondern bedeutet nur, dass die berichteten Informationen, Zahlen etc. korrekt sind.

Ein Recht, das dem Aufsichtsrat explizit die Möglichkeit gibt, auf Mitarbeiter zuzugreifen, ist im Aktiengesetz nicht enthalten.

Der Abschlussprüfer kann zwar dem Aufsichtsrat nicht die Pflicht zur Prüfung der genannten Berichte abnehmen, da diese Aufgabe allein und persönlich dem Aufsichtsrat vorbehalten ist, aber in seiner Rolle als »Gehilfe« dient er ihm als sachverständige und unabhängige Quelle und Auskunftsperson.

Neben den gesetzlichen Aufgaben des Abschlussprüfers können ihm oder anderen geeigneten externen Beratern auch zusätzliche bzw. erweiterte Prüfungsaufträge erteilt werden. Beispielhaft sind Gutachten bei Unternehmensübernahmen, Sa-

nierungskonzepte, Prüfung von Kontrollsystemen oder Ähnliches zu nennen.

Fraglich ist, ob der Aufsichtsrat zum Zweck der Informationsbeschaffung auf die Mitarbeiter des Unternehmens zugehen kann. Im Aktiengesetz ist ein solches Recht nicht ausdrücklich enthalten, da primär die Beziehung zwischen Vorstand und Aufsichtsrat geregelt ist. Da die Geschäftsführung in der Hoheit des Vorstands liegt, wäre ein Zugriff auf Mitarbeiter durch den Aufsichtsrat als ein Eingriff in diese explizite Vorstandskompetenz zu werten. Gegenteilig kann argumentiert werden, dass der Aufsichtsrat seiner Überwachungsfunktion nur nachkommen kann, wenn ihm genau dies gestattet ist. Denkbar sind schließlich Konstellationen, in denen der Aufsichtsrat zur Beurteilung des Vorstandes oder dessen Entscheidungen auf die Meinung des Revisionsleiters, des Compliance Officers oder der Rechtsabteilung angewiesen ist.

Zu unterscheiden ist dabei, ob der Aufsichtsrat aktiv Informationen einholt bzw. die Initiative dafür von ihm ausgeht oder ob diese an ihn herangetragen werden.

Typische unkritische vorstandsunabhängige Quellen, die das Aktienrecht vorsieht, sind zum Beispiel:

- Die erwähnten Auskünfte des Abschlussprüfers
- Die Beauftragung von Sachverständigen
- Die Hinzuziehung von Experten zu bestimmten Themen in den Aufsichtsratssitzungen
- Die Einsichtnahme in die Bücher und Schriften der Gesellschaft

1

- DCGK 3.4:

- Die ausreichende Informationsversorgung des Aufsichtsrats ist gemeinsame Aufgabe von Vorstand und Aufsichtsrat.

- Der Vorstand informiert den Aufsichtsrat regelmäßig, zeitnah und umfassend über alle für das Unternehmen relevanten Fragen der Planung, der Geschäftsentwicklung, der Risikolage, des Risikomanagements und der Compliance. Er geht auf Abweichungen des Geschäftsverlaufs von den tatsächlich aufgestellten Plänen und Zielen unter Angabe von Gründen ein.

- Der Aufsichtsrat soll die Informations- und Berichtspflichten des Vorstands näher festlegen.

Die Überwachungsaufgabe ist folglich primär planungsbezogen und damit zukunftsorientiert.
Die vergangenheitsbezogene Überwachung dient im Wesentlichen der Kontrolle der Planerfüllung.

Geht die Initiative vom Aufsichtsrat aus, kann wiederum zwischen dem generellen Informationsrecht, dem Informationsrecht in Ausnahmefällen sowie einer unternehmensindividuellen Regelung zur Informationsbeschaffung differenziert werden.

Die bisherige Rechtsprechung hat bisher nur in wenigen Ausnahmen entschieden, dass der Aufsichtsrat im Sinne eines generellen Rechts befugt ist, von Mitarbeitern Informationen einzuholen. Diese eher traditionelle Auffassung sieht hierbei ein »Informationsweitergabemonopol« beim Vorstand. Somit besteht kein **generelles Recht**, am Vorstand vorbei Informationen zu beschaffen. Eine solche Maßnahme seitens des Aufsichtsrats wird in der Regel das Vertrauensverhältnis zwischen Aufsichtsrat und Vorstand stark belasten. Auch nach der traditionellen und aktuell (noch) vorherrschenden Sicht ist es jedoch möglich, mittels Zustimmung des Vorstands den Wünschen aller Seiten gerecht zu werden.

Demgegenüber sieht die jüngere/moderne Auffassung jedoch genau diese jederzeitige Informationsmöglichkeit des Aufsichtsrats direkt bei den Mitarbeitern ohne explizite Zustimmung des Vorstands vor. Dadurch wird insbesondere der effektiven Überwachung des Vorstands Rechnung getragen, da eine mögliche selektive Informationsweitergabe durch diesen an den Aufsichtsrat nach diesem Modell weniger Aussicht auf »Erfolg« haben wird. Nicht vergessen werden sollte nämlich

> Nach der traditionellen Auffassung liegt das »Informationsweitergabemonopol« beim Vorstand. Die moderne Auffassung hingegen sieht darin ein Hindernis für die effektive Überwachung.

der Umstand, dass der Aufsichtsrat z. B. für die Wiederbestellung und die Vergütung des Vorstands verantwortlich ist. Weiterhin ist zu berücksichtigen, dass das Aktiengesetz den Zugriff auf Mitarbeiter auch nicht explizit ausschließt. Wie erwähnt, kann der Aufsichtsrat Auskunftspersonen, Sachverständige etc. in Sitzungen berufen und somit über diesen Weg auch Mitarbeiter einbinden. Weiterhin hat er die Möglichkeit, die Bücher und Schriften einzusehen und damit auch die daran gebundene Möglichkeit, sich diese Unterlagen von den zuständigen Mitarbeitern erläutern zu lassen. Für die moderne Auslegung spricht ebenfalls die neuere Gesetzgebung. Spätestens seit dem BilMoG sind die Überwachung des internen Kontrollsystems, des Risikomanagementsystems und der internen Revision zentrale Aufgaben des Aufsichtsrats. Eine effiziente Überwachung in diesem Sinne erfordert in der Praxis de facto den Zugriff auf die entsprechenden Leiter. Darüber hinaus gibt es bereits branchenspezifische Regelungen, die bestimmte Informationsrechte explizit vorsehen. Beispielhaft ist das KWG anzuführen, welches in § 25d KWG die Möglichkeit vorsieht, dass der Aufsichtsrat sich direkt beim Leiter der internen Revision oder beim Leiter des Risikocontrollings von Kreditinstituten Informationen beschafft.

Unabhängig davon, ob die herrschende Meinung oder einzelne Unternehmen das generelle **Informationsrecht** des Aufsichtsrats ablehnen, soll der Aufsichtsrat jedoch in **Ausnahme-**

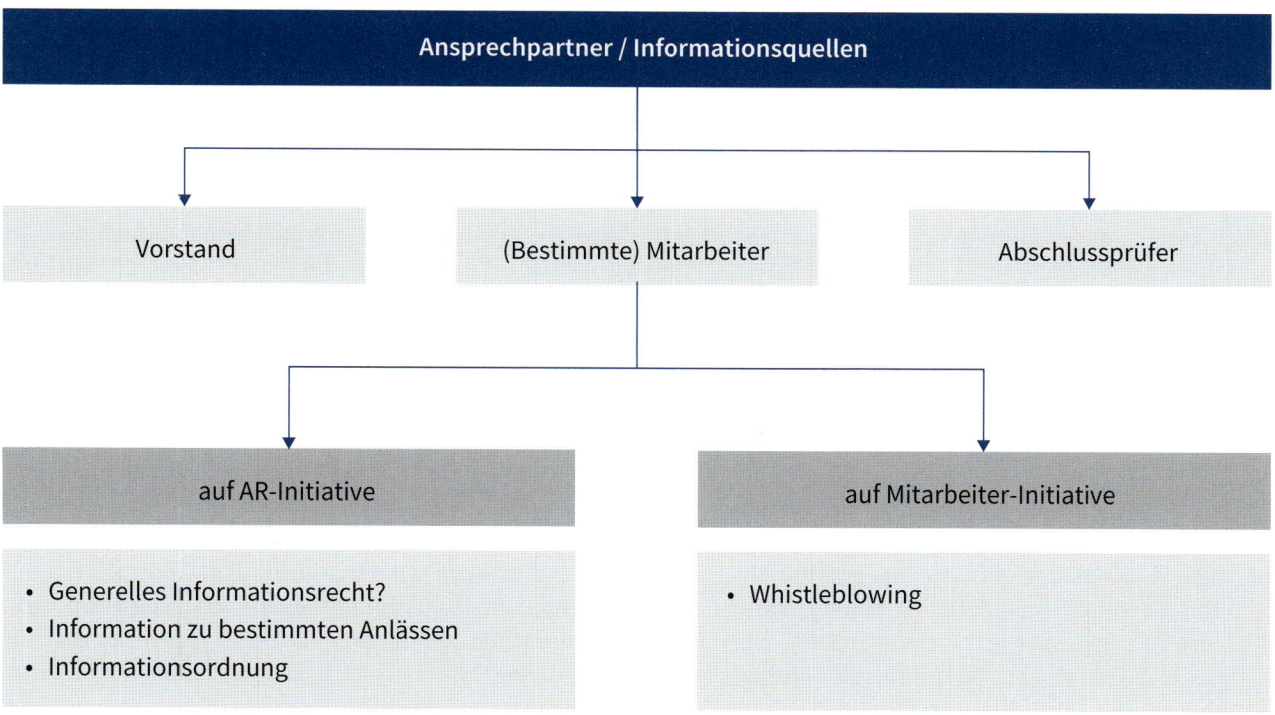

Ansprechpartner / Informationsquellen

- Vorstand
- (Bestimmte) Mitarbeiter
- Abschlussprüfer

auf AR-Initiative

- Generelles Informationsrecht?
- Information zu bestimmten Anlässen
- Informationsordnung

auf Mitarbeiter-Initiative

- Whistleblowing

fällen das Recht haben, sich Informationen am Vorstand vorbei direkt von den Mitarbeitern zu holen.

Ein Ausnahmefall soll dann vorliegen, wenn ein besonderes Informationsbedürfnis des Aufsichtsrats besteht und wenn die Informationsbeschaffung über den Vorstand gescheitert ist oder aufgrund dessen Mitwissen eine sinnvolle Untersuchung nicht mehr gegeben wäre. Beispiele für besondere Informationsbedürfnisse sind unter anderem:

- Verdacht auf schwerwiegenden Pflichtverstoß des Vorstands
- Vorenthaltung angeforderter Informationen
- Fehlerhafte und unvollständige Informationen
- Mangelndes Vertrauensverhältnis beider Gremien
- Unternehmen befindet sich in der Krise

Folgt man der konservativen Auffassung, muss der Aufsichtsrat auch in den genannten Punkten zuerst versuchen, die Informationen über den Vorstand einzuholen. Von praktischer Bedeutung – und von Gerichten bestätigt – ist jedoch, dass der Aufsichtsrat sogar verpflichtet ist, Informationen direkt bei Mitarbeitern einzuholen. Das OLG Stuttgart (WM 2012) hat hierzu ausgeführt, dass der Aufsichtsrat in Ausübung seiner Überwachungsfunktion verpflichtet ist, Nachforschungen am Vorstand vorbei vorzunehmen, wenn Berichte unklar, unvollständig etc. sind oder Verdacht auf ein Fehlverhalten des Vorstands vorliegt.

> **Gerichtsurteile zeigen eindeutig den Trend hin zur modernen Auslegung des Amtes und somit auch zur Einholung von Informationen.**

Erwähnt sei an dieser Stelle noch, dass sich daraus keine Direktionsbefugnis des Aufsichtsrats gegenüber dem Mitarbeiter begründet. Nach aktueller Auffassung ist der Mitarbeiter somit nicht zur Auskunft an den Aufsichtsrat verpflichtet.

In der Praxis wird der Aspekt »wer, wann auf wen zugreifen darf« durch eine Regelung der Informationseinholung gelöst. Diese Vereinbarung kann sich an Themen orientieren, die für den Aufsichtsrat von Bedeutung sind. Weiterhin kann ein Personenkreis definiert werden, auf den zur Informationseinholung zugegriffen werden kann. Es kann auch ausformuliert werden, ob es sich um ein dauerhaftes Recht handeln soll, oder ob nur unter bestimmten Umständen von diesem Recht Gebrauch gemacht werden kann. Ebenfalls sollte geklärt sein, ob der Vorstand vorher zu unterrichten ist, wer konkret aus dem Gremium des Aufsichtsrats die Informationen einholen darf und wie genau diese zu liefern sind (schriftlich/mündlich? Nur in offiziellen Sitzungen? etc.).

Durch eine solche Regelung werden mögliche Grauzonen und Unsicherheiten zumindest reduziert – auch bei den potenziell befragten Mitarbeitern bezüglich deren Verhalten in solchen Situationen! Weiterhin werden Abstimmungen vermieden, Vertrauensverhältnisse gewahrt und die Autorität des Vorstands bei den Mitarbeitern wird, da die Nachfragen des Aufsichtsrats nur innerhalb eines klar abgesteckten Rahmens erfolgen, nicht beeinträchtigt. Jedoch gilt es noch zu klären, wie es sich verhält, wenn der Mitarbeiter selbst auf seine Initiative Informationen an den Aufsichtsrat erteilen möchte.

1

Informationsversorgung

Gesetzliche Grundlage

DCGK
Deutscher Corporate
Governance Kodex

PCGK
Public Corporate
Governance Kodex

- PCGK 3.1.3

- Die Geschäftsleitung informiert das Überwachungsorgan regelmäßig, zeitnah und umfassend über alle für das Unternehmen relevanten Fragen der Planung, der Geschäftsentwicklung, der Risikolage, des Risikomanagements und der Compliance sowie über für das Unternehmen bedeutende Veränderungen des wirtschaftlichen Umfelds. Sie geht auf Abweichungen des Geschäftsverlaufs von aufgestellten Plänen und Zielen unter Angabe von Gründen ein.

- Das Überwachungsorgan soll die Informations- und Berichtspflichten der Geschäftsleitung in deren Geschäftsordnung näher festlegen.

- Inhalt und Turnus der Berichtspflichten sollen sich auch bei Unternehmen, die nicht als Aktiengesellschaften geführt werden (GmbH, eG), an § 90 AktG orientieren.

Die Überwachungsaufgabe ist folglich primär planungsbezogen und damit zukunftsorientiert.
Die vergangenheitsbezogene Überwachung dient im Wesentlichen der Kontrolle der Planerfüllung.

Geschieht die Informationserteilung auf Initiative von Mitarbeitern, ist dies in der Praxis insbesondere vor dem Hintergrund des Whistleblowings zu sehen. Hierbei liegen in der Regel (vermutete) Regelverstöße zu Grunde, die der Mitarbeiter mitteilen möchte.

Es stellt sich jedoch die Frage, ob Mitarbeiter überhaupt berechtigt sind, unmittelbar an den Aufsichtsrat mit ihren Informationen heranzutreten. Dies wird sehr strittig diskutiert und zumindest für den Compliance Officer derart beantwortet, dass dieser sich nicht generell an den Aufsichtsrat wenden darf, sondern sein Ansprechpartner der Vorstand ist. In Ausnahmefällen sei dies jedoch zulässig, insbesondere wenn es sich um einen Fall besonderer Schwere handelt oder der Vorstand in die zu meldende Problematik involviert ist. Ansonsten wäre denkbar, dass der Vorstand mit der Meldung des Mitarbeiters nach eigenem Ermessen verfährt.

Um arbeitsrechtliche Schwierigkeiten zu vermeiden, bietet sich der Erlass einer unternehmensinternen Regelung zum Whistleblowing an. Dies liegt in der Kompetenz des Vorstands. Für eine solche Regelung besteht jedoch derzeit weder gesetzlich noch auf Empfehlung des DCGK eine Pflicht.

Aktuell wird häufig der Erlass einer Informationsordnung diskutiert, in welcher explizit Themen, Auskunftspersonen, Berichtsturnus, neue Berichte, spezielle Berichte für den Aufsichtsrat etc. enthalten sind. Sie ist nicht zu verwechseln mit der Geschäftsordnung, die der Aufsichtsrat für den Vorstand (§ 77 Abs. 2 S. 1 AktG) oder sich selbst (DCGK 5.1.3) erlassen kann. DCGK 3.4 kann entnommen werden, dass die Zuständigkeit für den Erlass einer solchen Informationsordnung beim Aufsichtsrat liegt, da dieser dafür verantwortlich ist, die zur Überwachung notwendigen Informationen zu enthalten. Die Informationsordnung kann auch als spezieller Teil der Geschäftsordnung verstanden werden. In der Praxis bietet sich an, die Informationsordnung als Annex zur Geschäftsordnung des Vorstands zu führen, da der Vorstand im Wesentlichen der Informations- bzw. Berichtsschuldner gegenüber dem Aufsichtsrat ist.

Wie bereits angedeutet, sollte der Informationsdurchgriff des Aufsichtsrats auf Mitarbeiter bzw. Auskunftspersonen geregelt werden. Zwar herrscht hier noch eine gewisse Skepsis, was den Zugriff auf das dem Vorstand nachgelagerte Management angeht, doch ist dies aufgrund der immer umfassenderen Überwachungs- und Beratungspflichten zukünftig schwer zu verneinen. Insofern wirkt eine mit dem Vorstand erarbeitete oder zumindest abgestimmte Informationsordnung rechtlichen Grauzonen entgegen. Um das Vertrauensverhältnis zwischen Vorstand und Aufsichtsrat nicht unangemessen zu belasten, empfiehlt sich eine zurückhaltende Ausgestaltung. Schließlich soll und darf der Aufsichtsrat nicht in die Rolle des sog. »Überunternehmers«« gedrängt werden.

> **Informationsordnungen sind eine sehr gute Möglichkeit, Unsicherheiten zu nehmen und Grauzonen zu reduzieren.**

Übersicht zu den Auskunftsansprüchen

Auskunftsansprüche können auch von einem einzelnen AR-Mitglied geltend gemacht werden, u.U. jedoch nur über den AR-Vorsitzenden

§ 90 III AktG: Jederzeitiges Auskunftsrecht sowie Einsicht in Bücher und Schriften

Einsichtnahmen und Prüfungs-maßnahmen bedürfen i.d.R. des protokollierten AR-Beschlusses

Auskunftsbefugnis, Einsichts- und Prüfungsrecht besteht grundsätzlich ggü. dem Vorstand

Überwachung erstreckt sich auf die Leitungsaufgaben des Vorstands

Keine/eingeschränkte Befugnis direkt auf Mitarbeiter oder Organe zuzugehen (Ausnahmen bestehen)

Auskunftsbefugnis, Einsichts- und Prüfungsrecht besteht nur in Zusammenhang mit der Ausübung der Überwachung

Mitarbeiter sind ggü. Aufsichtsrat grds. zur Verschwiegenheit verpflichtet

Einwirkung auf die Geschäftsführung

Die Einwirkung des Aufsichtsrats auf die Geschäftsführung ist maßgeblich von der Definition seiner Rolle beziehungsweise des Jobprofils geprägt. In den kommenden Schaubildern wird den Aspekten des Zustimmungsvorbehalts sowie der Möglichkeit der Weisungsbefugnis nachgegangen.

Daneben spielen jedoch folgende Fragen eine Rolle, deren Beantwortung durch die Gremien Aufschluss darüber geben, wie z. B. mit dem Zustimmungsvorbehalt umgegangen wird:

- Welche (neuen) Rollenerwartungen gibt es an Aufsichts- und Beiräte bzw. was wird in unserem Unternehmen (zukünftig) erwartet?
- Wie definiert der Aufsichtsrat Beratung?
- Wie wird der stärkeren Beobachtung von Aufsichtsräten Rechnung getragen?

Nicht nur die Normen und Regelungen zum Mandatsverständnis, sondern auch die sich ändernden Anforderungen an Aufsichtsräte lassen eindeutig die Tendenz erkennen, dass der Wandel von der klar definierten traditionellen Rolle hin zum Berater in vollem Gange ist. Die neuen Aufgaben von Bei- und Aufsichtsräten führen zwangsläufig zu einer sehr viel unternehmerischeren Rolle als bei einer reinen Kontrollausübung. Als Konsequenz kann sich jedoch bei Fehlentscheidungen im Rahmen der Unternehmensführung nicht mehr hinter den fragwürdigen Entscheidungen des Vorstands versteckt oder gar exkulpiert werden. Das wiederum wird sehr wahrscheinlich zu einer neuen Generation von Aufsichtsräten führen, die dieses Amt weniger als Nebenmandat oder gar Nebenbeschäftigung ansieht, sondern als Beruf und professionelle Aufgabe – nämlich die Weiterentwicklung der Gesellschaft sowie die angemessene Unterstützung des Vorstands bei der Unternehmensführung. Ein Ausdruck dieser Unterstützung ist der nebenseitig angeführte Zustimmungsvorbehalt.

Aufsichtsrat wird immer stärker zum Beruf. Dies erkennt man nicht zuletzt an den stetig wachsenden Anforderungen und speziellen Fortbildungen.

Für den Wandel im Rollenverständnis spricht auch die erhebliche Zunahme an Fortbildungsangeboten. Dies ist auch nur konsequent, da nach dem DCGK 5.4.5 die Mitglieder des Aufsichtsrats die erforderlichen Aus- und Fortbildungsmaßnahmen eigenverantwortlich wahrzunehmen haben und dabei von der Gesellschaft angemessen unterstützt werden sollen. Eine Empfehlung des DCGK aus dem Jahr 2010 beinhaltet Fortbildungen zu folgenden Themen:

- Rechtliche Grundlagen der Aufsichtsratstätigkeit
- Rechte und Pflichten nach dem jeweiligen Recht sowie dem
- DCGK
- Haftungsfragen
- (Konzern-)Rechnungslegung
- Risikocontrolling
- Praktische Arbeitsweise von Aufsichtsräten und Ausschüssen

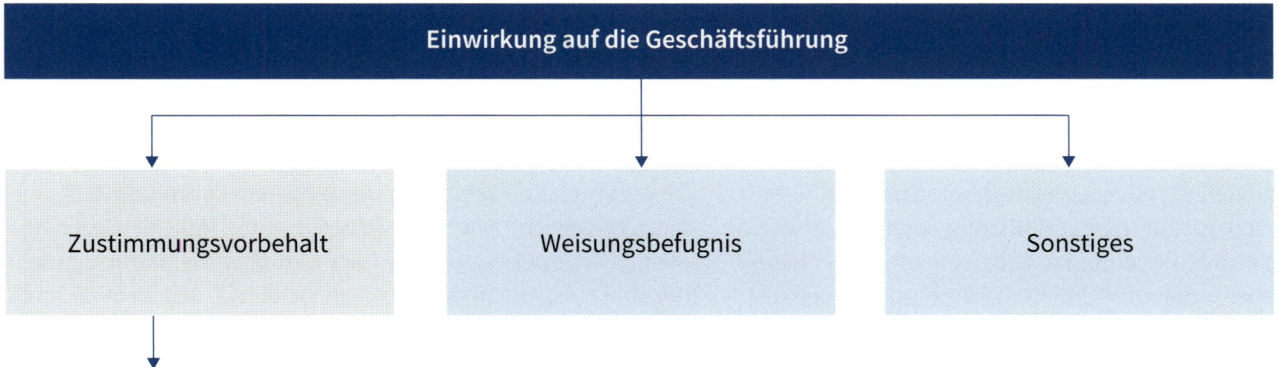

- § 111 Abs. 4 S. 2 AktG (Zustimmungsvorbehalt) - Die Satzung oder der Aufsichtsrat hat (...) zu bestimmen, dass bestimmte Arten von Geschäften nur mit seiner Zustimmung vorgenommen werden dürfen.
- Fehlt es an einer Satzungsregelung, so muss der AR Zustimmungsvorbehalte begründen. Dies gilt auch für die GmbH, wenn die Satzung nichts anderes bestimmt.
- Die Regelung gilt gem. § 52 GmbHG auch für Unternehmen der Rechtsform der GmbH.
- Ziff. 3.1.2 PCGK 2009: Für Geschäfte von grundlegender Bedeutung legt die Satzung Zustimmungsvorbehalte zugunsten des Überwachungsorgans fest. Hierzu gehören Entscheidungen oder Maßnahmen, die zu einer erheblichen Veränderung der Geschäftstätigkeit im Rahmen des Gesellschaftsvertrags oder zu einer grundlegenden Veränderung der Vermögens-, Finanz- oder Ertragslage oder Risikostruktur des Unternehmens führen können.
- Die Kompetenz des Überwachungsorgans zusätzliche Zustimmungsvorbehalte zu bestimmen, bleibt unberührt. Die Regelung findet auf die eG keine Anwendung. Gem. § 27 Abs. 1 S. 2 GenG können Zustimmungsvorbehalte bei der eG ausschließlich durch die Satzung und nicht durch Aufsichtsratsbeschluss begründet werden.

- Behandlung von Interessenskonflikten
- Branchen- und Unternehmenskenntnisse
- und viele weitere

Die Einwirkung auf die Geschäftsführung ist neben den rechtlichen bzw. faktischen Möglichkeiten insbesondere eine Frage der aktiven Mandatsgestaltung und **Führung sowie Beratung.**

Auf den Begriff der Beratung ist näher einzugehen. Weniger der Gesetzgeber, sondern vielmehr die Rechtssprechung der letzten zehn Jahre hat bewirkt, dass vor dem Hintergrund des Amts des Aufsichtsrats gesonderte Beratungsverträge zwischen Unternehmen und Aufsichtsratsmitgliedern praktisch nicht mehr möglich bzw. zulässig sind. Denkbar ist dies nur, wenn die Hauptversammlung dem zustimmt. Hintergrund ist, dass die Aufsichtsräte all ihre persönlichen Erfahrungen und beruflichen Fähigkeiten in ihr bestehendes Mandat einbringen sollen und sich nicht gesondert als Berater vergüten lassen sollen. Beraterverträge zwischen Mitgliedern des Aufsichtsrats und dem Unternehmen sind nur noch in solchen Bereichen zulässig, die von vornherein und auch auf absehbare Zeit nichts mit der Aufsichtsratstätigkeit zu tun haben, weil sie sonst wieder in das originäre Mandat fallen würden. Auch solche aufsichtsratsfernen Themen dürfen nur noch mit Zustimmung des Aufsichtsrats durch einzelne Mitglieder beraten und somit extra vergütet werden.

> **Aufsichtsräte sollen all ihre persönliche und berufliche Expertise in ihr Mandat einbringen. Zusätzliche Beraterverträge sind daher inzwischen nur noch stark eingeschränkt möglich.**

Aber warum dieser Paradigmenwechsel im Verständnis der Aufsichtsratstätigkeit, weg von der vergangenheitsbezogenen Kontrolle hin zur zukunftsbetonten Beratung? Unter anderem kann dies damit begründet werden, dass Unternehmen eine immer kürzere Lebensdauer haben und sich die Bedingungen für Unternehmen scheinbar immer schneller ändern (Digitalisierung/Technik, neue Wettbewerber etc.). Auf die Geschäftsführung einzuwirken geht jedoch weit über die hier genannten Möglichkeiten hinaus. Schließlich geschieht dies bereits durch die Wahrnehmung der im Vorfeld dieses Kapitels angeführten Rechte und Pflichten und reicht von der regelmäßigen Berichterstattung bis hin zur Ausnutzung der Personalhoheit über den Vorstand.

Eine interessante und oftmals unterschätzte Möglichkeit der Einwirkung besteht darin, den Vorstand von gewissen Themen und Gesprächen bewusst fern zu halten und somit eine Informationslage innerhalb des Gremiums zu schaffen. Es geht also um **Sitzungen ohne den Vorstand**, die zuweilen notwendig sein können und ohne Diskussionen o. Ä. erhebliche Signalwirkung ausstrahlen können. Mitglieder des Vorstands sind grundsätzlich nicht berechtigt, an Sitzungen des Aufsichtsrats teilzunehmen. Es besteht aus Sicht der Vorstandsmitglieder eher die Pflicht, die notwendigen Informationen an den Aufsichtsrat zu kommunizieren. Dabei ist es üblich, dass mindestens ein Vorstandsmitglied während der gesamten Sitzung oder nur mit kurzer Unterbrechung, zum Beispiel für Abstimmungen, teilnimmt. Entsprechend verfügen Vorstandsmitglieder, die an

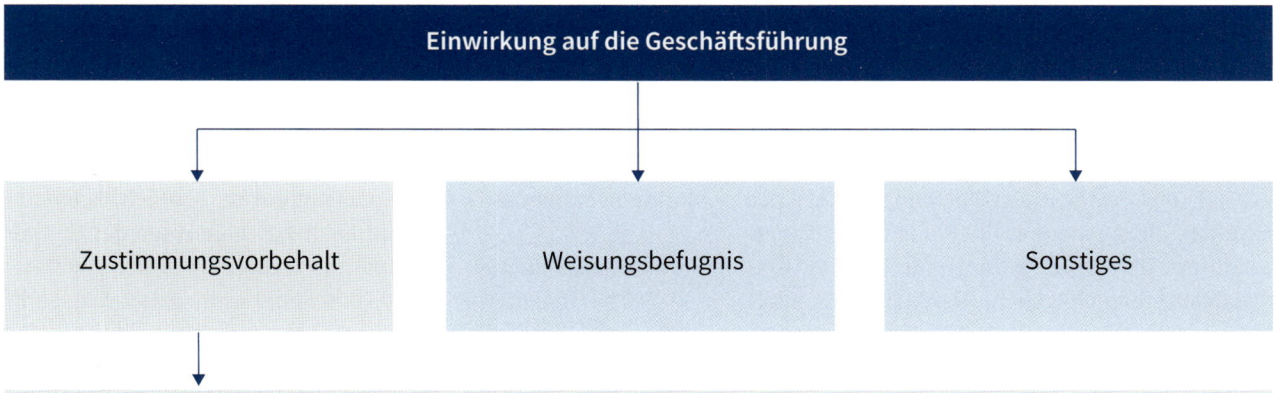

Einwirkung auf die Geschäftsführung

| Zustimmungsvorbehalt | Weisungsbefugnis | Sonstiges |

- In jedem Falle muss die Satzung bzw. der Beschluss des Aufsichtsrats das zustimmungsbedürftige Geschäft in eindeutig bestimmter Weise benennen.

- Kein genereller und allgemein formulierter Zustimmungsvorbehalt für »wesentliche« Geschäfte.

- Umfang und Dichte der Zustimmungsvorbehalte dürfen die Leitungsbefugnis des Vorstandes nicht in ihrem Kern beschränken und die Leitung des Unternehmens im Ergebnis »auf den AR verlagern«.

- PCGK 3.1.2: Der Kreis der zustimmungspflichtigen Geschäfte ist so zu bestimmen, dass ... die Eigenverantwortlichkeit der Geschäftsleitung gewährleistet bleibt. Zustimmungsvorbehalte begründen lediglich ein »Vetorecht« des AR.

einer Aufsichtsratssitzung teilnehmen, lediglich über ein Rederecht, nicht jedoch über ein Antrags- oder Stimmrecht. Der DCGK regt daher im Sinne einer guten Unternehmensführung an, dass der Aufsichtsrat bei Bedarf auch ohne den Vorstand Sitzungen abhalten bzw. bestimmte Themen behandeln soll. Dabei ist naheliegend, dass es sich um Themen handelt, die den Vorstand betreffen. Beispielsweise könnte es um Fragen der Vorstandsvergütung, der Verlängerung von Vorstandsbestellungen oder Haftungsthemen gehen. Denkbar sind auch Ergebnisvorstellungen von Wirtschaftsprüfern oder Beratern, die ggf. Sachverhalte, Projekte etc. beurteilen, damit der Aufsichtsrat eine neutrale Vergleichsmöglichkeit hat.

Auch im Rahmen der Effizienzprüfung sollte der Vorstand mindestens an den abschließenden Diskussionen nicht teilnehmen, damit sich der Aufsichtsrat eine einheitliche und geschlossene Meinung über die zukünftige Ausrichtung und ggf. erforderliche Anpassungen bilden und dies mit einer Stimme dem Vorstand kommunizieren kann. Zumal es im KWG bereits fest verankert ist, dass der Aufsichtsrat gem. § 25 d 11 KWG mindestens einmal jährlich die Struktur und die Arbeit des Vorstands als Kollektiv und individuell zu beurteilen hat.

Die Teilnahme des Vorstands über die genannten Themen hinaus kann jedoch auch zu einer Verletzung der Rechte des Aufsichtsrats führen. Es sind schließlich diverse Konstellationen oder Themen denkbar, bei denen Diskussionen und darauf aufbauende Beschlüsse in Anwesenheit des Vorstands anders verlaufen würden als bei dessen Fernbleiben. Zu denken wäre

hier zum Beispiel an wichtige kritische Wortbeiträge, die in Anwesenheit des Vorstands unterbleiben würden oder an Arbeitnehmervertreter des Aufsichtsrats, die sich zu bestimmten Themen in Anwesenheit des Vorstands eher reserviert äußern würden. Es handelt sich hierbei nicht um ein Kavaliersdelikt, sondern kann das Unternehmensinteresse deutlich tangieren und auch zu einer Frage der Einhaltung der nötigen Sorgfalt werden.

Unter Umständen gebietet es die Sorgfaltspflicht, Sitzungen des Aufsichtsrats ohne Teilnahme des Vorstands durchzuführen.

Abschließend kann daher festgehalten werden, dass die Teilnahme des Vorstands (zumindest des thematisch betroffenen Ressortvorstands) üblich und für den Informationsaustausch auch absolut nötig ist. Sonst könnte die rückwärtsgewandte Kontrollfunktion nicht wahrgenommen und auch die Beratung des Vorstands durch den Aufsichtsrat als zukunftsorientierte Komponente schlichtweg nicht realisiert werden.

Es ist jedoch genauso zweckmäßig, die Teilnahme an Sitzungen zu hinterfragen und im Sinne bestimmter Themen und Entscheidungsfindungen bei Bedarf auch auf den Vorstand zu verzichten. Um dabei aber das Vertrauensverhältnis nicht zu gefährden und den Informationsfluss vom Aufsichtsrat zum Vorstand zu wahren, sind sog. Executive Sessions anzusetzen, in denen der Vorstand aus erster Hand direkt vom Aufsichtsrat über alle für ihn bzw. seine Arbeit relevanten Themen informiert wird. Hierbei wäre auch die Frage zu beantworten, ob der Vorstand nur die Teile des Protokolls der Sitzung erhalten

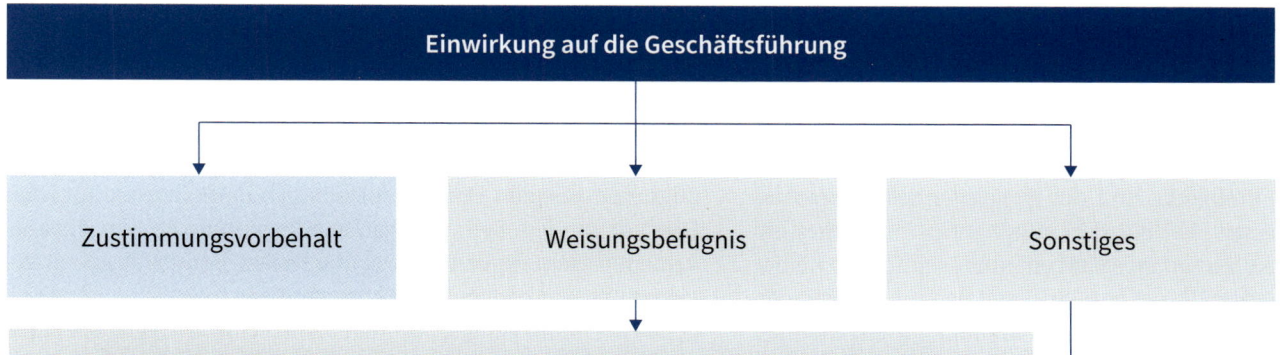

Einwirkung auf die Geschäftsführung

| Zustimmungsvorbehalt | Weisungsbefugnis | Sonstiges |

- Der AR ist nicht befugt, dem Vorstand Weisungen hinsichtlich der Geschäftsführung zu erteilen.
- Diese Weisungen können auch nicht zum Gegenstand einer Geschäftsordnung für den Vorstand erhoben werden.
- Weisungen des Aufsichtsrats an den Vorstand sind unwirksam.
- Soweit der Vorstand ihnen dennoch Folge leistet, haften die Vorstandsmitglieder persönlich.

- Eine Haftungsprivilegierung nach § 93 Abs. 1 S. 2 AktG kommt nicht in Betracht, da ein Gesetzesverstoß vorliegt.
- Im Rahmen zulässiger Einwirkungen des AR auf die Geschäftsführung (Zustimmungsvorbehalte) haftet dieser gem. § 41 GenG, § 116 AktG, § 52 GmbHG.
- Dies gilt erst recht bei unzulässigen Einflussnahmen auf den Vorstand.

soll, die für ihn relevant sind und die in der Executive Session vorgestellt wurden. Es wäre zumindest konsequent, Interna des Aufsichtsrats auch als solche zu behandeln und nicht über die Protokolle an den Vorstand zu übermitteln. Hier stellt sich unmittelbar die Frage nach der technischen und personellen Verwaltung der Protokolle und der Angelegenheiten des Aufsichtsrats insgesamt. Verfügt der Aufsichtsrat nicht über ein eigenes Büro inkl. Personalressourcen ist umso mehr sicherzustellen, dass die den Weisungen des Vorstands unterliegenden Mitarbeiter in den angesprochenen Situationen nicht in einen Zwiespalt gelangen.

Exkurs: Beirat versus Aufsichtsrat

Aufsichtsräte und Beiräte sind nicht dasselbe. In der Praxis werden die Begriffe »Aufsichtsrat« und »Beirat« jedoch häufig synonym verwendet. Hinzu kommt eine Vielzahl nicht näher definierter Termini wie »Familienrat«, »Ältestenrat«, »Gesellschafterausschuss« oder »Verwaltungsrat«. Nachfolgend soll daher zumindest der Unterschied zwischen dem Aufsichtsrat und dem Beirat herausgestellt werden.

In großen Unternehmen, vor allem Aktiengesellschaften und mitbestimmten GmbHs, existiert neben dem Vorstand, der die Geschäfte des Unternehmens alleinverantwortlich führt, zusätzlich ein Aufsichtsgremium, der Aufsichtsrat, mit den bereits vorgestellten Aufgaben.

Größe und Zusammensetzung des Aufsichtsrats unterliegen in Deutschland gesetzlichen Regelungen. Alle Aktiengesellschaften sowie große GmbHs ab 500 Mitarbeiter sind zur Einrichtung eines Aufsichtsrats verpflichtet.

Für die meisten mittelständischen Unternehmen in der hier zugrunde gelegten Definition stellt sich diese Thematik nicht. Hier kommt dem Beirat eine andere Bedeutung zu. Dieser ist in keinem Gesetz explizit als Organ definiert und kann unabhängig von der Rechtsform des Unternehmens freiwillig als zusätzliches Gremium gebildet werden. Unterschiede ergeben sich im Hinblick auf die rechtliche Anbindungsform des Beirats.

Die rechtliche Ausgestaltung des Beirats hat auch Auswirkungen auf dessen Funktionen. Anders als der Aufsichtsrat, der primär Überwachungsfunktionen übernimmt, liegt der Fokus des Beirats aufgrund der freiwilligen Einrichtung neben der Kontrolle des operativen Geschäfts vor allem im Bereich der Beratung aus unternehmerischer Perspektive. Dies erscheint auch deshalb sinnvoll, da in großen Unternehmen eine Kontrolle der (Fremd-)Geschäftsführung notwendig sein kann. In mittelständischen Unternehmen steht die Beratung der Geschäftsführung und der Gesellschafter im Vordergrund.

Der Beirat kann unabhängig von der Rechtsform freiwillig als zusätzliches Gremium gebildet werden.

Bei Beiräten handelt es sich grundsätzlich um freiwillige Gremien, die sich normalerweise darauf beschränken, die Geschäftsleitung zu beraten und empfehlend tätig zu sein. Die Funktion liegt hier etwa in der Nutzung externer Sachverstan-

Basisvarianten von Beiräten

Beratender Beirat

- Übt keine Kontrollfunktion aus
- Hauptaufgabe: Sparringspartner der Geschäftsführung in strategischen Fragen
- Typische Kompetenzen in Finanzen, Gesellschaftsrecht oder Vertrieb

Organschaftlicher Beirat

- Zusätzlich zur Gesellschafterversammlung und Geschäftsführung im Gesellschaftsvertrag verankert
- Sog. »starker« Beirat, da ihm üblicherweise Kontroll- und Mitentscheidungsrechte zustehen
- Nur bedingte Möglichkeiten der Gesellschafter auf Einflussnahme

Schuldrechtlicher Beirat

- Wird durch Gesellschafterwillen mit Hilfe von frei gestaltbaren Geschäftsbesorgungs-verträgen eingerichtet
- Schwerpunkt und Einfluss wird durch die Gesell-schafter konkretisiert, davon hängt somit maßgeblich die Stärke des Beirats ab

des oder der Beteiligung von Betroffenen. Da es sich nicht um gesetzlich vorgeschriebene Gremien handelt, kann die Arbeitsweise von Beiräten freier ausgestaltet werden.

Exkurs: Besonderheiten beim Beirat

Auch der Beirat kann, je nach Ausgestaltung seiner Rolle, auf die Geschäftsführung einwirken. Dabei haben sich in der Praxis grundsätzlich drei Formen von Beiräten herauskristallisiert:
- Beratender Beirat
- Beirat als Kontrollorgan
- Beirat als Entscheidungsorgan.

Als Faustregel gilt, je mehr Einfluss der Beirat hat, desto stärker muss er auch für die Konsequenzen im Hinblick auf Mandatserfüllung und Haftung einstehen. Dies ist nur folgerichtig, da über weitreichende Rechte eine erhebliche Einwirkung auf die Geschäftsführung möglich ist. Jedes Beiratsmitglied hat die ihm oder ihr übertragenen Aufgaben sorgfältig wahrzunehmen. Entsteht der Gesellschaft ein Schaden, kann das Beiratsmitglied schadensersatzpflichtig sein.

> **Je mehr Einfluss ein Beirat hat, desto stärker muss er auch für die Konsequenzen im Hinblick auf eine mögliche Haftung einstehen.**

Angemessen zu ihren jeweiligen Beratungs-, Überwachungs- und Ausgleichspflichten müssen die Beiratsmitglieder mit den dazu notwendigen Informationen versorgt werden. Sie unterliegen dabei der Verschwiegenheit, was aber aus Gründen der Klarstellung ausdrücklich in den Gesellschaftsvertrag oder die Geschäftsordnung aufgenommen werden sollte.

Wie viel rechtlicher Aufwand betrieben werden muss, um einen Beirat zu installieren, hängt davon ab, welche Aufgaben ihm zukommen sollen. Soll er nur beratend tätig sein, reicht ein einfacher schuldrechtlicher Vertrag aus. Soll der Beirat darüber hinaus die Geschicke der Gesellschaft kontrollieren, muss seine Errichtung im Gesellschaftsvertrag verankert sein.

Soll der Beirat über die Beratung hinaus wirken, stellt sich die Frage, wie weit seine Befugnisse gehen sollen – gerade gegenüber den anderen Gesellschaftsorganen. Ein einfacher schuldrechtlicher Vertrag zwischen den Beiratsmitgliedern und der Geschäftsführung ist dann oftmals nicht mehr ausreichend. Vielmehr muss der Beirat in die Unternehmensorganisation eingebettet werden. Dazu müssen auch seine Kompetenzen zu denen der übrigen Gesellschaftsorgane abgegrenzt werden. Insbesondere kommt es darauf an, inwieweit Zuständigkeiten anderer Gesellschaftsorgane angetastet werden sollen und welchen Grenzen Sie dabei unterliegen. Beiratsfunktionen sind folgende:
- Beratung der Geschäftsführung
- Beisteuerung von Expertenwissen
- Kontrolle der Geschäftsführung
- Schlichtung und Vermittlung zwischen den Organen und Gesellschaftern
- Entscheidung bestimmter Sachverhalte

Einflussnahme von Beiräten

Beirat als rein beratendes Gremium	Beirat als Kontroll- und Aufsichtsorgan	Beirat als Entscheidungs- träger
»Haftungsfreie Unverbind- lichkeit« gem. § 675 II BGB für Rat und Empfehlung	Typisches Aufgabenspektrum eines üblichen Aufsichtsrats	1) Vollständige Entscheidungs- kompetenz für bestimmte Themen oder 2) Zustimmungserfordernis für bestimmte Entschei- dungen der Geschäftsführung

Beispiel: Geschäftsordnung des Beirats Tz. x.y.:
1) Beratung und Überwachung der Geschäftsführung
2) Prüfung des Jahresabschlusses
3) Zustimmungserfordernisse

Selbstorganisation

Die Selbstorganisation scheint auf den ersten Blick fast trivial und wenig beschreibenswert. Beachtet man jedoch die Konsequenzen einer fehlerhaften oder ungenügenden Organisation, erscheint eine Auseinandersetzung mit den grundlegenden Aspekten notwendig. Dies gilt umso mehr, wenn man berücksichtigt, dass Aufsichtsräte mit immer größeren Informationsmengen umgehen müssen und sich die Gremienkommunikation – zum Beispiel durch virtuelle Datenräume – weiterentwickelt.

Aufsichtsratssitzungen gelten dann als gelungen, wenn diese auf möglichst einfachem, zweckmäßigen, zeit- und kostensparendem Weg durchgeführt werden konnten. Die Basis dafür sind eine gründliche Vorbereitung (inkl. Lektüre der Unterlagen), ein kommuniziertes Agenda-Setting sowie ein gutes Sitzungsmanagement. Als letzter Punkt der Sitzungen werden in der Regel die Beschlüsse gefasst, welche wesentliches Element der im Anschluss zu erstellenden Protokolle sind.

Das **Sitzungsmanagement** ist die Basis für eine effektive Teamarbeit und zielführende Sitzungen. Die notwendigen Grundlagen dafür sind neben der Unabhängigkeit vor allem die Qualifikation und das Engagement der Mitglieder sowie eine Aufsichtsratskultur, die gesund-kritische Diskussionen zulässt und durch Vertrauen geprägt ist. Die Mitglieder des Aufsichtsrats sind nicht nur zur Teilnahme an den Sitzungen verpflichtet, sondern sollten sich auch ihrer aktiven Rolle im Rahmen der Willensbildung bewusst sein. Passivität und Zurückhaltung sind nicht angebracht und stehen der Kontrollfunktion entgegen. Wiederkehrende mangelnde Vorbereitung und fachliche Lücken sollten angesprochen werden und im Zweifelsfall mittels personeller Konsequenzen korrigiert werden. Dies ist nicht zuletzt auch aufgrund der Gremienverantwortung und -haftung ein notwendiges Vorgehen, welches derzeit in der Praxis noch zu selten umgesetzt wird.

> **Eine Vertrauenskultur ist die Basis für eine gesund-kritische Diskussion im Interesse des Unternehmens.**

Neben organisatorischen Aspekten wie Traktanden, Ort der Sitzung, Teilnehmer, Art der Sitzung (ordentlich oder außerordentlich) etc. sollten insbesondere vertrauensbildende Maßnahmen regelmäßig überprüft werden. Laut Dubs (siehe Literaturhinweise am Ende dieses Kapitels) zeichnet sich eine gelungene Vertrauenskultur durch folgende Merkmale aus:

- Anstelle von »Machtspielen« tritt der kritische Dialog.
- Probleme werden zeitnah gelöst und nicht aufgeschoben.
- Streitfragen werden versachlicht und im Sinne der langfristigen Unternehmensziele bearbeitet.
- Unangenehmes oder Problematisches wird nicht unterdrückt, sondern transparent offengelegt.
- Die Mitglieder des Aufsichtsrats werden gleichermaßen inhaltlich und zeitlich offen informiert und in die Willensbildung einbezogen (unter Berücksichtigung bestehender Ausschüsse). Dadurch wird eine vertrauensvolle Zusam-

Wesentliche Aspekte der Selbstorganisation

Organisation
- Geschäftsordnung
- Ausschüsse
- Regelmäßige Sitzungen
- Kommunikation
- Informationsaustausch

Inhalt der Niederschrift
- Ort und der Tag der Sitzung
- Teilnehmer (Beteiligung Externer?)
- Gegenstände der Tagesordnung
- Beschlüsse des Aufsichtsrats
- Wesentlicher Inhalt der Verhandlungen/ Sitzungen
- Ausführliche oder kurze Darstellung?
- Nachvollziehbarkeit der Entscheidungs- findung
- Geheimhaltungsinteresse bei Due-Diligence- Vorgängen oder Discovery
- Eigene Erklärungen einzelner Mitglieder (»Dissenting Opinions«)

Beschlussfassung
- Reguläre oder außerordentliche (Präsenz-) Sitzungen
- Telefonkonferenz, Videokonferenz, E-Mail, Umlaufverfahren (Satzung!)

Dokumentation (durch Vorsitzenden des Aufsichtsrats) mit unterzeichneter Niederschrift

menarbeit ohne ein hierarchisches Beziehungsgefüge er-möglicht.

- Die normativen und strategischen Vorstellungen sollten jederzeit transparent, sinngebend, berechenbar und ver-ständlich sein.

Einige Ausführungen sollen noch dem oftmals unterschätzten Protokoll gewidmet werden. Über die Sitzung des Aufsichtsrats ist ein Protokoll zu erstellen, welches Ort, Tag, Teil-nehmer, Themen, Verhandlungen und Beschlüsse beinhaltet. Oftmals werden lediglich nur **Be-schlussprotokolle** geführt, welche die Meinungs-bildungen und Diskussionen nur in Stichpunkten dokumentieren. Hierbei besteht die Gefahr, dass die derzeitigen Standards einer guten Compliance nicht einge-halten werden und auch die Nachweisbarkeit (z. B. durch die Protokollierung abweichender Meinungen) eingeschränkt ist.

Führt man sich jedoch die Bedeutung von Protokollen vor Augen, lohnt sich in der Regel der Mehraufwand, den der Über-gang von reinen Beschluss- zu sog. **Verhandlungsprotokollen** mit sich bringt. Anhand von Verhandlungsprotokollen können getroffene Entscheidungen, Einwände einzelner Mitglieder, Proteste, sonstige Besonderheiten etc. detailliert rekonstruiert werden. Bei Entscheidungen von besonderer Wichtigkeit ist zu erwägen, die noch exaktere – jedoch auch aufwändigere – Pro-tokollform zu wählen, nämlich das »**wörtliche Protokoll**«.

> Das Protokoll und die Art der Niederschrift sind zentrale Elemen-te der Rechts- und Beweissicherheit.

Für eine gute Nachvollziehbarkeit, angemessene Complian-ce und Effizienz ist regelmäßig das Verhandlungsprotokoll das Mittel der Wahl. Entscheidend dabei ist die Fähigkeit des Proto-kollführers, die Sachverhalte, Einwände etc. treffend und klar zu dokumentieren. Das angebrachte Maß an Objektivität wird hierbei sicherlich selten durch aktive Teilnehmer erreicht und es empfiehlt sich daher ein Protokollführer, der nicht dem Gre-mium angehört. Das Protokoll ist somit auch der wesentliche Nachweis zur **Dokumentation** des Sitzungsver-laufs und der Beschlüsse. Dabei wird im Idealfall dokumentiert, dass die Beschlüsse des Aufsichts-rats auf Basis angemessener Informationen nach gründlicher Erörterung gefasst worden sind. Dabei ist nicht nur auf den Beschluss als Ergebnis der Ge-spräche einzugehen, sondern auch auf die Begründung. Die Informationsgrundlage ist ebenfalls zu spezifizieren und als Anhang beizufügen. Damit wird auch ermöglicht, dass die Mit-glieder kollektiv und individuell ihr Tun und Unterlassen im Hinblick auf (Rechts-)Streitigkeiten oder Ansprüche nachweis-bar festhalten. Diese Dokumentationen dienen als bedeutender Entlastungsbeweis. Vor dem Hintergrund zunehmender Ver-rechtlichung und Risiken sollte auch der Erhalt aller Unterlagen dokumentiert werden, den die Aufsichtsratsmitglieder außer-halb der Sitzungen (z. B. vom Vorstand) erhalten. Insofern geht im eigenen Interesse der Aufsichtsratsmitglieder der Fokus von der **Dokumentation** zur **rechtssicheren Dokumentation**.

Aktuelle Entwicklungen im Rahmen des Sitzungsmanagements

(Digitale) Gremienkommunikation	Sitzungsmanagement	Dokumentation der Arbeit des Aufsichtsrats
• »State of the art« • Ortsunabhängig • Flexibel • Schneller Austausch von Unterlagen • Ressourcenschonend • Komfortabel • Diverse Funktionen wie Tracking, Online-Abstimmungen etc.	• Basis für erfolgreiche und effiziente Sitzungen • Frühzeitige Einladungen und Versand aller notwendigen Unterlagen sind Voraussetzung • Ebenso das Engagement und die Kompetenz der Mitglieder • Strukturierung der Themen und Kopplung an strengen Zeitplan • Disziplinierte und konsequente Sitzungsleitung • Nutzung von leicht verständlichen Visualisierungen (falls angebracht)	• Rechtssichere Dokumentation • Geht über die Sitzungen hinaus • Dient als Entlastungsbeweis und der Haftungsabwehr • Anforderungen werden umfangreicher, sorgen bei korrekter Durchführung aber auch für mehr Sicherheit des Aufsichtsrats

Neben der stetigen Professionalisierung in den Bereichen Sitzungsmanagement und Dokumentation ist als aktuelle Entwicklung vor allem die digitale Kommunikation anzuführen.

Eine Grundvoraussetzung für die effiziente Arbeit des Aufsichtsrats ist der sichere, flexible und schnelle Informationsaustausch. Nicht selten werden in der Zeit der Digitalisierung noch Akten kopiert, Dateien ausgedruckt und Unterlagen per Post an die Gremienmitglieder gesendet. Dies ist einerseits mit einem hohen Ressourcenverbrauch verbunden und offenbart anderseits eine Arbeitsweise, die nicht den gegenwärtig üblichen Standards und Möglichkeiten entspricht.

Ca. 41 % der Unternehmen (vgl. März, S. 24) nutzen derzeit für die Gremienkommunikation bereits den sicheren virtuellen Datenraum und haben somit auch von der (zum Teil) verschlüsselten E-Mail bereits Abstand genommen.

Sämtliche Informationen lassen sich in dieser geschützten Umgebung von den Aufsichtsratsmitgliedern geordnet nach Sitzungsmappen bzw. -terminen einsehen. Auf diese Weise werden Zeitverzug und die Arbeitsschritte im Zusammenhang mit der Vervielfältigung von Dokumenten vermieden. Bereits im Vorfeld der Sitzung können die Aufsichtsräte über die Plattform die Dokumente bearbeiten, miteinander kommunizieren, Fragen stellen und diskutieren. Somit wird auch der Informationsmenge und -komplexität bei vollen Sitzungsterminen begegnet. Weiterhin können kurzfristige Änderungen der Agenda oder bestimmter

Werden bei Ihnen noch Akten versendet? Bedenken Sie das Signal ins Unternehmen, wenn der Aufsichtsrat sich nicht der modernen Möglichkeiten bedient.

Dokumente schnell und effizient im Datenraum zur Verfügung gestellt werden. Sogar Online-Abstimmungen sind in der virtuellen Umgebung in der Regel problemlos möglich. Es stellt sich jedoch die Frage, welche Kriterien ein solcher virtueller Datenraum erfüllen muss, damit sowohl Sicherheit als auch pragmatische Nutzbarkeit gewährleistet sind. Einige der auf der folgenden Seite angeführten Aspekte sollen nachfolgend erläutert werden.

Mit »abgestuften Dokumentenberechtigungen« ist gemeint, dass der Administrator für die Dokumente und Ordner die gängigen Rechte wie Lesen, Bearbeiten, auf der Festplatte speichern etc. einrichten können muss. Die zeitliche Limitierung stellt sicher, dass über ein »digitales Verfallsdatum« Dateien nicht mehr geöffnet werden können. Dies ist zum Beispiel hilfreich um den Zugriff auf bereits veraltete Versionen zu verhindern. Der lückenlose Audit-Trail ist nicht nur im Zusammenhang mit den Compliance- und Revisionsanforderungen essentiell, sondern durch die vollständige Historie wird auch die gemeinsame Bearbeitung von Dokumenten erleichtert und der Zugriff auf die verschiedenen Versionen eines Dokuments sichergestellt. Bei der sicheren Integration weiterer Anwender geht es nicht nur um Mitglieder des Aufsichtsrats. Denkbar ist, dass Wirtschaftsprüfer, Berater etc. das Recht und die Möglichkeit erhalten, Informationen in den Datenraum zu laden. Dabei ist sicherzustellen, dass sie keine unberechtigten Zugriffsmöglichkeiten haben.

1

Wichtige Kriterien im Rahmen der digitalen Gremienkommunikation

Höchste Zugangssicherheit	Durchgängige Verschlüsselung	Abgestufte Dokumenten-berechtigungen
Zeitliche Limitierungen von Dateizugriffen	Lückenloser Audit-Trail	Sichere Integration von weiteren Anwendern
Vertreterregelungen	Sicherer und stabiler Betrieb der Datenraumlösung	Mobile Zugriffsmöglichkeiten

Als Teil der Selbstorganisation und Selbstwahrnehmung, was das Ausfüllen des Amtes angeht, soll auch auf die Tendenz zur verstärkten öffentlichen Wahrnehmung eingegangen werden. Dies ist insbesondere im Dialog mit (Groß-)Investoren zu erkennen (DCGK Tz. 5.2). Dabei ist jedoch darauf zu achten, dass Betriebs- und Geschäftsgeheimnisse nicht versehentlich kommuniziert werden oder es zu sog. Selective Disclosures und somit zur Bevorteilung bestimmter Investoren kommt. Es geht vielmehr darum, die investorenseitigen Erwartungen aufzunehmen und »mit in das Unternehmen zu nehmen«. Schließlich bleiben die sog. Investor Relations klar in der Kompetenz des Vorstands.

Gremienkommunikation

Unternehmensintern

Zu beachten:

- Wer hat Zugang zu den Daten?
- Kann der Vorstand Einsicht nehmen?
- Welche Zugriffsmöglichkeiten hat die interne IT ?
- Wer organisiert die Kommunikation und den Datenraum?

Externer Anbieter

Zu beachten:

- Wer hat Zugang zu den Daten?
- Wie sicher sind die vertraulichen Daten bei dem externen Dienstleister?
- Wie wird Support im Falle von Störungen sichergestellt?
- Wo stehen die Server?

Unabhängig davon, ob die Gremienarbeit mittels in- oder externer technischer Plattform unterstützt wird, sollten folgende Aspekte in der Organisation berücksichtigt werden:

- Einhaltung der Compliance-Anforderungen
- Kontrollierter Zugang zu vertraulichen Dokumenten
- Globaler Zugang zum Datenraum
- Mobiler Zugang zum Datenraum
- Papierloser Workflow
- Serverstandort
- Benutzerfreundlichkeit

Haftung

Die Haftung des Aufsichtsrats kommt sowohl im Innenverhältnis als auch im Außenverhältnis in Betracht. Beim Innenverhältnis geht es um Ansprüche des Unternehmens, bei der Haftung im Außenverhältnis um Ansprüche Dritter im Rahmen der Insolvenz oder wegen strafbaren Verhaltens des Aufsichtsrats.

Die Erfüllung der Aufgaben der Aufsichtsratsmitglieder ist grundsätzlich am gleichen Sorgfaltsmaßstab zu messen, der auch für den Vorstand gilt, nämlich an der Sorgfalt eines ordentlichen und gewissenhaften Geschäftsleiters. Dabei steht ihnen ebenso wie dem Vorstand bei unternehmerischen Entscheidungen gemäß § 93 Abs. 1 S. 2. AktG ein Ermessens- oder Beurteilungsspielraum zu. Der Sorgfaltsmaßstab richtet sich dabei nicht nach den subjektiven Kenntnissen und Fähigkeiten des einzelnen Aufsichtsratsmitglieds, sondern nach seiner Aufgabe. Daher muss jedes Aufsichtsratsmitglied Mindestkenntnisse und Fähigkeiten besitzen oder sich aneignen, die zum Verständnis oder zur Beurteilung aller normalen Geschäftsvorgänge erforderlich sind. Die Mitglieder des Aufsichtsrats haben die für ihre Aufgaben erforderlichen Aus- und Fortbildungsmaßnahmen eigenverantwortlich wahrzunehmen. Aus diesem Aufgabenverständnis ergibt

> **Der Sorgfaltsmaßstab richtet sich nicht nach den subjektiven Kenntnissen und Fähigkeiten des einzelnen Aufsichtsratsmitglieds, sondern nach seiner Aufgabe.**

sich grundsätzlich, dass alle Aufsichtsratsmitglieder gleich und gesamtschuldnerisch entsprechend ihrem Verschuldensanteil haften. Voraussetzung für eine etwaige persönliche Haftung ist jeweils eine individuelle Pflichtverletzung des betroffenen Aufsichtsratsmitglieds, so dass die einzelnen Mitglieder nicht automatisch haften, wenn der Aufsichtsrat seine Pflichten verletzt.

Aufgrund der sog. »Business Judgement Rule« steht dem Vorstand einer Gesellschaft bei seinen unternehmerischen Entscheidungen grundsätzlich ein weiter Ermessensspielraum zu. Den Aufsichtsrat trifft insoweit die Pflicht, die vom Vorstand getroffenen Entscheidungen zu überprüfen. Bestehen auf Seiten des Aufsichtsrats Bedenken bezüglich der Zweckmäßigkeit einer vom Vorstand getroffenen Entscheidung, so hat er sie mit dem Vorstand zu erörtern. Die Überwachungspflicht des Aufsichtsrats geht soweit, dass er sich über erhebliche Risiken, die der Vorstand mit Geschäften eingeht, selbständig informieren und ihr Ausmaß unabhängig vom Vorstand selbständig abschätzen muss. Unterlässt er dies und erteilt dennoch seine Zustimmung zu solchen mit erheblichen Risiken behafteten Geschäften, handelt er pflichtwidrig und setzt sich der Gefahr einer persönlichen Haftung aus.

Die Business Judgment Rule gilt auch für den Aufsichtsrat. Eine Haftung des Aufsichtsrats scheidet danach aus, wenn er vernünftigerweise annehmen durfte, auf der Grundlage angemessener Informationen zum Wohle der Gesellschaft zu handeln. Dabei kann sich der Aufsichtsrat grundsätzlich auf die ihm vom Vorstand zur Verfügung gestellten Informationen

Überblick über wesentliche Aspekte im Rahmen der Haftung (keine abschließende Aufzählung)

Innenhaftung	• § 116 i.V.m. § 93 II, III Akt: Haftung bei schuldhafter Pflichtverletzung gegenüber der Gesellschaft • Erfüllung der Pflichten wie z.B. der Sorgfaltspflicht • Überwachung und Beratung des Vorstands • Bei Verletzung der Überwachungspflicht grundsätzlich Verpflichtung zum Schadenersatz
Außenhaftung	Haftung gegenüber Aktionären, Gläubigern und anderen Dritten nur in Ausnahmefällen • Sittenwidrige, vorsätzliche Schädigung • Straftaten (Betrug, Untreue …) • Inanspruchnahme besonderen persönlichen Vertrauens (»Expertenhaftung«) • Haftung im Zusammenhang mit der Insolvenzantragspflicht
Business Judgement Rule	… bei unternehmerischen Entscheidungen (§ 93 I S. 2 AktG) Es geht nicht um Freistellung von pflichtwidrigem Verhalten, sondern um die Beurteilung der Lage ex ante 1. Unternehmerische Entscheidung? 2. Zum Wohle der Gesellschaft? 3. Frei von Interessenkonflikten? 4. Auf Basis angemessener Informationen?

verlassen, sofern er keine begründeten Zweifel an deren Richtigkeit hat. Es liegt jedoch auch in seiner Verantwortung, im Bedarfsfall weitere Informationen anzufordern und sich nicht lediglich auf die ihm vom Vorstand zur Verfügung gestellten Dokumente zu verlassen.

Eine zentrale Bedeutung im Rahmen der Haftung kommt der Qualifizierung bzw. der Kompetenz der Mitglieder als Kollektiv, jedoch auch individuell zu. Nur wenn ausreichendes fachliches Know-how besteht, ist überhaupt die Erfüllung der Sorgfaltspflicht möglich. Dies kann sehr gut am Beispiel der Business Judgement Rule aufgezeigt werden, die auch als sicherer Hafen für Vorstände und Aufsichtsräte bezeichnet wird. Denn nur wer den zugrundeliegenden Sachverhalt beurteilen kann, erkennt auch, ob die ihm vorliegenden Informationen ausreichend und korrekt sind oder ob gegebenenfalls weiteres Material anzufordern ist. Für mögliche spätere Streitigkeiten empfiehlt sich die detaillierte Dokumentation aller erhaltenen Informationen, der zusätzlich angeforderten Unterlagen sowie der ausführlichen Begründung der Entscheidungen.

Eine weitere wesentliche Komponente ist die Zeit und damit zusammenhängend die Intensität, mit welcher die Mandatsträger für ihr Amt zur Verfügung stehen. Es gibt keine gesetzlichen Vorgaben dafür, wie viele Stunden oder Tage im Rahmen der Sorgfaltspflicht aufzuwenden sind. Der inhaltliche Umfang

> **Jeder Aufsichtsrat muss diejenigen Kenntnisse besitzen oder sich aneignen, die notwendig sind, um alle üblichen Geschäftsvorgänge ohne fremde Hilfe verstehen und beurteilen zu können (BGHZ 85, S. 293 ff.).**

und das Ausmaß der Überwachungstätigkeit richten sich nach der Situation der Gesellschaft. Dieses auch als dynamische Pflichtintensität bezeichnete Vorgehen sieht letztlich vor, dass der Aufsichtsrat desto umfassender seiner Überwachungsfunktion nachkommen und den Vorstand kontrollieren muss, je angespannter die Lage eines Unternehmens ist. Im Rahmen der abgestuften Überwachungspflicht spielt also die wirtschaftliche Lage des Unternehmens eine ausschlaggebende Rolle und kann sich im Zweifel auf die Haftung auswirken.

In stabilen Zeiten, in denen der Aufsichtsrat ordnungsgemäß seinen Pflichten nachkommt, ist die begleitende Überwachung in der Regel das Mittel der Wahl und ausreichend. Dabei verlässt sich der Aufsichtsrat auf die Leitung der Gesellschaft durch den Vorstand und beschränkt sich auf die Überwachung und ggf. Beratung des Vorstands. Schließlich obliegt diesem die Leitung der Gesellschaft, so dass in stabilen Zeiten erst eingegriffen werden muss, wenn ein Pflichtverstoß, eine nicht sachgerechte Entscheidung etc. zu vermuten oder gar schon aufgetreten ist.

Gibt es erste Anzeichen für eine (drohende) Schieflage des Unternehmens, muss der Aufsichtsrat sein Engagement ausweiten und die Überwachung intensivieren. Solche Anzeichen können schlechte Branchenprognosen, dauerhafte Ergebnisstagnation oder -minderungen sein. In diesem Fall wird auch von unterstützender Überwachung gesprochen.

Qualifizierung und Kompetenz: Erfüllung der Pflichten

Sorgfaltspflicht	• Kenntnisse zu Strategie, Finanzen und Risikothemen insbesondere:
	  – Methodenkompetenz
	  – Fachkompetenz
	• Keine Exkulpation aufgrund von Unkenntnis oder falscher Einschätzung
	• Entlastung des AR bezieht sich im Zweifel nur auf die Themen, die in der Hauptversammlung angesprochen wurden
	• Sorgfaltspflicht umfasst nicht nur das Tun, sondern auch das Unterlassen (z.B. von eigenen Recherchen, Fortbildungen …)
	• Holschuld bezüglich Informationen, die über das turnusmäßige Pflichtreporting hinausgehen

Business Judgement Rule	• Es wird kein Erfolg geschuldet • Wurde die damalige Entscheidung auf »sauberer Wissens- und Informationsbasis« erstellt, besteht keine Pflichtverletzung.

Ist die Krise eingetreten, besteht für den Aufsichtsrat die Pflicht zur gestaltenden Überwachung. Neben dem Ausschöpfen der Informationsquellen (Berichte, Bücher etc.) hat er als quasi letzte Möglichkeit auch sicherzustellen, dass der Vorstand rechtzeitig einen Insolvenzantrag stellt. Weiterhin wäre spätestens zu diesem Zeitpunkt ein offensichtlich ungeeigneter Vorstand abzuberufen und zu ersetzen.

In dem besonderen Fall einer führungslosen Gesellschaft wird die Insolvenzantragspflicht gem. § 15a III InsO auf die Gesellschafter beziehungsweise den Aufsichtsrat übertragen. Darunter wird in der Regel auch der Sachverhalt subsumiert, dass der Aufenthalt des zuständigen Organs unbekannt ist und es sich auf diese oder andere Weise seiner Verantwortung entzieht. Die Antragspflicht würde gem. § 15a Abs. 3 2. Halbsatz InsO nur dann entfallen, wenn der Aufsichtsrat von der Insolvenzreife keine Kenntnis hat und er dies auch nachweisen kann. Im Rahmen der vorgängig erläuterten gestaltenden Überwachung im Krisenfall dürfte dies jedoch schwerfallen. Der Aufsichtsrat haftet weiterhin wegen Verstoßes gegen die Insolvenzantragspflicht gem. § 15a Abs. 3 1 InsO. Hierbei sind zwei Aspekte von Bedeutung:

• Haftung gegenüber sog. Neugläubigern
• Mögliche strafrechtliche Konsequenzen

In jeder GmbH kann freiwillig ein Aufsichtsrat als Kontrollorgan gebildet werden (sog. fakultativer Aufsichtsrat). Wesentliche Aufgabe des fakultativen Aufsichtsrats ist ebenfalls die Überwachung der Geschäftsführung. Verletzt ein Mitglied des fakultativen Aufsichtsrats schuldhaft seine Überwachungspflicht haftet es grundsätzlich so wie ein Aufsichtsratsmitglied einer AG. Eine wesentliche Beschränkung gilt jedoch beim Zahlungsverbot nach Insolvenzreife der Gesellschaft (§ 64 S. 1 GmbHG) (BGH, Urteil vom 20.09.2010 – II ZR 78/09): »Die Mitglieder eines fakultativen Aufsichtsrats einer GmbH sind bei einer Verletzung ihrer Überwachungspflicht hinsichtlich der Beachtung des Zahlungsverbots aus § 64 Satz 1 GmbHG nur dann der GmbH gegenüber nach § 93 Abs. 2, § 116 AktG, § 52 GmbHG ersatzpflichtig, wenn die Gesellschaft durch die regelwidrigen Zahlungen in ihrem Vermögen i.S. der §§ 249 ff. BGB geschädigt worden ist. Die Aufsichtsratsmitglieder haften dagegen nicht, wenn die Zahlung – wie im Regelfall – nur zu einer Verminderung der Insolvenzmasse und damit zu einem Schaden allein der Insolvenzgläubiger geführt hat.« Dagegen haftet das Aufsichtsratsmitglied einer AG bei einer solchen Überwachungspflichtverletzung auch gegenüber den Insolvenzgläubigern der Gesellschaft.

> **Die persönliche Kompetenz ist ein wesentlicher Aspekt zur Vermeidung von Streitigkeiten, Haftung etc.**

Wie zu Beginn des Abschnitts erläutert, ist die persönliche Kompetenz der Aufsichtsratsmitglieder ein zentraler Aspekt zur Erfüllung seiner Pflichten und somit zur Vermeidung von Streitigkeiten, Haftung etc. Fraglich ist jedoch, welches Wissen in welcher Funktion nötig ist. Eine Differenzierung bietet das auf

Qualifizierung und Kompetenz: Beispiel zum Risikomanagement

Ausgangslage: Der Finanz-/Risikovorstand erläutert Anpassungen im Rahmen der Risikomessung oder die Einführung eines neuen Modells / Messverfahrens.

Aufsichtsrat	Financial Expert, Prüfungsausschuss, ggf. AR-Vorsitzender	Vorstand, insb. Ressortvorstand	Verantwortlicher Bereich
• Kennen der Ergebnisse der Risikoinventur und der aktuellen Risikolage • Kennen der wesentlichen Risiken • Kennen der verwendeten Verfahren inkl. Vor-/ Nachteilen • Kennen der wesentlichen Parameter inkl. deren Auswirkungen	Zusätzlich: • Kennen alternativer Verfahren • Beratung/Diskussion über Verfahren und Parameter mit dem Vorstand • ggf. Erläuterung im Aufsichtsrat	Zusätzlich: • Entscheidung und Begründung für Verfahren (ggf. in Ausschüssen) • Entscheidung und Begründung über Parametereinstellungen (ggf. in Ausschüssen)	Zusätzlich: • Konzeption und Aufbau der Modelle • Mathematische Herleitung • Vergleichsrechnungen • Begründung für das gewählte Verfahren • Treiberanalysen • Dokumentation

Aufgaben- und Wissensverteilung

der folgenden Seite abgebildete Schema, welches die Anforderungen an die verschiedenen involvierten Parteien anhand des Risikomanagements darstellt. Solche Differenzierungen bieten sich für alle wichtigen Fach- und Überwachungsthemen an, da sie einen nachvollziehbaren Rahmen abstecken und z. B. im Hinblick auf Qualifizierungen helfen können. Wichtig ist jedoch, dass sich aus solch einer Orientierungshilfe keine Exkulpation ableiten lässt, wenn die Anforderungen sich in der Praxis anderweitig darstellen. Weiterhin können sie dem Aufsichtsratsvorsitzenden zur Weiterentwicklung des Gremiums dienen, da er so gezielt auf individuelle Fortbildungen hinwirken kann.

Besonderheiten beim Beirat

Wie bereits erläutert, gibt es mehrere Ausgestaltungsformen für Beiräte, die ihrerseits wieder Einfluss auf die Haftung haben. Insofern soll an dieser Stelle lediglich ein Überblick über die wesentlichen Verhaltens- und Haftungsmaßstäbe gegeben werden und nicht vertieft auf die denkbaren Varianten eingegangen werden.

Das Amt des Beirats darf nicht als bloße Anerkennung früherer Leistungen oder als Position mit rein repräsentativem Charakter missverstanden werden, aus dem keine (rechtlichen) Konsequenzen folgen können. Dies lässt sich bereits daraus ableiten, dass Regelungslücken unabhängig von der Rechtsform durch die Anwendung der aktienrechtlichen Grundsätze für den Aufsichtsrat geschlossen werden. Für Beiräte gilt ebenfalls die Business Judgement Rule, welche vereinfacht ausgedrückt besagt, dass Entscheidungen, die aufgrund angemessener Informationen nach bestem Wissen und Gewissen im Sinne des Unternehmens getroffen worden sind, grundsätzlich nicht zur Haftbarkeit führen. Üblich und rechtlich zulässig ist, dass ein Beirat bei leichter Fahrlässigkeit nicht in Anspruch genommen werden kann.

Dies muss aber explizit dienstvertraglich zwischen Beirat und Gesellschaft geregelt werden. Die Ursache der Haftungsbegrenzung ist, dass andernfalls oftmals keine Personen für den Beirat gewonnen werden können. Um das Risiko für Beiräte zu minimieren, wird in der Praxis häufig der Versuch unternommen, die Haftung für die Mitglieder des Beirats vollständig auszuschließen. Diese grundsätzlichen und vollständigen Haftungsausschlüsse wie etwa »Für uns gilt § 52 Abs. 3 GmbHG nicht«, werden von der Rechtssprechung und Fachliteratur nicht gestützt. Auch für Beiräte gilt: Je mehr Entscheidungskompetenz dem Beirat eingeräumt wird, desto wichtiger wird die Dokumentation der Sitzungen, Beschlüsse etc. unter Berücksichtigung der Business Judgement Rule.

Beiräte sollten daher passend zur Ausgestaltung ihres Mandats ebenfalls Themen wie regelmäßige Fortbildung, Effizienzprüfung, Dokumentation der Arbeit, Diskussionen und Beschlüsse sehr sorgsam im Blick haben.

Auch für Beiräte gilt die Business Judgement Rule; jedoch auch, dass mit steigenden Einflussmöglichkeiten ebenfalls die Haftungsrisiken steigen.

1

Ausgestaltung von Beiräten

Beirat als rein beratendes Gremium	Beirat als Kontroll- und Aufsichtsorgan	Beirat als Entscheidungsträger
»Haftungsfreie Unverbindlichkeit« gem. § 675 II BGB für Rat und Empfehlung	Typisches Aufgabenspektrum eines üblichen Aufsichtsrats	1) Vollständige Entscheidungskompetenz für bestimmte Themen oder 2) Zustimmungserfordernis für bestimmte Entscheidungen der Geschäftsführung

»Der Haftungsmaßstab von Beiräten wird wie bei Aufsichtsräten regelmäßig dem Aktienrecht entnommen.« Vgl. Erker, DStR 2014, S. 105.

Verantwortung und Haftung

Haftungsmanagement

Beim Haftungsmanagement geht es primär um präventive Maßnahmen vor möglichen Streitigkeiten. Es handelt sich dabei um ein Bündel von Aktivitäten, die im Idealfall für das Kollektiv und für die individuellen Mitglieder kontinuierlich auf deren Erfüllung überprüft werden. Eine zentrale Rolle spielt dabei die regelmäßig durchzuführende Effizienzprüfung, aus der sich diverse Impulse für die Selbstorganisation, die Weiterbildung, die Weiterentwicklung des Gremiums etc. ableiten lassen. Insofern könnte anstelle von Haftungsmanagement eher von einem umfassenden Gremienmanagement gesprochen werden. Häufig bietet sich für darin unerfahrene Gremien ein initiales Setup z. B. mit externer Unterstützung an, weil sich auf diesem Weg mit der Erfahrung der (externen) Berater auch eine Methodik sicherstellen und implementieren lässt, die branchenüblich ist und den Compliance-Anforderungen Stand hält. Zudem erhalten die Mitglieder einen Eindruck, wie in anderen Gremien gearbeitet und organisiert wird.

Eine entscheidende Rolle kommt auch dem Credo zu, dass Nichtstun eben mit einem Unterlassen gleichzusetzen ist und nicht mit einem versehentlich unentdeckten Sachverhalt, Vorgang etc., über den man eine Exkulpation erreichen könnte. Darin kommt ebenfalls zum Ausdruck, dass der Mandatsträger, um aktiv zu »tun« (in Abgrenzung zum genannten »Nichtstun«), eben die genannten Aspekte wie Kompetenz, Zeit, adäquate Informationslage usw. beherzigen sollte. Es geht also insbesondere um die sinnvolle und angemessene Berücksichtigung und Verzahnung aller genannten Komponenten und weniger um eine isolierte Umsetzung.

Im Kontext der Haftungsprävention bzw. -vermeidung wird auch von der Asset Protection, also dem Vermögensschutz der Aufsichtsratsmitglieder gesprochen, wobei hier nicht einzig das monetäre Vermögen zu betrachten ist. Insbesondere die Reputation stellt für zukünftige Engagements das entscheidende Asset dar. Auf die besondere Bedeutung des Protokolls wurde im Rahmen des Abschnitts zur Selbstorganisation eingegangen.

Sollte es zu Streitigkeiten kommen und sozusagen das Thema und die Phase der Prävention erschöpft sein, geht es neben der Beweisführung (Dokumentation) oftmals auch um Fragen des Schadenersatzes, der Zahlung von Abwehr- und Anwaltskosten sowie die Risiken für das Privatvermögen des betroffenen Aufsichtsrats. Der in diesem Zusammenhang übliche Versicherungsschutz sowie einige Varianten und Entwicklungen werden im letzten Abschnitt dieses Kapitels behandelt.

> **Für ein effektives Haftungsmanagement sollte eher von einem umfassenden Gremienmanagement gesprochen werden, welches diverse Aspekte zur Prävention berücksichtigt.**

Aspekte der Haftungsvermeidung

Expertise, Fachwissen, Methodenkompetenz, Weiterbildung

Zeit

Effizienzprüfung

D&O-Versicherung / vertragliche Vorkehrungen

Selbstorganisation

Protokollierung abweichender (einzelner) Meinungen innerhalb des AR

Informationsfluss sicherstellen (auch Holschuld!)

Externe Unterstützung

Ausnutzung der Personalhoheit über den Vorstand

D & O-Versicherung

Auf die Haftung und daraus resultierende Risiken wurde im vorigen Abschnitt eingegangen. Zusammenfassend und gleichzeitig als Einleitung für das Thema der D&O-Versicherung gilt es festzuhalten: Die Mitglieder von Aufsichtsräten haften grundsätzlich gesamtschuldnerisch mit ihrem gesamten Privatvermögen, wenn durch die Nichteinhaltung der gebotenen Sorgfaltspflicht dem Unternehmen ein Schaden entstanden ist. Besteht Unklarheit in der Frage, ob der Sorgfaltsmaßstab eingehalten worden ist, so trifft den Aufsichtsrat hierfür die Beweislast, d. h., das betroffene Aufsichtsratsmitglied muss nachweisen, dass es bei dem streitgegenständlichen Sachverhalt die erforderliche Sorgfalt hat walten lassen.

Bei D & O-Versicherungen handelt es sich grundsätzlich um eine Versicherung für fremde Rechnung.

Ein genereller Haftungsausschluss ist für Aufsichtsratsmitglieder prinzipiell nicht möglich. Eine Ausnahme bilden beispielsweise kommunale Gesellschaften, bei denen ein fakultativer Aufsichtsrat besteht und die Haftung auf Vorsatz und grobe Fahrlässigkeit beschränkt werden kann.

Zieht man jetzt noch das Ungleichgewicht zwischen der Vergütung des Aufsichtsrats und der persönlichen unlimitierten Haftung der Aufsichtsrasmitglieder in Betracht, wird ein effektiver Absicherungsbedarf offenkundig.

Eine gängige Möglichkeit zur Absicherung für Aufsichtsratsmitglieder bietet die sog. D&O-Versicherung. Dabei handelt es sich um ein Versicherungsprodukt, welches ursprünglich für den US-amerikanischen Markt entwickelt wurde. D&O ist die Abkürzung für »Directors and Officers«, d. h. für die Unternehmensleitung angloamerikanischer Kapitalgesellschaften. Das Kürzel D&O hat sich mittlerweile jedoch international als Synonym für die Absicherung der Haftungsrisiken von Organmitgliedern, also Mitgliedern von Führungs- und Aufsichtsgremien, etabliert. Eine D&O-Police soll vor den finanziellen Folgen einer persönlichen Haftung von Organmitgliedern schützen, insbesondere auch Aufsichtsratsmitgliedern, für den Fall, dass sie wegen einer bei Ausübung ihrer jeweiligen Tätigkeit begangenen Pflichtverletzung für den daraus resultierenden Vermögensschaden von dem eigenen Unternehmen oder von Dritten persönlich in Anspruch genommen werden. Vereinfacht ausgedrückt handelt es sich bei diesem Produkt um eine Art »Berufshaftpflichtversicherung« für Organmitglieder.

Wichtig zu wissen ist, dass es sich bei der D&O-Versicherung grundsätzlich um eine Versicherung für fremde Rechnung handelt, was wiederum bedeutet, dass der Vertragspartner des Versicherers und damit auch der Prämienschuldner das jeweilige Unternehmen und nicht etwa das einzelne Aufsichtsratsmitglied ist. Im Schadenfall mit Innenhaftungs-Bezug führt dies zu der brisanten Konstellation, dass der Vertragspartner des Versicherers mit der Erhebung des Anspruchs – etwa gegen ein Aufsichtsratsmitglied als versicherte Person – plötzlich zum »Gegner« werden kann. Nebenseitig sind einige zentrale Frage-

Wesentliche Aspekte einer D&O-Versicherung

Ist das Bedingungswerk transparent und verständlich? Gibt es keine versteckten Ausschlüsse?

Sind auch alle Mitglieder der Führungs- und Aufsichtsgremien von Tochterunternehmen automatisch mitversichert?

Ist die Deckungssumme ausreichend?

Werden vorläufige Abwehrkosten auch dann übernommen, wenn der konkrete Vorwurf Vorsatz bzw. einen wissentlichen Pflichtenverstoß beinhaltet?

Lassen sich die Bedingungen auf den individuellen Bedarf anpassen?

Bleibt der Versicherungsschutz auch bei einem Eigentümerwechsel des Unternehmens erhalten?

Werden die Abwehrkosten auch dann übernommen, wenn der Haftpflichtanspruch die Deckungssumme übersteigt?

Stimmen Verjährungs- und Nachmeldefristen überein?

Ist neben Fahrlässigkeit und grober Fahrlässigkeit auch der bedingte Vorsatz mitversichert?

Kann nach meinem ordentlichen Ausscheiden aus der Gesellschaft von meinem D&O-Anbieter eine individuelle D&O-Police ausschließlich zum individuellen Schutz erhalten werden?

stellungen abgebildet, die im Zusammenhang mit D & O-Versicherungen stehen und die Komplexität des Themas aufzeigen.

Aufgrund der Konstruktion dieses Versicherungsproduktes kann es – wie in der Abbildung – aufgezeigt, zu Interessenskonflikten kommen. Diskutiert und in der Praxis an Verbreitung zunehmend sind daher:

- Separate D & O-Versicherungen für den Aufsichtsrat
- Persönliche D & O-Versicherungen für die jeweiligen Aufsichtsratsmitglieder.

Bei separaten D & O-Versicherungen für den Aufsichtsrat stellt sich die Frage, ob diese losgelöst von der Unternehmenspolice bei einem anderen Versicherer vorgenommen wird (Fall 1) oder ein zusätzlicher Schutz neben der bestehenden Unternehmenspolice beim gleichen Versicherer abgeschlossen wird (Fall 2). Im ersten Fall handelt es sich um den sog. Twin-Tower-Ansatz. Er steht für die Trennung der D & O-Unternehmenspolice und der D & O-Versicherung für die Aufsichtsräte auch im Bezug auf die versichernden Gesellschaften. Hier ist neben der Entwicklung der Prämien insbesondere auf die Klärung bzw. Übernahme der Altlasten hinzuweisen, da unter Umständen der Versicherungsschutz für die Aufsichtsräte nicht für davor liegende Sachverhalte greift, sondern erst ab Versicherungsbeginn. Dadurch könnte es zu Versicherungslücken bei bereits angelegten Problemen bzw. Streitigkeiten kommen, die lediglich noch nicht offenkundig sind.

Bei der Two-Tier Trigger Police (Fall 2) hingegen bleiben die Aufsichtsräte in der bestehenden D & O-Unternehmenspolice und erhalten einen zusätzlichen Schutz speziell für sie als Aufsichtsräte. Dadurch entfällt die »Altlasten-Thematik« und dem Aufsichtsrat steht eine eigene Deckungssumme zur Verfügung. Bei dieser Variante muss jedoch bedacht werden, dass es wie im Standardfall nur einen Versicherer gibt, der unter Umständen an der Seite beider streitenden Parteien steht und diese beide im Konflikt vertreten muss. Auf die Entwicklung von Prämien, Versicherungsdetails oder gar Anbietern soll an dieser Stelle bewusst zur Wahrung der Objektivität und Neutralität verzichtet werden.

Kennen Sie tatsächlich Art und Inhalt Ihrer Police? Sind Sie optimal oder mindestens adäquat abgesichert?

Letztlich soll kurz die Möglichkeit erwähnt werden, eine persönliche D & O-Versicherung für einzelne Aufsichtsratsmitglieder abzuschließen.

In diesem Fall müsste die Versicherungssumme nicht mit anderen Organmitgliedern geteilt werden und unter Umständen ließen sich auf diesem Weg mehrere Mandate eines Aufsichtsrats in unterschiedlichen Unternehmen absichern. Inwiefern dieser individuelle Schutz vom Unternehmen (zumindest anteilig) finanziell getragen wird, ist im Einzelfall zu prüfen bzw. zu verhandeln.

Grundkonstruktion kann zu Interessenskonflikten führen

Versicherer (Versicherungsunternehmen)

Prämie

Schutz

Versicherungsnehmer
(Unternehmen)

Versicherte Person
(z.B. Organmitglied)

- AG
- GmbH (& Co KG)
- Genossenschaften
- Stiftungen
- etc.

- Vorstände
- Aufsichtsräte
- Geschäftsführer
- Leitende Angestellte
- Compliance Officer
- etc.

1

Quellen, weiterführende Literatur

Behringer, S. (2016): Compliance für Aufsichtsräte: Grundlagen – Verantwortlichkeiten – Haftung, Berlin 2016.

Betteray, W. v./Heerma, P. H. (2011): Haftung der Mitglieder des Aufsichtsrats in der Krise des Unternehmens, in: Peter H. Dehnen (Hrsg.), Der professionelle Aufsichtsrat – Basiswissen für die Praxis, 2011, S. 51-60.

Beyer, M. (2016): Der operative Aufsichtsrat: Die Rolle des Aufsichtsrats in der Planung, in: BOARD 4/2016, S. 139-142.

Beyer, M./Gabius, K. (2015): Die Zukunft des Aufsichtsrats: Die Rolle des Gremiums im Rahmen von Planung und Strategie, in: BOARD 2015, Heft 5/2015, S. 197-201.

Cyrus, R. (2011): Fallstricke und Richtlinien im Umgang mit der persönlichen Haftung und deren Versicherung, in: Peter H. Dehnen (Hrsg.), Der professionelle Aufsichtsrat – Basiswissen für die Praxis, 2011, S. 39-50.

Dubs, R. (2006): Grundlagen und Sitzungstechnik, Bern 2006, S. 17.

Erker, M. (2014): Beiräte – Der institutionalisierte Einfluss Dritter. Konfliktvermeidung in Familienunternehmen, in: DStR, Heft 3/2014, 105 ff.

Fassbach, B. (2014): Die D & O-Versicherung in der Aufsichtsratspraxis, in: BOARD, Heft 4/2014, S. 156-161.

Gabius, K./Beyer, M. (2016): Wachsende Anforderungen an Bank-Aufsichtsräte: Neue Haftungsrisiken, in: Der Aufsichtsrat, Heft 3/2016, S. 157-158.

Hardt H. D./Ponschab R. (2014): Neue Rollenerwartungen an Aufsichtsräte und Beiräte, in: Der Aufsichtsrat, Heft 6/2014, S. 85-87.

Hendricks, M. (2015): D & O-Versicherung auf eigene Rechnung, in: Der Aufsichtsrat, Heft 4/2015, S. 50-51.

Henning, P. (2016): Dokumentation der Arbeit des Aufsichtsrats, in: BOARD, Heft 1/2016, S. 37-37.

Henning, P. (2015): Sitzungen ohne Vorstand, in: BOARD, Heft 5/2015, S. 211-212.

Heyd, R./Beyer, M. (Hrsg.) (2016): Corporate Governance in der Finanzwirtschaft – Aktuelle Herausforderungen und Haftungsrisiken, Berlin 2016.

Humrich, H. (2015): Kommunikation des Aufsichtsrats mit den Mitarbeitern, in: BOARD, Heft 5/2015, S. 184-187.

Lotze, A. (2016): Zunehmende Bedeutung der Organhaftung auch für den Mittelstand, in: Der Aufsichtsrat, Heft 5/2016, S. 72-74.

März, B. (2015): Moderne Gremienkommunikation für Aufsichtsräte, in: Der Aufsichtsrat, Heft 2/2015, S. 24-25.

Mehle, V./Bärlein, M. (2015): Aufsichtsrat und Strafrecht, in: Der Aufsichtsrat, Heft 1/2015, S. 8-9.

Schultheiß, P. (2015): Digitale Kommunikation im Aufsichtsrat der BBBank, in: BOARD, Heft 3/2015, S. 113-114.

Schust, G. H. (2015): Aufsichtsräte sollten heute Führung »neu denken« – drei Thesen, in: Der Aufsichtsrat, Heft 6/2014, S. 88-89.

Siepelt, S. (2016): Zur praktischen Umsetzung einer Informationsordnung durch den Aufsichtsrat, in: BOARD, Heft 3/2016, S. 118-122.

Sutter-Rüdisser, M. F. (2015): Sitzungsmanagement im Aufsichtsrat, in: BOARD, Heft 4/2015, S. 162-164.

Uffmann, K. (2015): Überwachung der Geschäftsführung durch einen schuldrechtlichen GmbH-Beirat?, in: Neue Zeitschrift für Gesellschaftsrecht (NZG), Heft 5/2015, S. 169-176.

Werner, R. (2010): Der Beirat als Instrument der Unternehmensüberwachung, in: ZEV, 2010, S. 619 ff.

Wessing, J. (2011): Grundlagen der strafrechtlichen Haftung des Aufsichtsrats, in: Peter H. Dehnen (Hrsg.), Der professionelle Aufsichtsrat – Basiswissen für die Praxis, 2011, S. 19-38.

1

Kapitel 2:

Besondere Rollen

Inhaltsverzeichnis

Prüfungsausschuss

Der Aufsichtsrat sollte als oberstes Organ der Unternehmensüberwachung mit vielschichtigen und unterschiedlichen Kompetenzen besetzt sein. Damit soll eine umfassende Begleitung
des Vorstandes bei allen strategischen Fragestellungen ermöglicht werden. Um die Arbeit im Aufsichtsrat effizient zu gestalten, empfiehlt der Deutsche Corporate Governance Kodex
die Bildung von fachlich qualifizierten Ausschüssen des Aufsichtsrats in Abhängigkeit von den spezifischen Gegebenheiten
des Unternehmens und der Anzahl seiner Mitglieder. Tz 5.3.2
des Deutschen Corporate Governance Kodex empfiehlt speziell
die Einrichtung eines Prüfungsausschusses, der für die Überwachung der in der nachfolgenden Abbildung dargestellten
Themen zuständig ist.

Persönliche Anforderungen an den Prüfungsausschussvorsitzenden sind nach Tz. 5.3.2 in formeller Hinsicht die Unabhängigkeit und die Tatsache, dass es sich nicht um ein ehemaliges Vorstandsmitglied handelt, dessen Bestellung vor weniger
als zwei Jahren endete. In materieller Hinsicht soll der Vorsitzende des Prüfungsausschusses über besondere Kenntnisse
und Erfahrungen in der Anwendung von Rechnungslegungsgrundsätzen und internen Kontrollverfahren verfügen. Er soll
regelmäßig an den Aufsichtsrat über die Arbeit des Prüfungsausschusses berichten.

Formell gesetzliche Vorschriften zum Prüfungsausschuss
finden sich in § 107 Abs. 3 AktG. Die Aufgabenbeschreibungen
sind inhaltsgleich mit denen des Deutschen Corporate Governance Kodex. Allerdings wird festgehalten, dass Beschlüsse,
wonach bestimmte Arten von Geschäften nur mit Zustimmung
des Aufsichtsrats vorgenommen werden dürfen, einem Ausschuss nicht an Stelle des Aufsichtsrats zur Beschlussfassung
überwiesen werden können (vgl.
§ 107 Abs. 3 Satz 3 AktG). Das bedeutet, dass z. B. die Aufgabe der
Billigung des Jahresabschlusses
und damit zu dessen Feststellung
nach § 172 AktG wohl vom Prüfungsausschuss vorbereitet werden
kann, jedoch dem Gesamtgremium des Aufsichtsrats vorbehalten

> **Um die Arbeit im
> Aufsichtsrat effizient
> zu gestalten, empfiehlt
> der Deutsche Corporate
> Governance Kodex die
> Bildung von fachlich
> qualifizierten Ausschüs-
> sen des Aufsichtsrats.**

bleibt. Um die Zusammenarbeit zwischen dem Aufsichtsrat
und den Ausschüssen, hier speziell dem Prüfungsausschuss,
effizient zu gestalten, ist der Informationsfluss so zu organisieren, dass weder Informationslücken oder -defizite entstehen,
noch ein Informations-Overload die Entscheidungsfindung beeinträchtigt.

Dem Aufsichtsrat als Gesamtgremium ist regelmäßig über
die Arbeit der Ausschüsse, also auch des Prüfungsausschusses, zu berichten (Vgl. § 107 Abs. 3 Satz 4 AktG, Tz. 5.3.1 des
DCGK).

2

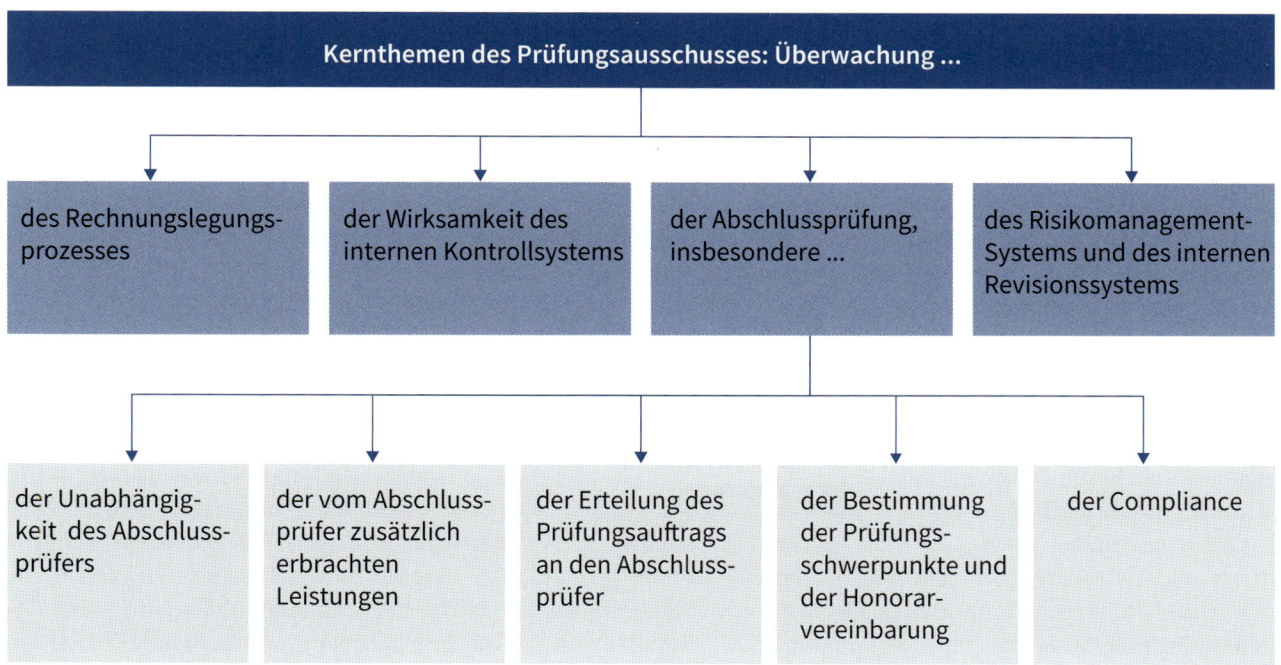

Kernthemen des Prüfungsausschusses: Überwachung ...

des Rechnungslegungs-prozesses

der Wirksamkeit des internen Kontrollsystems

der Abschlussprüfung, insbesondere ...

des Risikomanagement-Systems und des internen Revisionssystems

der Unabhängig-keit des Abschluss-prüfers

der vom Abschluss-prüfer zusätzlich erbrachten Leistungen

der Erteilung des Prüfungsauftrags an den Abschluss-prüfer

der Bestimmung der Prüfungs-schwerpunkte und der Honorar-vereinbarung

der Compliance

Nach § 107 Abs. 3 Satz 2 AktG kann jedes Unternehmen, das einen Aufsichtsrat hat, einen Prüfungsausschuss einrichten. Hat es keinen Prüfungsausschuss, dann gilt der gesamte Aufsichtsrat als Prüfungsausschuss mit entsprechend gesteigerten Verantwortlichkeits- und Haftungsanforderungen. Es besteht allerdings nach § 324 Abs. 1 HGB eine Pflicht zur Einrichtung eines Prüfungsausschusses für kapitalmarktorientierte Unternehmen ohne Aufsichts- oder Verwaltungsrat. Eine Kapitalgesellschaft ist nach § 264d HGB kapitalmarktorientiert, wenn sie einen organisierten Markt (§ 2 Abs. 5 WpHG) durch von ihr ausgegebene Wertpapiere (§ 2 Abs. 1 WpHG) in Anspruch nimmt oder die Zulassung solcher Wertpapiere zum Handel an einem organisierten Markt beantragt hat. Hiervon können auch GmbHs nach § 52 Abs. 1 Satz 1 GmbHG, Genossenschaften nach § 38 Abs. 1a GenG sowie Kreditinstitute und Versicherungen nach § 340k Abs. 5 HGB bzw. § 341k Abs. 4 HGB rechtsformunabhängig betroffen sein. Der isolierte Prüfungsausschuss ohne Anbindung an einen Aufsichtsrat stellt ein eigenständiges Gesellschaftsorgan für nicht börsennotierte, aber kapitalmarktorientierte Unternehmen im Sinne des § 264d HGB dar, die keinen Aufsichtsrat haben, der den Vorschriften des § 100 Abs. 5 AktG entspricht. Nicht börsennotierte, aber kapitalmarktorientierte Unternehmen im Sinne des § 264d HGB sind Gesellschaften, die zwar nicht mit Aktien wohl aber mit Schuldverschreibungen einen organisierten Kapitalmarkt in Anspruch nehmen. Sie haben

Der Aufsichtsrat bleibt aber in der vollen Verantwortlichkeit für diese Themen auch bei Delegation an den Prüfungsausschuss.

eine Pflicht zur Einrichtung eines Prüfungsausschusses (§ 324 Abs. 1 HGB), dessen Aufgaben sich durch Verweis auf § 107 Abs. 3 Satz 2 AktG ergeben. Wegen des fehlenden Verweises auf § 111 AktG kommt ihm aber keine umfassende Kontrolle der Geschäftsführung zu, vielmehr »nur« eine Überwachung des Rechnungslegungsprozesses sowie des internen Kontroll- und Risikomanagementsystems und dessen Wirksamkeit, der unternehmensbezogenen Compliance sowie der Gestaltung der Beziehung zum Abschlussprüfer einschließlich der Überwachung von dessen Unabhängigkeit.

Nach Art. 39 der EU-Richtlinie 2014/56/EU vom 16.4.2014 haben alle Unternehmen von öffentlichem Interesse (Public Interest Entities (PIEs)) unabhängig von der Rechtsform, d.h. auch Kreditinstitute und Versicherungen, die nicht Kapitalgesellschaften sind (z.B. §§ 340k Abs. 5, 341k Abs. 4 HGB), grundsätzlich einen Prüfungsausschuss zu bilden. Die Mitglieder dieses Prüfungsausschusses müssen in ihrer Gesamtheit mit dem Sektor, in dem das Unternehmen tätig ist, vertraut sein; die Mehrheit der Mitglieder, darunter der Vorsitzende, muss unabhängig sein und mindestens ein Mitglied muss über Sachverstand auf den Gebieten Rechnungslegung oder Abschlussprüfung verfügen. Der Vorsitzende des Prüfungsausschusses darf nicht mit der Geschäftsführung betraut sein (vgl. § 324 Abs. 2 Satz 3 HGB). Die Aufgabenverteilung zwischen dem Gesamtgremium des Aufsichtsrats und dem Prüfungsausschuss sowie die Sonderzuweisung von Aufgaben

Von der Pflicht zur Einrichtung eines Prüfungsausschusses befreit (vgl. § 324 Abs. 1 HGB) sind:

ABS-Emittenten, d.h. Emittenten von Asset Backed Securities, also verbrieften Forderungen, die regelmäßig über Zweckgesellschaften ausgegeben und am Kapitalmarkt platziert werden

nicht börsennotierte Kreditinstitute ohne Aufsichtsrat, die Schuldtitel von insgesamt weniger als 100 Mio. EUR nominal begeben haben und bei denen keine Prospektpflicht bestand

Investmentvermögen im Sinne des § 1 Abs. 1 KAGB

2

und Verantwortlichkeiten an den Financial Expert sind Gegenstand der Satzung bzw. der Geschäftsordnung des Aufsichtsrats und/oder des Prüfungsausschusses. Der Aufsichtsrat kann alle in § 107 Abs. 3 Satz 2 AktG genannten Aufgaben ganz oder teilweise auf den Prüfungsausschuss übertragen oder selbst wahrnehmen. Der Aufsichtsrat bleibt aber in der vollen Verantwortung für diese Themen – auch bei Delegation an den Prüfungsausschuss (Vgl. § 107 Abs. 3 Satz 3 AktG).

Für den Fall, dass der Aufsichtsrat keinen Prüfungsausschuss eingerichtet hat (§ 107 Abs. 3 Satz 2 AktG) und somit dessen Aufgaben durch das Gesamtgremium des Aufsichtsrats wahrgenommen werden, wird allerdings vorausgesetzt, dass mindestens ein unabhängiges Mitglied des Aufsichtsrats mit Sachverstand in Rechnungslegung oder Abschlussprüfung berufen ist (§ 107 Abs. 5 i. V. m. § 100 Abs. 5 AktG).

Nicht befreit von der Pflicht zur Einrichtung eines Prüfungsausschusses sind kapitalmarktorientierte Tochtergesellschaften, d.h. in diesem Fall müssen Mutter- und Tochterunternehmen jeweils einen Prüfungsausschuss haben. Im Konzern können sich aufwärts- und abwärtsstrangbezogene Auswirkungen jedoch keine horizontalen Ausstrahlungen ergeben. Das bedeutet, dass das Mutter- und alle Tochterunternehmen vom Anwendungsbereich der neuen Vorschriften zur Einrichtung eines Prüfungsausschusses erfasst sind, sofern ein Unternehmen im Konzern in Auf- bzw. Abwärtsrichtung die Anforderungen an ein Unternehmen von öffentlichem Interesse (PIE) erfüllt. Der PIE-Status eines Tochterunternehmens kann sich auf einzelne Konzernstränge sowie den Gesamtkonzern auswirken. Ausstrahlungswirkungen können sich auch aus Non-EU-Gesellschaften ergeben.

Die Aufgaben des Prüfungsausschusses ergeben sich aus § 107 Abs. 3 Satz 2 AktG. Die konkrete Ausgestaltung des Aufgabenspektrums des Prüfungsausschusses in Abgrenzung zur Aufgabenzuordnung des Gesamtgremiums des Aufsichtsrats bleibt eine originäre Zuständigkeit des Aufsichtsrats. Der Prüfungsausschuss hat, wenn das Gesamtgremium des Aufsichtsrats ihm diese Aufgabe übertragen hat, im Zusammenhang mit der Tätigkeit des Abschlussprüfers folgende Einzelfunktionen zu erfüllen:

- Auswahl einer geeigneten Wirtschaftsprüfungsgesellschaft als Wahlvorschlag für die Hauptversammlung
- Prüfung der Unabhängigkeit der als Abschlussprüfer in Aussicht genommenen Wirtschaftsprüfungsgesellschaft
- Nach der Wahl durch die Hauptversammlung: Erteilung des Prüfungsauftrags und Vereinbarung der Prüfungsschwerpunkte sowie gegebenenfalls Erweiterung des Prüfungsumfangs, Treffen der Honorarvereinbarung
- Bereitstehen während der Prüfungsdurchführung als Ansprechpartner sowie als Adressat für Side-Letters, Manage-

Die konkrete Ausgestaltung des Aufgabenspektrums des Prüfungsausschusses in Abgrenzung zur Aufgabenzuordnung des Gesamtgremiums des Aufsichtsrats bleibt eine originäre Zuständigkeit des Aufsichtsrats.

2

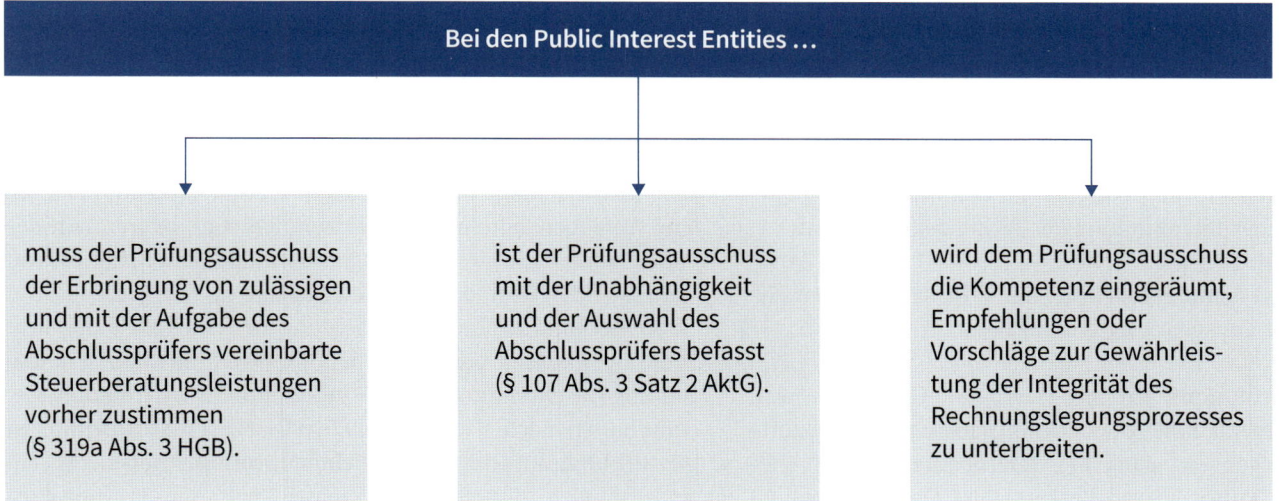

Bei den Public Interest Entities …

muss der Prüfungsausschuss der Erbringung von zulässigen und mit der Aufgabe des Abschlussprüfers vereinbarte Steuerberatungsleistungen vorher zustimmen (§ 319a Abs. 3 HGB).

ist der Prüfungsausschuss mit der Unabhängigkeit und der Auswahl des Abschlussprüfers befasst (§ 107 Abs. 3 Satz 2 AktG).

wird dem Prüfungsausschuss die Kompetenz eingeräumt, Empfehlungen oder Vorschläge zur Gewährleistung der Integrität des Rechnungslegungsprozesses zu unterbreiten.

ment-Letters, überwachungsrelevante Hinweise, Feststellungen über Testat relevante Vorgänge bzw. Auffälligkeiten bei der Prüfungsdurchführung

- Entgegennahme des Prüfungsberichts und Diskussion im Prüfungsausschuss
- Diskussion des Prüfungsberichts mit dem Abschlussprüfer im Rahmen der Bilanzsitzung des Prüfungsausschusses bzw. Aufsichtsrats
- Billigung und damit Feststellung des Jahresabschlusses zusammen mit dem Gesamtgremium des Aufsichtsrats.

Durch das Abschlussprüferreformgesetz (AReG) ergeben sich für den Aufsichtsrat bzw. den Prüfungsausschuss erweiterte Aufgabenstellungen vor allem bei Unternehmen von öffentlichem Interesse (Public Interest Entities, PIE). Darunter versteht man:

- Kapitalmarktorientierte Unternehmen nach § 264d HGB,
- CRR-Kreditinstitute im Sinne des § 1 Abs. 3d Satz 1 KWG, mit Ausnahme der in § 2 Abs. 1 Nr. 1 und 2 KWG genannten Institute und
- Versicherungsunternehmen i. S. d. Art. 2 Abs. 1 der Richtlinie 91/674/EWG.

Ausführlich wird auf das AReG in Kapitel 10 eingegangen.

Für eine effiziente Arbeit des Prüfungsausschusses ist eine Konkretisierung der gesetzlichen Aufgabenfelder bezogen auf die spezifischen Gegebenheiten im jeweiligen Unternehmen

bzw. Konzern angezeigt. Dies betrifft sowohl die aufbauorganisatorischen Kompetenzen und Verantwortlichkeiten wie auch die Bestimmung von Art, Zeitbedarf, Intensität und Umfang der Überwachungs- und Prüfungsaktivitäten.

Insbesondere die Tatsache, dass der Prüfungsausschuss Teil des Aufsichtsratsgremiums ist, erfordert eine klare Kompetenz- und Aufgabenabgrenzung zwischen dem Gesamtgremium des Aufsichtsrats und dem Prüfungsausschuss. Dabei sind die auf der folgenden Seite dargestellten Aspekte zu beachten.

Sondervorschriften zu Einrichtung und Aufgaben des Prüfungsausschusses bestehen auch für Kreditinstitute, Finanzholding-Gesellschaften und gemischte Finanzholding-Gesellschaften nach § 25d Abs. 9 KWG. Für Finanzinstitute ist ein Prüfungsausschuss verpflichtend vorgeschrieben. Er hat grundsätzlich dieselben Funktionen wie der Prüfungsausschuss anderer Unternehmen auch (vgl. § 107 Abs. 3 AktG). Allerdings weist die Zusammenarbeit zwischen dem Prüfungsausschuss nach § 25d Abs. 9 KWG und dem Abschlussprüfer einige Besonderheiten auf. Die Überwachungsaufgaben des Prüfungsausschusses von Kreditinstituten beziehen sich auf die Unabhängigkeit des Abschlussprüfers und auf die von ihm erbrachten (Nichtprüfungs-)Leistungen hinsichtlich Umfang, Häufigkeit und Berichterstattung.

Der Vorsitzende des Prüfungsausschusses bei Kreditinstituten hat über Sachverstand sowohl auf dem Gebiet der Rechnungslegung als auch der Abschlussprüfung zu verfügen.

2

Wichtige Aspekte bei der Abgrenzung von Aufsichtsrat und Prüfungsausschuss

Organisation des Prüfungsausschusses (z.B. Fragen der Aufgabenzuweisung, Vergütung, Vorsitz, Festlegung der Geschäftsordnung etc.)

Personelle Besetzung (z.B. Fragen der Größe des Prüfungsausschusses, der Stellung des Financial Experts, der Aufnahme ehemaliger Finanzvorstände in den Prüfungsausschuss oder nach den Kriterien für die Unabhängigkeit der Ausschussmitglieder und des Financial Experts etc.)

Informationsversorgung des Prüfungsausschusses (z.B. Fragen nach der Informationsversorgung des Prüfungsausschusses, der Kommunikation des Prüfungsausschussvorsitzenden mit dem Aufsichtsratsvorsitzenden und den einzelnen Vorstandsmitgliedern sowie nach dem Zugang des Prüfungsausschusses zu einzelnen Unternehmensabteilungen unterhalb des Vorstandes (Innenrevision, Compliance Officer, Leiter Rechnungswesen).
Vgl. § 25d Abs. 9 KWG.

Weiterhin soll der Prüfungsausschuss dem Aufsichtsrat Auswahlvorschläge für die Bestellung des Abschlussprüfers unterbreiten. Dies schließt auch Vorschläge für eine Honorarvereinbarung bei Neuausschreibungen bzw. bei der Fortsetzung des Prüfungsauftrags ein. Auch kann der Prüfungsausschuss dem Gesamtgremium des Aufsichtsrats die Kündigung des Prüfungsauftrags für Folgejahre empfehlen. Schließlich hat der Prüfungsausschuss die zügige Behebung der vom Prüfer festgestellten Mängel durch die Geschäftsleitung mithilfe geeigneter Maßnahmen zu überwachen (§ 25d Abs. 9 Satz 2 KWG).

Der Vorsitzende des Prüfungsausschusses bei Kreditinstituten hat über Sachverstand sowohl auf dem Gebiet der Rechnungslegung als auch der Abschlussprüfung zu verfügen. Es ist also eine gleichzeitige Kompetenz auf beiden Sachgebieten angezeigt. Im Gegensatz dazu wird von Financial Experts bei Nichtbanken nach § 100 Abs. 5 HGB Sachverstand auf den Gebieten Rechnungslegung oder Abschlussprüfung verlangt.

Als weitere Besonderheit bei Kreditinstituten kann nach § 25d Abs. 9 Sätze 4 und 5 KWG der Prüfungsausschussvorsitzende unmittelbar beim Leiter der Internen Revision und beim Leiter des Risikocontrollings Auskünfte einholen, sofern die Geschäftsleitung darüber informiert wurde.

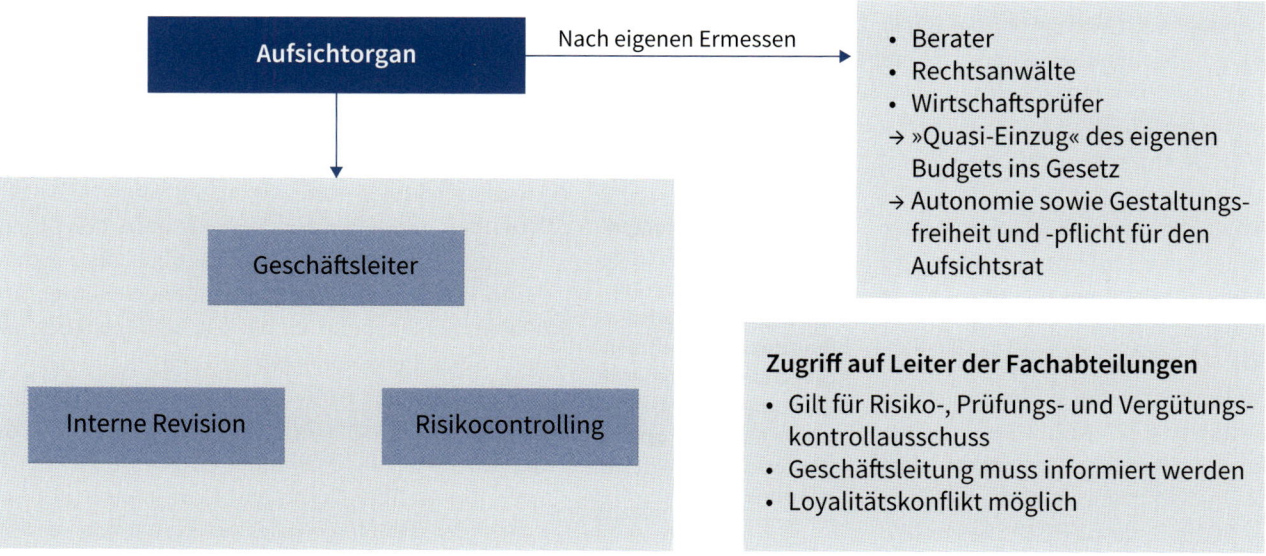

Nutzung in- und externer Ressourcen gem. § 25d KWG

Ausschussvorsitzende (Risiko, Prüfung, Vergütung) bzw. Aufsichtsratsvorsitzende können umfassend auf interne und externe Ressourcen zugreifen

Aufsichtorgan — Nach eigenen Ermessen →
- Berater
- Rechtsanwälte
- Wirtschaftsprüfer
- → »Quasi-Einzug« des eigenen Budgets ins Gesetz
- → Autonomie sowie Gestaltungsfreiheit und -pflicht für den Aufsichtsrat

Geschäftsleiter

Interne Revision

Risikocontrolling

Zugriff auf Leiter der Fachabteilungen
- Gilt für Risiko-, Prüfungs- und Vergütungskontrollausschuss
- Geschäftsleitung muss informiert werden
- Loyalitätskonflikt möglich

Financial Expert

Im Aufsichtsrat sollten vielfältige Kompetenzen vertreten sein, um die strategische Entwicklung des Unternehmens durch eine kompetente Beratung und antizipative Kontrolle und Überwachung begleiten zu können. Dies schließt Aspekte der Diversität ein. Allerdings verlangt der Gesetzgeber bei Public Interest Entities (PIE), dass die Aufsichtsratsmitglieder in ihrer Gesamtheit mit dem Sektor, in dem die Gesellschaft tätig ist, vertraut sein müssen. Mindestens ein Mitglied des Aufsichtsrats muss über Sachverstand in der Rechnungslegung oder Abschlussprüfung (Financial Expert) verfügen (§ 100 Abs. 5 AktG); ist dies nicht der Fall, dann greift § 324 Abs. 1 Satz 1 HGB, d. h. es muss dann ein Prüfungsausschuss eingerichtet werden. Im Prüfungsausschuss muss mindestens ein Financial Expert nach § 100 Abs. 5 HGB vertreten sein (§ 107 Abs. 4 HGB). Die Mitglieder des Prüfungsausschusses sind von den Gesellschaftern zu wählen (§ 324 Abs. 2 Satz 1 HGB). Der Vorsitzende des Prüfungsausschusses darf nicht mit der Geschäftsführung im Unternehmen betraut sein (§ 324 Abs. 2 Satz 2 HGB). Besondere Anforderungen werden an den Sachverstand des Financial Experts gestellt. An die Sachverstandsvoraussetzung sind keine formalen Bedingungen (z. B. Hochschulstudium bestimmter Fachrichtung, Bilanzbuchhalter, Bankausbildung) geknüpft, sie

> **Im Aufsichtsrat sollten vielfältige Kompetenzen vertreten sein, um die strategische Entwicklung des Unternehmens durch eine kompetente Beratung und antizipative Kontrolle und Überwachung begleiten zu können.**

muss lediglich angesichts der Komplexität der Aufgabenstellung und der damit verbundenen Verantwortung angemessen sein. Die Sektorkompetenz im Prüfungsausschuss soll gewährleisten, dass die Ausschussmitglieder in ihrer Gesamtheit und die Mitglieder des Prüfungsausschusses im Besonderen die aus dem Geschäftsmodell des beaufsichtigten Unternehmens resultierenden Risiken (inhärente Risiken) erkennen und beurteilen können. Diese Zusatzqualifikation muss nicht von jedem einzelnen Ausschussmitglied, wohl aber vom Gesamtgremium des Prüfungsausschusses erfüllt werden. Das bedeutet, dass nicht zwingend jedes Ausschussmitglied im Vorfeld seiner Bestellung praktische Erfahrungen oder Kenntnisse in dem betreffenden Sektor gesammelt haben muss. Die Vertrautheit mit dem Geschäftsfeld kann auch durch intensive Weiterbildungen erworben oder durch eine Tätigkeit als Mitglied beratender Berufe mit einem tiefgehenden Einblick in den entsprechenden Sektor gewonnen worden sein.

Die formalen Anforderungen an die Unabhängigkeit des Financial Experts sind nicht mehr im Gesetz geregelt. Allerdings empfiehlt Tz. 5.4.1 des Deutschen Corporate Governance Kodex, dass der Prüfungsausschussvorsitzende neben besonderen Kenntnissen und Erfahrungen in der Anwendung von Rechnungslegungsgrundsätzen und internen Kontrollverfahren, unabhängig sein soll und kein ehemaliges Vorstandsmitglied sein soll, dessen Bestellung vor weniger als zwei Jah-

Für den Finanzexperten stellen sich fünf Kernthemen einer erfolgreichen Unternehmensüberwachung:

Durch geeignete Kontrollmechanismen wird dazu beigetragen, dass die Unternehmensvision, die darauf aufbauende Strategie und die operative Planung im Rahmen des jeweiligen Zielkorridors umgesetzt wird

Durch geeignete Fragestellungen werden Abweichungen schon möglichst präventiv mindestens aber frühzeitig erkannt

Schwachstellen im Unternehmen (z.B. bei Prozessen, Innovationsfähigkeit, Nachfolgeplanung, Organisationsstruktur) werden identifiziert, eine Ursachenanalyse angefordert, deren Ergebnisse bewertet sowie die rasche Umsetzung der vereinbarten Verbesserungsmaßnahmen kontrolliert

Transparenz und Konsistenz im finanziellen und operativen Berichtswesen werden sichergestellt und regelmäßig überprüft

Eine nachhaltige und mit den formulierten Geschäftsprinzipien übereinstimmende unternehmerische Tätigkeit der Geschäftsführung und aller Mitarbeiter – auch in Verbindung mit Kunden, Lieferanten und Geschäftspartnern – wird überwacht. Bei Abweichungen wird rasch reagiert

ren endete. Die Anforderung an die Unabhängigkeit geht über die bloße Trennung von Vorstand und Aufsichtsrat nach § 105 Abs. 1 AktG hinaus und bezieht sich nicht nur auf die aktuelle Zugehörigkeit zur Geschäftsführung sondern auch auf andere Gesichtspunkte, insbesondere unmittelbare oder mittelbare geschäftliche, finanzielle oder persönliche Beziehungen zur Geschäftsführung etc. Die Unabhängigkeit der Mitglieder des Prüfungsausschusses orientiert sich an den Vorschriften in Tz. 5.4.2 des DCGK.

Danach wird die Unabhängigkeit eines Aufsichtsratsmitglieds dann bejaht, wenn es in keiner geschäftlichen oder persönlichen Beziehung zu der Gesellschaft oder deren Vorstand steht, die einen Interessenkonflikt begründet. Insbesondere soll keine Personenidentität von Aufsichtsratsvorsitz und Vorsitz im Prüfungsausschuss gegeben sein. Auch sollte der Vorsitzende des Prüfungsausschusses nicht ehemaliges Mitglied der Geschäftsleitung sein. Die Unabhängigkeit bleibt eine wertende Entscheidung des Aufsichtsrats mit einem weiten Beurteilungsspielraum.

Das Fehlen eines Finanzexperten stellt eine Pflichtverletzung des Aufsichtsrats dar.

Nach dem Beschluss des OLG München vom 28.4.2010 (DB 2010, S. 1281) muss der Finanzexperte fachlich in der Lage sein, die vom Vorstand bereit gestellten Informationen kritisch zu hinterfragen. Hierzu ist es aber nicht erforderlich, dass er seine Kenntnisse in Rechnungslegung oder Abschlussprüfung durch eine schwerpunktmäßige Tätigkeit in einem dieser Bereiche erlangt haben muss. Erforderlich ist, dass der Finanzexperte Fragen auf Augenhöhe mit dem Abschlussprüfer und dem Finanzvorstand besprechen und Aussagen des Vorstands hinterfragen kann.

Das Fehlen eines Finanzexperten stellt eine Pflichtverletzung des Aufsichtsrats dar, die im Einzelfall zur Verweigerung der Entlastung oder zur Anfechtung des Entlastungsbeschlusses führen kann.

Damit die Aktionäre in der Lage sind zu überprüfen, ob der Aufsichtsrat seiner Pflicht aus §§ 100 Abs. 5, 107 Abs. 4 AktG nachgekommen ist, muss der vom Aufsichtsrat festgelegte Finanzexperte für die Aktionäre eindeutig bestimmbar sein und seine Qualifikation erläutert werden. Eine Offenlegung kommt im Rahmen der Angaben zur Zusammensetzung und Arbeitsweise der Ausschüsse des Aufsichtsrats nach § 289a Abs. 2 Nr. 3 HGB in Betracht (Orth u. a. (2013), S. 11).

Eine effiziente und effektive Unternehmensüberwachung setzt ein funktionsfähiges strategisches, operatives und finanzwirtschaftliches Berichtswesen voraus. Dies ermöglicht einen strukturierten und nach Überwachungskriterien gestalteten Soll-Ist-Vergleich, z. B. hinsichtlich Umsatz, Kosten, Marktanteilen. Überwachungsrelevante Aspekte im Sinne von Erfolgsfaktoren für die Überwachung der Unternehmenstätigkeit sind in der nachfolgenden Abbildung dargestellt.

Folgende grundlegende Erfolgsfaktoren einer umfassenden strategischen und operativen Unternehmensüberwachung durch das Aufsichtsorgan bzw. den Prüfungsausschuss lassen sich identifizieren:

Einbindung des Aufsichtsrats, insbesondere des Finanzexperten in die Strategieplanung

Besuche bei Filialen, Geschäftsstellen, Betriebsstätten und Einrichtungen sowie Treffen mit lokalen Kunden und Geschäftspartnern, ggf. auch Behördenvertretern

Frühzeitige Abstimmung der Jahresplanung zwischen Aufsichtsrat und Unternehmensleitung

Überwachungsrelevante Aspekte im Sinne von Erfolgsfaktoren für die Überwachung der Unternehmenstätigkeit

Regelmäßige Besuche des Aufsichtsorgans bei den operativen Einheiten und Gespräche mit den jeweiligen Führungskreisen

Themenbezogene Teilnahme von Führungskräften außerhalb der Geschäftsleitung an Sitzungen von Aufsichtsrat (§ 25d KWG)

Rechtzeitige Einbindung des Finanzexperten in den Entscheidungsprozess zustimmungspflichtiger Geschäft

- Vorhandensein von komparativen Kompetenzen im Aufsichtsrat in Abstimmung mit dem Geschäftsmodell und den aus ihm resultierenden Chancen und Risiken einschließlich den damit verbundenen Überwachungsprozessen.
- Konsens zwischen Geschäftsführungs- und Aufsichtsorgan über die strategische Positionierung und Entwicklung des Unternehmens bzw. Konzerns (Orth u. a. (2013), S. 77-85).
- Aufbau und Ausgestaltung des Berichtswesens sowohl in Bezug auf die Vergangenheit (Kontrollfunktion, Soll-Ist-Abweichungen) wie auch auf die Zukunft (Risikofrüherkennungssystem) sowie Verfügbarkeit entscheidungs- und kontrollrelevanter Informationen bei den unterschiedlichen betrieblichen Entscheidungsträger wie auch Aufsichtsorganen (Berichtswesen).
- Einbeziehung des Aufsichtsorgans in die strategische und operative Unternehmensplanung unter Einsatz und Erläuterung betriebswirtschaftlicher Instrumente zur Herstellung eines strategischen Fits zwischen den Chancen und Risiken der ökonomischen Umwelt und den Stärken und Schwächen der aktuellen und künftigen Unternehmenspotenziale.
- Durchgängiger und transparenter Zusammenhang zwischen der Geschäftsordnung und den strategischen Unternehmenszielen einerseits und deren Umsetzung in den operativen Geschäftsaktivitäten unter Begleitung durch die Revisionsabteilung und die internen und externen Aufsichtsorgane (Aufsichtsrat, Prüfungsausschuss, Abschluss-

prüfer). Einbeziehung des Aufsichtsgremiums in strategische Neuorientierungen im Unternehmen und deren Umsetzung in Geschäftsordnungen und Richtlinien sowie deren Begleitung durch Risikomanagement-, Compliance- und Kontrollsysteme.
- Übereinstimmung von strategischen und operativen Zielen und Instrumenten einschließlich deren Begleitung durch Risikomanagement-, Compliance- und Kontrollsysteme.
- Vorhandensein und Nutzung von Risikofrüherkennungssystemen sowohl auf operativer wie auch auf strategischer Ebene und Abschätzung der Auswirkungen im Hinblick auf Gefährdungen des Bestands und der weiteren Entwicklung des Unternehmens.

Ausgewählte Überwachungsfelder des Aufsichtsorgans können wie folgt identifiziert werden.

Strategieüberwachung: Die langfristige Ausrichtung der Unternehmensaktivitäten setzt einerseits an den bearbeiteten Märkten und Marktsegmenten (externe Parameter) an, andererseits an den internen Unternehmenspotenzialen in ihrem Ist-Zustand und ihrer geplanten Entwicklungsrichtung. Dabei knüpft die Überwachung an die strategischen Planungs- und Kontrollinstrumente der Betriebswirtschaftslehre an, wie

Eine effiziente und effektive Unternehmensüberwachung setzt ein funktionsfähiges strategisches, operatives und finanzwirtschaftliches Berichtswesen voraus.

Überwachungsschwerpunkte des Aufsichtsorgans lassen sich wie folgt identifizieren:

Geschäftsordnung	Die Geschäftsordnung regelt Zuständigkeiten und Verantwortlichkeiten innerhalb des Unternehmens bzw. des Konzerns sowie ggf. in den dezentralen Einheiten. Diese formulierten Geschäftsprinzipien sind bindende Richtlinien und somit auch Grundlage einer Effizienzbeurteilung und (Qualitäts-)Einschätzung bezüglich der Einhaltung von Compliance-Regelungen
Führungsrelevante Kernprozesse	Die führungsrelevanten Kernprozesse im Unternehmen wie das Berichtswesen (Struktur, Inhalt, Frequenz), das Finanzmanagement, das Personalwesen einschließlich dem Entlohnungssystem, der Bereich Forschung und Entwicklung einschließlich Innovationsmanagement, die Bereiche Marketing und Vertrieb, Einkauf, Fertigung und Materialwirtschaft, IT sowie die externe und interne Kommunikation einschließlich dem Social Media Bereich
Strategische Prozesse	Weitere strategische Prozesse, die die Rahmenbedingungen der Unternehmenstätigkeit bilden wie die Strategieentwicklung, Organisationsentwicklung, Revision, Nachhaltigkeit, Qualitätsmanagement und Produktsicherheit, Patentwesen und Innovationsschutz sowie Krisenmanagement
Unternehmensrichtlinien	Bindende Unternehmensrichtlinien, die die betriebliche Tätigkeit einschließlich der Funktionsfähigkeit betrieblicher Prozesse bestimmen wie Geschäftsordnungen, allgemeine Verhaltensmaßregeln (einschließlich Berichtswesen bei Fehlverhalten), dem Umgang mit Insider-Informationen sowie die Bereiche Datenschutz und Datensicherheit

- der Lebenszyklusanalyse
- der Portfolioanalyse
- dem Erfahrungskurvenkonzept
- der Markt- und Branchenstrukturanalyse etc.

Daraus resultieren die nachfolgend beispielhaft aufgezählten Überwachungsfelder der strategischen Unternehmenspolitik:

- Marktpotenzial in den bearbeiteten bzw. noch nicht bearbeiteten Märkten (Marktvolumen, Marktwachstumspotenzial)
- Globale Marktcharakteristika: Branchenrentabilität, Innovationsklima, Schutzfähigkeit von Innovationen, Wettbewerbsintensität, Eintrittsbarrieren für neue Anbieter
- Landesspezifische und geographische Marktcharakteristika, regulatorische Rahmenbedingungen, Geldwertstabilität, demografische Entwicklung, Verfügbarkeit von Arbeitskräften, Logistikaspekte
- Neue Geschäftsfelder: Lebenszyklus, Schlüsselerfolgsfaktoren, Geschäftsplan, Managementteam mit Kernkompetenzen, Budgets
- Marketing, Vertrieb
- Human Resources einschließlich Nachfolgeplanung, Nachwuchsförderung
- Interne Revision und Risikomanagement
- Einfluss digitaler Medien auf Geschäftsprozesse sowie Unternehmens- und Produktreputation mit folgenden Fragestellungen:

  – Gibt es im Unternehmen eine Übereinstimmung wie und durch wen soziale Medien verantwortet werden?
  – Hat das Unternehmen ein Monitoring-Verfahren für Social Media etabliert?
  – Werden soziale Medien und Erkenntnisse aus dem Monitoring über alle Geschäftsbereiche, funktionale Organisationen und Märkte intensiv genutzt?
  – Reagiert das Unternehmen im Hinblick auf Reaktionszeit und Reaktionsqualität zur vollen Zufriedenheit der Kunden?
  – Sind die Erkenntnisse aus dem Social-Media-Monitoring ein integraler Bestandteil des Risikomanagementprozesses und werden die Kontrollgremien hinreichend informiert?

Die Ausgestaltung der Informationstechnologie in aufbau- und ablauforganisatorischer Hinsicht ist für die Unternehmensüberwachung von grundlegender Bedeutung.

Überwachung der Informationstechnologie durch den Aufsichtsrat: Die Ausgestaltung der Informationstechnologie in aufbau- und ablauforganisatorischer Hinsicht ist für die Unternehmensüberwachung von grundlegender Bedeutung. Als Einzelthemen der Überwachung kommen folgende, auch nebenseitig dargestellten, Aspekte in Betracht:

- Zustand des IT-gestützten Rechnungslegungsprozesses und des IT-Kontrollsystems
- Inkrementelle Verbesserung des IT-gestützten Rechnungslegungsprozesses und IT-Kontrollsystems

Überwachungsrelevante Fragestellungen betreffen:

die Anwendungen und Prozesse: Welche Anwendungen existieren im Unternehmen (Anwendungslandschaft) und wie ist der Zusammenhang zwischen Geschäftsprozessen und Anwendungen?

die IT-Risiken: Was sind die drei größten operativen Risiken und deren Konsequenzen in Bezug auf die IT?

das IT-Management: Folgt die IT einem standardisierten Organisationsmodell?

die laufenden IT-Projekte: Welches sind die drei größten derzeit laufenden IT-Projekte und was ist deren Zielsetzung?

das IT-bezogene interne Kontrollsystem: Gibt es ein ausgeprägtes internes Kontrollsystem im Bereich IT?

Fragen des IT-Outsourcing: Welche Funktionen der IT sind ausgelagert und wie werden die externen Dienstleister gesteuert und überwacht?

das IT-gestützte Konsolidierungssystem: Wird die Konzernkonsolidierung IT-gestützt durchgeführt und welche Kontrollmaßnahmen bestehen hierfür?

die Regelungen über den IT-Zugriff und IT-Zutritt: Gibt es ein unternehmensweites Berechtigungssystem/ Policy?

die Bestandsaufnahme und Beurteilung von IT-Vorfällen: Was waren die drei Vorfälle mit den schlimmsten Risiken bzw. Folgen in Bezug auf die Informationstechnologie in den letzten 12 Monaten?

die Einrichtung und Funktionsweise einer IT-Revision: Gibt es regelmäßige IT-Kontrollen sowie einen Prüfungsbericht der internen und/oder externen Revision (Abschlussprüfer) zur IT?

- Einführung neuer Rechnungslegungsstandards (z. B. IFRS) oder neuer Regularien
- Operative Umsetzung der IT-Strategie
- Veränderungsprozess (Change Management) zur stetigen Harmonisierung von IT- und Geschäftszielen
- Abstimmung von Unternehmens- mit IT-Strategie (IT/Business Alignment)

Überwachung der Compliance-, Risikomanagement- und Kontrollsysteme durch den Prüfungsausschuss

Bei der Überwachung der Wirksamkeit von Compliance-, Risikomanagement- und Kontrollsystemen stehen die Anforderungen der Angemessenheit des Aufbaus und der Funktionsfähigkeit in der Nutzung im Mittelpunkt.

Während Compliance-Management-Systeme die Einhaltung rechtlicher Vorgaben überwachen sollen, geht es bei Risikomanagementsystemen um die Erfassung, Bewertung, Handhabung, Kontrolle von Risiken einschließlich eines darauf bezogenen Berichtssystems. Dabei besteht ein enger Bezug zu dem in § 91 Abs. 2 AktG geforderten Überwachungssystem zur Früherkennung der den Fortbestand der Gesellschaft gefährdenden Entwicklungen (Risikofrüherkennungssystem). Kontrollsysteme sind nach IDW PS 261 Tz. 19 die vom Management eingeführten Grund-

> **Während Compliance-Management-Systeme die Einhaltung rechtlicher Vorgaben überwachen sollen, geht es bei Risikomanagementsystemen um die Erfassung, Bewertung, Handhabung, Kontrolle von Risiken.**

sätze, Verfahren und Maßnahmen (Regelungen), die auf die organisatorische Umsetzung der Vorgaben des Managements gerichtet sind

- zur Sicherung der Wirksamkeit und Wirtschaftlichkeit der Geschäftstätigkeit (einschließlich Schutz des Vermögens, Verhinderung und Aufdeckung von Vermögensschädigungen),
- zur Ordnungsmäßigkeit und Verlässlichkeit der internen und externen Rechnungslegung und Berichterstattung sowie
- zur Einhaltung der für das Unternehmen relevanten rechtlichen Vorschriften.

Das bekannteste Gestaltungs-Framework für ein internes Kontrollsystem ist das COSO-Konzept. Compliance-Management-Systeme umfassen die folgenden Einzelaspekte:

Zur Prüfung von Compliance-Management-Systemen wurde der IDW PS 980 entwickelt, welcher das Rahmenkonzept einer diesbezüglichen externen Prüfung bildet. Sie ist sowohl als Sonderprüfung (vom Vorstand oder Aufsichtsrat initiiert) wie auch als Erweiterung des gesetzlichen Prüfungsauftrags im Rahmen der Jahresabschlussprüfung denkbar.

Überwachungsmaßnahmen des Aufsichtsrats bzw. jedes Aufsichtsratsmitglieds in Bezug auf das Compliance-Management-System stehen einerseits vor dem Problem, dass der Vorstand in Compliance-Verstöße verwickelt sein kann, andererseits dass übermäßige Kontrollen eine Misstrauenskultur schaffen kön-

Compliance-Management-Systeme umfassen in der Regel folgende Einzelaspekte:

- Compliance-Kultur
- Compliance-Ziele
- Compliance-Risiken
- Compliance-Programm
- Compliance-Organisation
- Compliance-Kommunikation
- Compliance-Überwachung

nen und so die positiv verhaltenssteuernde Kraft von moralischen Werten, Normen, Verhaltensstandards konterkarieren.

Einzelempfehlungen an das Aufsichtsorgan in Bezug auf die Überwachung des Compliance-Management-Systems können sein:

- Berichte des Vorstands einfordern und kritisch hinterfragen
- Die Arbeit der Internen Revision nutzen und überwachen sowie deren Berichte auswerten
- Informationen des Abschlussprüfers nutzen, Prüfungsschwerpunkte festlegen, Sonderprüfungen beauftragen

Das IDW hat den Entwurf für einen Prüfungsstandard über Grundsätze ordnungsmäßiger Prüfung von Internen Revisionssystemen (IDW EPS 983) veröffentlicht.

Darin wird die Interne Revision als dritte Verteidigungslinie zur Aufrechterhaltung von Wirschaftlichkeit und Wirksamkeit, einer normkonformen internen und externen Berichterstattung sowie der Einhaltung rechtlicher Rahmenvorschriften entsprechend dem COSO-Rahmenkonzept verstanden (vgl. IDW EPS 983 Tz. 10). Die drei Verteidigungslinien sind im Schaubild auf der nächsten Seite dargestellt.

Prüfungsstandards zu vergleichbaren Prüfungsgegenständen sind IDW PS 980 Grundsätze ordnungsmäßiger Prüfung von Compliance-Management-Systemen (Stand 11.3.2011), IDW EPS 891 Entwurf eines IDW Prüfungsstandards: Grundsätze ordnungsmäßiger Prüfung von Risikomanagementsystemen (Stand 3.3.2016), IDW EPS 982 Entwurf eines IDW Prüfungsstandards: Grundsätze ordnungsmäßiger Prüfung des internen Kontrollsystems der Unternehmensberichterstattung (Stand 14.6.2016).

Eine Angemessenheits- und Wirksamkeitsprüfung des Internen Revisionssystems umfasst folgende Kriterien:

- Die Regelungen des Internen Revisionssystems sind angemessen, wenn sie geeignet sind, mit hinreichender Sicherheit die Einrichtung einer Internen Revisionsfunktion sowie die unabhängige und objektive Erbringung von Prüfungs- und Beratungsleistungen durch die Interne Revision in Übereinstimmung mit den angewandten IRS-Grundsätzen zu gewährleisten (Vgl. IDW EPS 983 Tz. 27 mit Verweis auf Tz. A23).
- Die Wirksamkeit des Internen Revisionssystems ist dann gegeben, wenn die Regelungen in der Aufbau- und Ablauforganisation der Internen Revisionsfunktion von den hiervon Betroffenen nach Maßgabe ihrer Verantwortung in einem bestimmten Zeitraum wie vorgesehen eingehalten werden (vgl. IDW EPS 983 Tz. 29 mit Verweis auf Tz. A24, zu den weiteren Einzelfragen der ordnungsmäßigen Prüfung von Internen Revisionssystemen vgl. IDW EPS 983).

Die Interne Revision ist die dritte Verteidigungslinie zur Aufrechterhaltung von Wirschaftlichkeit und Wirksamkeit, einer normkonformen Berichterstattung sowie der Einhaltung rechtlicher Rahmenvorschriften.

Zusammenarbeit zwischen Prüfungsausschuss und Abschlussprüfer:

- Einrichtung eines Prüfungsausschusses, Ziel: Effizienz- und Effektivitätssteigerung der Aufsichtsratsarbeit
- Zusammensetzung des Prüfungsausschusses, Sachverstand: vom Vorstand zur Verfügung gestellte Unterlagen hinterfragen, Erkennen von möglichen Unplausibilitäten, kritisches Hinterfragen, zusätzlich aktives Handeln

- Auswahl des Abschlussprüfers gemäß AReG-Regelungen
- Teilnahme eines WPs an der Ausschreibung mit weniger als 15 % Marktanteil
- Auswahl des Abschlussprüfers anhand vorab festgelegter Kriterien
- Erstellung eines Berichts zur ordnungsgemäßen Durchführung des Auswahlverfahrens, ggf. als Nachweis gegenüber der verantwortlichen Abschlussprüferaufsicht

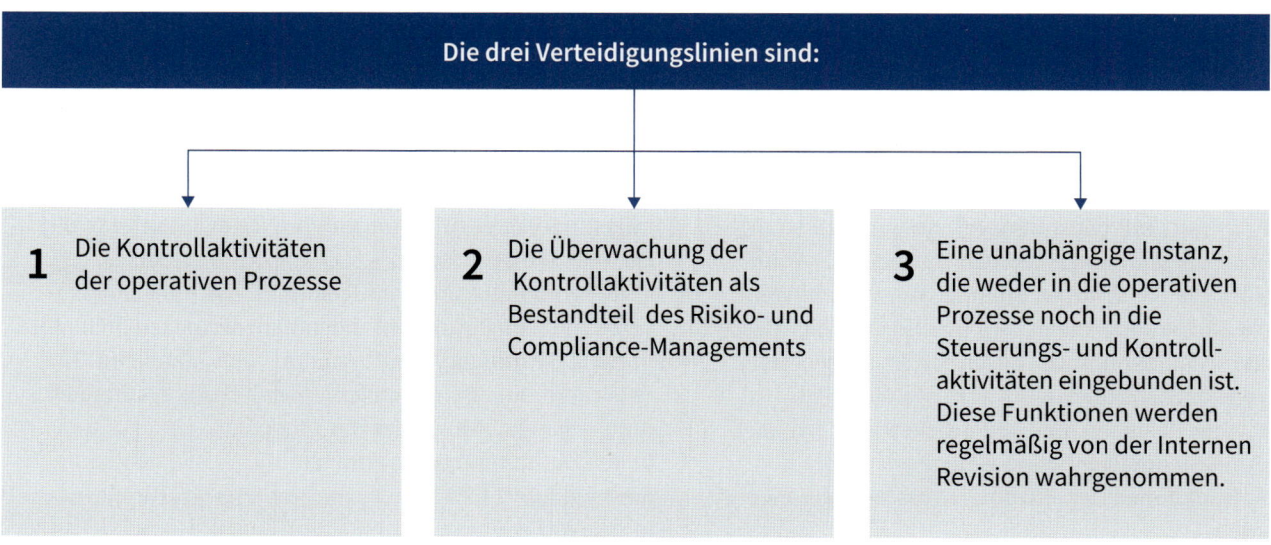

Die drei Verteidigungslinien sind:

1 Die Kontrollaktivitäten der operativen Prozesse

2 Die Überwachung der Kontrollaktivitäten als Bestandteil des Risiko- und Compliance-Managements

3 Eine unabhängige Instanz, die weder in die operativen Prozesse noch in die Steuerungs- und Kontrollaktivitäten eingebunden ist. Diese Funktionen werden regelmäßig von der Internen Revision wahrgenommen.

Weitere Ausschüsse

Grundlage für die Einrichtung von Ausschüssen des Aufsichtsrats ist einerseits Tz. 5.3.1 des Deutschen Corporate Governance Kodex, wonach der Aufsichtsrat abhängig von den spezifischen Gegebenheiten des Unternehmens und der Anzahl seiner Mitglieder fachlich qualifizierte Ausschüsse bilden soll, andererseits § 107 Abs. 3 AktG, wonach der Aufsichtsrat aus seiner Mitte einen oder mehrere Ausschüsse bestellen kann, namentlich, um seine Verhandlungen und Beschlüsse vorzubereiten oder die Ausführung seiner Beschlüsse zu überwachen. Allerdings dürfen Beschlusssachen einem Ausschuss nicht an Stelle des Gesamtgremiums des Aufsichtsrats zur Beschlussfassung überwiesen werden, wenn bestimmte Arten von Geschäften nur mit Zustimmung des Aufsichtsrats vorgenommen werden dürfen (vgl. § 107 Abs. 3 Satz 3 HGB). Da das Ziel der Bildung von Ausschüssen darin besteht, die Fachkompetenzen zu bündeln und das Gesamtgremium von Detailberatungen zu entlasten, haben sich in der Praxis diverse fachspezifische Ausschüsse etabliert.

Da der funktionale Zuschnitt und die arbeitsteilige Funktionsabgrenzung unternehmensindividuell geregelt wird, können nur die Grundfunktionen der einzelnen Ausschussgremien beschrieben werden.

Das Ziel der Bildung von Ausschüssen besteht darin, die Fachkompetenzen zu bündeln und das Gesamtgremium von Detailberatungen zu entlasten.

Dem **Präsidialausschuss** gehören regelmäßig an der Aufsichtsratsvorsitzende und sein Stellvertreter sowie weitere Aufsichtsratsmitglieder, üblicherweise je ein Anteilseigner- und ein Arbeitnehmervertreter. Seine Aufgaben bestehen

- in der Vorbereitung der Sitzungen des Aufsichtsrats und Erledigung laufender Angelegenheiten zwischen den Sitzungen des Aufsichtsrats,
- in der Vorbereitung von Entscheidungen des Aufsichtsrats über die Bestellung und Abberufung von Mitgliedern des Vorstands einschließlich der langfristigen Nachfolgeplanung im Vorstand unter Berücksichtigung der Empfehlungen des Nominierungsausschusses,
- in Abschluss, Änderung und Beendigung der Anstellungs- und Pensionsverträge unter Beachtung der alleinigen Entscheidungszuständigkeit des Aufsichtsratsplenums zu den Bezügen der Vorstandsmitglieder,
- in der Kenntnisnahme von und ggf. Stellungnahme zu Verträgen und/oder Änderungen von Verträgen mit Mitgliedern des Aufsichtsrats,
- in der Vornahme sonstiger Rechtsgeschäfte gegenüber aktiven und ehemaligen Vorstandsmitgliedern nach § 112 AktG,
- in der Zustimmung zur Übernahme von Mandaten, Ehrenämtern oder Sonderaufgaben außerhalb des Konzerns durch einzelne Mitglieder des Vorstands,
- in der Zustimmung zu Verträgen mit Aufsichtsratsmitgliedern nach § 114 AktG,
- in der Vorbereitung von Entscheidungen des Aufsichtsrats

Übliche in der Praxis etablierte Ausschüsse

Präsidialausschuss

Vermittlungsausschuss gemäß § 27 Abs. 3 MitbestG

Personalausschuss

Nominierungsausschuss

Prüfungsausschuss

Strategieausschuss

Finanz- und Investitionsausschuss

auf dem Gebiet der Corporate Governance und über eine Anpassung der jährlichen Entsprechenserklärung an geänderte tatsächliche Verhältnisse sowie Prüfung der Einhaltung der Entsprechenserklärung.

Dem **Vermittlungsausschuss** gemäß § 27 Abs. 3 MitbestG gehören regelmäßig an der Aufsichtsratsvorsitzende und sein Stellvertreter sowie weitere Aufsichtsratsmitglieder, üblicherweise je ein Anteilseigner- und ein Arbeitnehmervertreter. Der Vermittlungsausschuss unterbreitet dem Aufsichtsrat Vorschläge für die Bestellung von Vorstandsmitgliedern, wenn im ersten Wahlgang die erforderliche Mehrheit von zwei Dritteln der Stimmen der Aufsichtsratsmitglieder nicht erreicht wird (vgl. hierzu § 31 Abs. 3 Satz 1 MitbestG).

Auch der **Personalausschuss** ist paritätisch besetzt und besteht aus dem Vorsitzenden des Aufsichtsrats und drei weiteren Aufsichtsratsmitgliedern. Der Personalausschuss bereitet die Personalentscheidungen des Aufsichtsratsplenums vor, das über die Bestellung und den Widerruf der Bestellung von Vorstandsmitgliedern entscheidet. Dabei achtet er bei den Vorschlägen für die Berufung von Mitgliedern des Vorstands auf deren fachliche Eignung, internationale Erfahrung und Führungsqualität, die langfristige Nachfolgeplanung sowie auf Vielfalt – insbesondere die angemessene Berücksichtigung von Frauen. Der Ausschuss ist auch mit der strategischen Nachfolgeplanung befasst und unterbreitet dem

Für Kreditinstitute im Speziellen existieren in § 25d KWG Vorschriften zur Einrichtung von spezifischen Ausschüssen.

Gesamtaufsichtsrat bzw. dem Präsidialausschuss Vorschläge im Falle anstehender Neubesetzungen. Der Personalausschuss bereitet auch regelmäßig die Beschlussfassung des Gesamtgremiums über das System und die Festsetzung der Höhe der Vorstandsvergütungen vor (vgl. Tz. 4.2 DCGK).

Der **Nominierungsausschuss** bereitet die Wahlen von Anteilseigner-Vertretern zum Aufsichtsrat vor. Er schlägt dem Aufsichtsrat für dessen Wahlvorschlag an die Hauptversammlung geeignete Kandidaten für die Wahl der Anteilseigner-Vertreter zum Aufsichtsrat vor. Der Präsidialausschuss besteht regelmäßig aus dem Aufsichtsratsvorsitzenden und einem oder mehreren Anteilseigner-Vertretern.

Zum **Prüfungsausschuss** finden sich Ausführungen unter dem gleichnamigen Gliederungspunkt dieses Kapitels; Rechtsquellen sind § 324 HGB sowie §§ 100 bzw. 107 AktG.

Der **Strategieausschuss** befasst sich mit der strategischen Weiterentwicklung des Unternehmens und bereitet Zustimmungsbeschlüsse des Aufsichtsrats zu wesentlichen strategischen Maßnahmen, insbesondere Akquisitionen und Desinvestitionen vor. Sollte es keinen gesonderten Strategieausschuss geben, werden diese Funktionen regelmäßig vom Präsidialausschuss mit übernommen. Auch finden sich enge Bezüge zum Finanz- und Investitionsausschuss.

Weitere Ausschüsse können sein der Innovationsausschuss oder der Sonderausschuss für bestimmte Spezialfragen, z. B. Sanierungsausschuss.

Der Finanz- und Investitionsausschuss befasst sich regelmäßig mit...

der Investitionsplanung einschließlich Projektplanung und -steuerung, Follow-up-Berichterstattung über laufende Projekte sowie ggf. Projektgenehmigung.

der strategischen Positionierung von Beteiligungen einschließlich Beteiligungsportfolio mit geplanten und durchgeführten Investitions- und Desinvestitionsmaßnahmen.

der Finanzstruktur einschließlich der Finanzierungsvorhaben unter Liquiditäts- und Ratingaspekten.

der Finanzplanung einschließlich der Fristigkeits-, Kosten- und Besicherungsthematik.

der Kapitalmarktentwicklung allgemein und der Entwicklung der Aktie des Unternehmens im Besonderen.

Für Kreditinstitute im Speziellen existieren in § 25d KWG Vorschriften zur Einrichtung von spezifischen Ausschüssen und zur Übertragung von Kompetenzen und Verantwortlichkeiten vom Gesamtgremium des Aufsichtsorgans auf den jeweiligen Ausschuss.

Zunächst wird in § 25d Abs. 7 KWG die Bildung von Ausschüssen aus der Mitte des Verwaltungs- oder Aufsichtsorgans eines Instituts, einer Finanzholding-Gesellschaft oder einer gemischten Finanzholding-Gesellschaft abhängig gemacht von der Größe, der internen Organisation sowie Art, Umfang, Komplexität und Risikogehalt der Geschäfte. Die Aufgabe der Ausschüsse besteht in der Beratung und Unterstützung des Gesamtgremiums des Aufsichtsrats (§ 25d Abs. 7 Satz 1 KWG). Eine eigene Kompetenz zur Beschlussfassung über Aufsichtsthemen wird den Ausschüssen nicht zugesprochen. Pflichtgemäß einzurichtende Aufsichtsratsausschüsse bei Kreditinstituten sind

- der Risikoausschuss,
- der Prüfungsausschuss,
- der Nominierungsausschuss und
- der Vergütungskontrollausschuss.

Sollte es die ordnungsgemäße Wahrnehmung der Kontrollfunktion des Aufsichtsrats (unter Berücksichtigung der Größe, der internen Organisation sowie der Art, des Umfangs, der Komplexität und des Risikogehalts der Geschäfte) erfordern, kann die BaFin die Bildung eines oder mehrerer Ausschüsse verlangen. Jeder Ausschuss soll ein Ausschussmitglied zum Vorsitzenden ernennen. Dieser organisiert die Ausschussarbeit und hält zwischen den Sitzungen den Kontakt zum Aufsichtsratsvorsitzenden und zu den anderen Ausschussvorsitzenden. § 25d Abs. 7 Satz 4 KWG empfiehlt (Soll-Vorschrift) zur Sicherstellung der Zusammenarbeit und des fachlichen Austauschs zwischen den einzelnen Ausschüssen, dass mindestens ein Mitglied eines jeden Ausschusses einem weiteren Ausschuss angehören soll. Die Ausschussmitglieder müssen die zur Erfüllung der jeweiligen Ausschussaufgaben erforderlichen Kenntnisse, Fähigkeiten und Erfahrungen haben.

Die BaFin kann unter bestimmten Bedingungen die Bildung eines oder mehrerer Ausschüsse verlangen.

Der Prüfungsausschuss (§ 25d Abs. 9 KWG)

Der für Finanzinstitute verpflichtend vorgeschriebene Prüfungsausschuss hat grundsätzlich dieselben Funktionen wie der Prüfungsausschuss anderer Unternehmen auch (vgl. § 107 Abs. 3 AktG). Besonderheiten bestehen hinsichtlich der Zusammenarbeit mit dem Abschlussprüfer. Hier hat der Prüfungsausschuss Überwachungsaufgaben in Bezug auf die Unabhängigkeit des Abschlussprüfers und der von ihm erbrachten (Nichtprüfungs-)Leistungen hinsichtlich Umfang, Häufigkeit und Berichterstattung. Weiterhin soll der Prüfungsausschuss dem Aufsichtsrat Auswahlvorschläge für die Bestellung des Abschlussprüfers unterbreiten (einschließlich Honorarvereinbarung bei Neuausschreibungen bzw. Fortsetzung des Prüfungs-

Der Risikoausschuss (§ 25d Abs. 8 KWG) ...

berät das Gesamtgremium des Aufsichtsrats zur aktuellen und künftigen Gesamtrisiko-bereitschaft und -strategie.

unterstützt das Gesamtgremium des Aufsichts-rats bei der Überwachung der Umsetzung dieser Strategie durch die obere Leitungsebene.

wacht darüber, dass die Konditionen im Kunden-geschäft mit dem Geschäftsmodell und der Risiko-struktur des Unternehmens im Einklang stehen, ggf. verlangt der Risikoausschuss von der Geschäfts-leitung Vorschläge zur Ausgestaltung der Konditio-nen im Einklang mit dem Geschäftsmodell und der Risikostruktur und überwacht die Umsetzung.

prüft, ob die durch das Vergütungssystem gesetzten Anreize die Risiko-, Kapital- und Liquiditätsstruktur des Unternehmens sowie die Wahrscheinlichkeit und Fälligkeit von Einnahmen berücksichtigen; hierbei ist eine Koordination mit dem Vergütungskontroll-ausschuss angezeigt.

kann durch den Ausschussvorsitzenden erfor-derlichenfalls beim Leiter der Internen Revision und beim Leiter des Risikocontrollings Auskünfte einholen, wobei die Geschäftsleitung hierüber unterrichtet werden muss.

bestimmt Art, Umfang, Format und Häufigkeit der bei der Geschäftsleitung erfragten Informationen bzgl. Strategie und Risiko.

kann zur Erfüllung seiner Aufgaben den Rat externer Sachverständiger einholen.

auftrags und ggf. Kündigung des Prüfungsauftrags). Schließlich hat der Prüfungsausschuss die zügige Behebung der vom Prüfer festgestellten Mängel durch die Geschäftsleitung mittels geeigneter Maßnahmen zu überwachen (§ 25d Abs. 9 Satz 2 KWG). Der Prüfungsausschussvorsitzende hat über Sachverstand sowohl auf dem Gebiet der Rechnungslegung als auch der Abschlussprüfung zu verfügen. Außerdem kann er unmittelbar

Mindestens ein Ausschussmitglied muss über ausreichend Sachverstand und Berufserfahrung im Bereich Risikomanagement und Risikocontrolling verfügen.

beim Leiter der Internen Revision und beim Leiter des Risikocontrollings Auskünfte einholen, sofern die Geschäftsleitung darüber informiert wurde (§ 25d Abs. 9 Sätze 4 und 5 KWG).

Sollte es nach den an die Überwachungsfunktion des Aufsichtsrats gestellten Anforderungen sinnvoll sein, kann ein gemeinsamer Risiko- und Prüfungsausschuss bestellt werden; in diesem Fall ist eine Anzeige bei der BaFin erforderlich (§ 25d Abs. 10 KWG).

Der Nominierungsausschuss (§ 25d Abs. 11 KWG)

Die Aufgaben des Nominierungsausschusses bei Kreditinstituten bestehen in der Unterstützung des Gesamtaufsichtsrats bei

- der Ermittlung von Bewerbern für die Besetzung von Geschäftsleitungspositionen sowie der Vorbereitung von Wahlvorschlägen für die Besetzung von Aufsichtsratspositionen. Inhaltliche Vorgaben betreffen die Diversity im Sinne einer Ausgewogenheit und Unterschiedlichkeit der

Kenntnisse, Fähigkeiten und Erfahrungen aller Mitglieder des betreffenden Geschäftsführungs- oder Aufsichtsorgans, der Entwurf einer Stellenbeschreibung gehört ebenso zu seinen Aufgaben wie die Angabe des mit der Funktion verbundenen Zeitaufwands,

- der Erarbeitung einer Zielsetzung zur Förderung der Vertretung des unterrepräsentierten Geschlechts im Aufsichtsrat einschließlich einer Strategie zur Erreichung dieser Zielsetzung,
- bei der regelmäßig, mindestens einmal jährlich durchzuführenden Effizienzprüfung (Bewertung der Struktur, Größe, Zusammensetzung und Leistung der Geschäftsleitung und des Aufsichtsrats) einschließlich entsprechenden Empfehlungen; dabei darf die Entscheidungsfindung innerhalb der Geschäftsleitung nicht durch einzelne Personen oder Gruppen beeinflusst werden, die dem Unternehmen schadet,
- bei der regelmäßig, mindestens einmal jährlich durchzuführenden Evaluierung (Bewertung der Kenntnisse, Fähigkeiten und Erfahrung) sowohl der einzelnen Geschäftsleiter und Aufsichtsratsmitglieder, als auch des jeweiligen Organs als Ganzem,
- bei der Überprüfung der Grundsätze der Geschäftsleitung für die Auswahl und Bestellung der Personen der oberen Leitungsebene und bei diesbezüglichen Empfehlungen an die Geschäftsleitung.

Vergütungskontrollausschuss (§ 25d Abs. 12 KWG)

Überwachung, ob die Vergütungssysteme der Geschäftsleiter und Mitarbeiter insbesondere für die Leiter der Risikocontrolling-Funktion und der Compliance-Funktion sowie der Mitarbeiter mit erheblichem Einfluss auf das Gesamtrisikoprofil des Instituts, angemessen ausgestaltet sind.

Bewertung der Auswirkungen von implementierten Vergütungssystemen auf das Risiko-, Kapital- und Liquiditätsmanagement.

Unterstützung des Aufsichtsrats bei der Überwachung, ob die Vergütungssysteme für die Mitarbeiter angemessen ausgestaltet sind.

Vorbereitung der Beschlüsse des Aufsichtsrats über die Vergütung der Geschäftsleitung unter besonderer Berücksichtigung der Auswirkungen dieser Beschlüsse auf die Risiken und das Risikomanagement des Unternehmens sowie der langfristigen Interessen der Stakeholder einschließlich des öffentlichen Interesses.

Unterstützung des Aufsichtsrats bei der Überwachung der ordnungsgemäßen Einbeziehung der internen Kontroll- und sonstigen Bereiche bei der Ausgestaltung der Vergütungssysteme.

Mindestens ein Ausschussmitglied muss über ausreichend Sachverstand und Berufserfahrung im Bereich Risikomanagement und Risikocontrolling verfügen, insbesondere bezüglich der Mechanismen zur Ausrichtung der Vergütungssysteme an der Gesamtrisikobereitschaft und -strategie und an der Eigenmittelausstattung des Unternehmens. Bei mitbestimmten Aufsichtsräten muss mindestens ein Arbeitnehmervertreter dem Vergütungskontrollausschuss angehören. Eine enge Zusammenarbeit zwischen dem Vergütungskontrollausschuss und dem Risikoausschuss wird erwartet. Eine interne Beratung durch den Risikoausschuss sowie eine externe Beratung durch Personen, die von der Geschäftsleitung unabhängig sind, wird empfohlen. Dem Vorsitzenden des Vergütungskontrollausschusses wird vom Gesetzgeber das Recht eingeräumt, unmittelbar vom Leiter der Internen Revision und bei den Leitern der für die Ausgestaltung der Vergütungssysteme zuständigen Organisationseinheiten Auskünfte einzuholen, sofern die Geschäftsleitung hierüber informiert ist.

Kommunikation zwischen Aufsichtsrat und Abschlussprüfer

AP & AR: Prüfungs- schwerpunkte definieren	AP & AR: Regelmäßige, wechselseitige Kommunikation	AP: Schriftlicher Prüfungsbericht	AP: Teilnahme und Auskunft	AP: Teilnahme und Auskunft
			AR: Fragen	AR: Fragen
		Bericht	Sitzung Prüfungs- ausschuss	Bilanzierung Aufsichtsrat
Auftrag	Prüfungs- durchführung		Berichterstattung	

Quelle: Naumann (2015): Das Berichtswesen an den Aufsichtsrat – Zur Kommunikation zwischen Aufsichtsrat und Abschlussprüfer, in BOARD 2015, Heft 5, S. 177.

Beirat

Der **Beirat** ist ein von der Gesellschafterversammlung einge-
führtes, gesetzlich nicht vorgeschriebenes Organ, dem Funktionen, Aufgaben und Kompetenzen zugewiesen werden, welche
denen eines Aufsichtsrats ähnlich sind. Beiräte kommen bei den
Rechtsformen vor, welche keinen gesetzlich vorgeschriebenen
Aufsichtsrat haben, bei denen allerdings die Gesellschafterversammlung an einer professionellen und institutionalisierten
Aufsichtsführung interessiert ist. Kreditgeber honorieren die
Etablierung und gute Funktionsweise eines Beirats mit günstige-
ren Fremdkapitalkonditionen. Auch Eigenka-
pitalinvestoren bezahlen für Anteile an mittelständischen Unternehmen mit Beirat eine
Prämie. Die zugewiesenen Funktionen, Kompetenzen und Verantwortlichkeiten können
individuell festgelegt werden und beziehen
sich im Mittelstand vornehmlich auf Beratungs-, Überwachungs-
und Ausgleichsfunktionen. Wegen des individuellen Zuschnitts
der Beiratsfunktionen in Abgrenzung von den Aufgaben anderer Unternehmensorgane sagt der Begriff Beirat zunächst wenig
über dessen Stellung und Aufgabenzuweisung aus.

> **Der Beirat ist ein von der Gesellschafterversammlung eingeführtes, gesetzlich nicht vorgeschriebenes Organ.**

Folgende Einzelfunktionen werden Beiräten im Mittelstand
üblicherweise zugewiesen:

- Kontrolle/Überwachung der Geschäftsführer, wie es einem
Aufsichtsrat klassischen Zuschnitts entspricht

- Sicherung der Kontinuität: Familie, Gesellschafter: hier
geht es um die Nachfolgeplanung und die Erhaltung der
relativen Stellung der Unternehmerfamilie in der Gesellschafterversammlung und bei der Ausübung von Gesell-
schaftsrechten auch nach Durchführung von Kapitalerhö-
hungsmaßnahmen

- Beratung der Geschäftsführung wie oben dargestellt einerseits durch Einholung von Managementsupport, andererseits durch Akquise von Expertenwissen in technischer,
betriebswirtschaftlicher und juristischer Hinsicht

- Sicherung der Kontinuität in der Geschäftsführung in
Form von Nachfolgeplanung, strategischer Besetzung von
Geschäftsführungspositionen, abgestimmten Zyklen von
Amtsperioden sowie umfassender Besetzung aller fachlich
relevanten Themenfelder

- Beratung der Unternehmerfamilie, einerseits zur Erhaltung
ihrer relativen Stellung gegenüber Minderheitsgesellschaf-
tern, andererseits in ihrer Funktion als Gesellschafter
gegenüber der Geschäftsleitung und externen Stakeholder-
gruppen

- Leitungs- und Entscheidungskompetenzen, qualitative
Aufwertung strategischer Entscheidungsprozesse durch
Optimierung des Ablaufs und der Einzelstadien von Wil-
lensbildungs- und Auswahlprozessen, andererseits durch
Einsatz von organisatorischen Hilfsmitteln des Projekt-
managements zur Erhöhung der Akzeptanz und Wirksamkeit strategischer Planungsinstrumente

2

Grundsätzlich kann der Beirat ...	
Beratung der Geschäfts-führung	die Geschäftsführung beraten: Hier geht es um die Einholung von Management-support in den Fällen, in denen die Geschäftsführung das spezifische Know-how »von außen« benötigt, wie z.B. der Strategieplanung, M&A-Transaktionen, Vorbereitung von Verhandlungen mit potenziellen Übernehmern und Übernahmekandidaten etc.
Beisteuerung von Wissen und Kompetenzen	Expertenwissen beisteuern: Hier geht es um fach- und branchenspezifisches Wissen, z.B. in der marktmäßigen Positionierung, der steuerlichen Optimierung von Auslands-aktivitäten, der Formulierung von Anforderungsprofilen von Risikomanagement-systemen.
Kontrolle und Überwachung	die Geschäftsführung überwachen und kontrollieren: Dabei kommen die allgemeinen Grundsätze der Unternehmensüberwachung zum Einsatz wie sie für Aufsichtsräte analog gelten.
Vermittlung und Schlichtung	zwischen Gesellschafter(gruppen) oder zwischen Anteilseignern und Arbeitnehmern schlichten und vermitteln: Hier geht es um einen Interessenausgleich zwischen den Interessengruppen kollektiv-arbeitsrechtlicher Normen zur vorbereitenden Abstimmung von Betriebsvereinbarungen, Sanierungskonzepten und Interessen-ausgleichsmaßnahmen.

- Repräsentation im Sinne von Entfaltung von Außenwirkung, Reputation und Akzeptanz im gesellschaftlichen und professionellen Umfeld des Unternehmens
- Sonderaufgaben, wie Kontaktsuche bei M&A-Transaktionen, Auswahl von Sonderprüfern und Beratung bei Sanierungs- und Sonderfinanzierungsmaßnahmen
- Kontrolle/Überwachung der Familie und der Gesellschafter als Mittlerfunktion des Beirates zum Interessenausgleich

Beiratsmitglieder können Gesellschafter oder auch Nicht-Gesellschafter sein. Der Vorteil, wenn Beiratsmitglieder Gesellschafter sind, besteht darin, dass sie die spezifischen Interessen der Shareholder vertreten. Außerdem empfiehlt sich diese Konstruktion bei einer großen Vielzahl von Gesellschaftern,

Die Funktionen, Aufgaben und Kompetenzen von Beiräten hängen von der Governance Struktur des Unternehmens ab.

welche durch eine ausgewählte Gruppe von Gesellschaftern im Beirat vertreten sind. Dies trifft einerseits auf Familiengesellschaften zu, andererseits auf Gesellschaften, bei denen die Familie bisher im Management vertreten war und sich jetzt auf die Unternehmensüberwachung im Beirat zurückzieht. Eine Mittlerfunktion für widerstreitende Interessen kann dem Beirat in diesem Fall nicht zugesprochen werden.

Besteht der Beirat (überwiegend) aus Nichtgesellschaftern, so können dort Stakeholder-Konflikte kanalisiert und ausgetragen werden. Dem Beirat kommt in diesem Fall eine Konfliktschlichtungsfunktion im Rahmen eines multipolaren Spannungsfeldes zu. Außerdem können Expertenwissen und Fachkompetenz »von außen« eingesetzt werden mit dem Ziel der Qualitätsverbesserung strategischer Unternehmensführung und -überwachung.

Der Auswahl von Beiratsmitgliedern kommt eine hohe strategische Bedeutung zu. Traditionell sind folgende Personen und Personengruppen in Beiräten vertreten: Führungskräfte, Unternehmer, Betriebswirte, Anwälte, Juristen, Unternehmensberater, Bankvertreter, Technische Experten, Ingenieure, Professoren, Wissenschaftler, Gesellschaftsvertreter, Wirtschaftsprüfer, Steuerberater, Arbeitgeber-/Arbeitnehmervertreter.

Wichtige Anforderungen an die Eigenschaftsmerkmale von Beiratsmitgliedern sind

- unternehmerische Fähigkeiten und Erfahrungen,
- Verantwortungsbewusstsein,
- strategische Kompetenz,
- BWL Kenntnisse, Controlling/Finanzen/Rechnungswesen,
- Wahrnehmungsvermögen, politisches Gespür,
- analytisches Denken,
- Vertrauen,
- Kritik- und Konfliktfähigkeit,
- Unabhängigkeit,
- Zielstrebigkeit und Durchsetzungskraft
- Motivation,
- soziale Kompetenz,
- konsequente Planung und
- Selbstbeherrschung.

2

Beispiele für Governance Strukturen

Eigentümer-Unternehmen	Hier wird vom Beirat vornehmlich externer Rat zur Absicherung und Unterstützung der vom Eigentümer selbst verantworteten Unternehmenspolitik erwartet.
Familien-unternehmen	Hier geht es im Beirat vornehmlich um die Interessenwahrung einzelner Familienmitglieder bzw. Familienstämme, die von der Teilnahme an der Unternehmensführung ausgeschlossen sind.
Fremdgeführter Mittelstand	Hier geht es im Beirat darum, die Interessen der Gesellschafter gegenüber dem fremd-organschaftlichen Management zu vertreten sowie eine professionelle Unternehmens-überwachung zu installieren.
Mischfinanziertes Unternehmen	Hier geht es im Beirat darum, die Interessen der beiden Kapitalgebergruppen Eigen- und Fremdkapitalgeber sowie Mehrheits- und Minderheitsgesellschafter zu koordinieren.
Publikums-gesellschaft	Hier besteht die Aufgabe des Beirates darin, die Interessenvertretung von Gesellschaftern mit Klein- und Kleinstbeteiligungen zu koordinieren.

Die Funktionen, Aufgaben und Kompetenzen von Beiräten hängen von der Governance Struktur des Unternehmens ab. Dabei sind gerade im Mittelstand vielfältige Ausprägungen möglich.

Bei der Einrichtung eines Beirats sind die gesetzlich vorgeschriebenen Zuständigkeiten anderer Unternehmensorgane zu beachten. So dürfen dem Beirat keine Geschäftsführungsaufgaben übertragen werden, Beiratsmitglieder dürfen nicht die Gesellschaft vertreten oder Rechtsgeschäfte für die Gesellschaft abschließen. Im Rahmen des dispositiven Rechts sind die Zuständigkeiten des Beirats mit denen anderer Organe abzustimmen. Unterliegt die Gesellschaft der Mitbestimmung, so sind die entsprechenden gesetzlichen Vorschriften zur Einrichtung, Besetzung, Kompetenzzuweisung und Auflösung des Beirates zu beachten.

Da der Beirat gesetzlich nicht vorgeschrieben ist und seine Kompetenzen und Verantwortlichkeiten nicht gesetzlich normiert sind, bedarf es einer entsprechenden gesellschaftsvertraglichen Regelung. Kompetenzen wachsen dem Beirat nicht kraft Amtes zu, sondern müssen auf ihn übertragen worden sein. Da der Beirat das Unternehmensgefüge verändert, obliegt die Einführung (und ggf. auch wieder die Abschaffung) der Gesellschafterversammlung. Gleiches gilt für die Größe und Zusammensetzung sowie die Funktionszuweisung des Beirats, welche wiederum die erwarteten Kompetenzprofile der Beiratsmitglieder, die Tagesordnungen und die Sitzungshäufigkeit bestimmt.

Auch Beiratsmitglieder übernehmen eine Funktion auf Zeit. Daher sollten Amtsperioden und Altersgrenzen festgelegt werden. Auch die Abberufung bei Pflichtverletzungen sollte geregelt sein. Die Rechtsgrundlage für die Bestellung zum Beirat ist ein Anstellungsvertrag, der seinerseits auf dem Gesellschaftsvertrag basiert. In dem Anstellungsvertrag sollten die Rechte und Pflichten einschließlich der Informationsrechte, sowie die Beratungs-, Überwachungs- und Ausgleichs- bzw. Streitschlichtungspflichten und schließlich die Vergütung geregelt sein. Für Beiräte kann eine Vermögensschaden-Haftpflichtversicherung (D & O-Versicherung) abgeschlossen werden, um Ansprüche gegen die Person des Beiratsmitglieds abzuwehren bzw. von diesem fernzuhalten. Ein angemessener Selbstbehalt vermeidet eine Vollkasko-Mentalität und ein zu risikofreudiges Verhalten der Beiratsmitglieder.

> **Kompetenzen wachsen dem Beirat nicht kraft Amtes zu, sondern müssen auf ihn übertragen worden sein.**

Quellen, weiterführende Literatur

Deloitte: Beiräte im Mittelstand, Mandanteninformation 2010.

Orth, C./Ruter, R. X./Schichold, B. (2013): Der unabhängige Finanzexperte im Aufsichtsrat, Stuttgart 2013.

Themenfelder für Beiräte in öffentlichen Unternehmen

Nebentätigkeit oder Teil des Hauptamts öffentlicher Mandatsträger

Entsendung, Dauer, Abberufung

Vergütung

Persönliche Haftung des Beiratsmitglieds oder Amtshaftung des Dienstherrn

Nutzung der Einrichtungen des Dienstherrn

strafrechtliche Verantwortung

Haftung

Verschwiegenheitspflicht

Stimmverhalten und Weisungsabhängigkeit

Bindung der Entsendung an die Tätigkeit im Hauptamt

2

Kapitel 3:

Corporate-Governance-Erklärung

Inhaltsverzeichnis

Einführung

Nach § 289a Abs. 1 HGB besteht für alle kapitalmarktorientierten Aktiengesellschaften sowie Aktiengesellschaften, deren Wertpapiere auf eigene Veranlassung über ein multilaterales Handelssystem im Sinne des § 2 Abs. 3 S. 1 Ziff. 8 WpHG (z. B. im Freiverkehr) gehandelt werden, eine Pflicht zur Abgabe einer Erklärung zur Unternehmensführung. Diese kann entweder in einem gesonderten Abschnitt im Lagebericht abgegeben oder auf der Internetseite des Unternehmens dauerhaft öffentlich zugänglich gemacht werden. In diesem Fall ist in den Lagebericht ein Verweis auf die Veröffentlichung im Internet aufzunehmen. Zur Erklärung verpflichtet ist die Gesellschaft, d. h. das zur Vertretung der Gesellschaft befugte Organ, also der Vorstand, obwohl die Entsprechenserklärung nach § 161 AktG durch Vorstand und Aufsichtsrat abzugeben ist.

Die Erklärung unterliegt gem. § 317 Abs. 2 S. 3 HGB inhaltlich nicht der Abschlussprüfung. Der Abschlussprüfer hat in diesem Zusammenhang nur zu prüfen, ob die Erklärung (rechtzeitig) abgegeben worden ist. Somit ergibt sich eine Zweiteilung des Lageberichts in einen geprüften und einen ungeprüften Teil. Im Bestätigungsvermerk ist gemäß IDW PS 345 darauf hinzuweisen, dass die Erklärung nicht Prüfungsgegenstand war. Der Grund, warum die von Vorstand und Aufsichtsrat gemeinsam abzugebende Er-

> **Die Corporate-Governance-Erklärung unterliegt gemäß § 317 Abs. 2 S. 3 HGB inhaltlich nicht der Abschlussprüfung.**

klärung zur Unternehmensführung inhaltlich nicht Gegenstand der Abschlussprüfung ist, liegt darin, dass der Aufsichtsrat oberstes Überwachungs- und Kontrollorgan des Unternehmens ist und den Abschlussprüfer zur selbstständigen Unterstützung dieser Überwachungsfunktion beauftragt, somit eine substanzielle Prüfung der Inhalte der (auch) vom Aufsichtsrat abgegebenen Erklärung zur Unternehmensführung durch den Abschlussprüfer problematisch wäre. Allerdings definiert der DCGK in Ziff. 7.2.3, dass der Aufsichtsrat mit dem Abschlussprüfer vereinbaren soll, dass dieser ihn informiert bzw. im Prüfungsbericht vermerkt, wenn er bei Durchführung der Abschlussprüfung Tatsachen feststellt, die eine Unrichtigkeit der von Vorstand und Aufsichtsrat abgegebenen Erklärung zum Kodex ergeben.

Die Erklärung zur Unternehmensführung steht im Zusammenhang mit der Anhangangabepflicht nach § 285 Nr. 16 bzw. § 314 Abs. 1 Nr. 8 HGB. Danach ist nicht mehr nur anzugeben, dass die Entsprechenserklärung nach § 161 AktG überhaupt abgegeben und öffentlich zugänglich gemacht worden ist, vielmehr wird zusätzlich die Angabe gefordert, wo, d. h. regelmäßig unter welcher Internet-Adresse die Entsprechenserklärung öffentlich und dauerhaft zugänglich gemacht ist. In der Entsprechenserklärung nach § 161 AktG erklären Vorstand und Aufsichtsrat der zur Abgabe der Erklärung verpflichteten Gesellschaft jährlich, dass den Empfehlungen des DCGK entsprochen wurde und wird oder welche Empfehlungen nicht angewendet wurden oder werden und warum nicht. Weitere Bestandteile der Erklärung zur Unternehmensführung finden sich in § 289a Abs. 2 Nr. 2-5, Abs. 3 und 4 HGB.

3

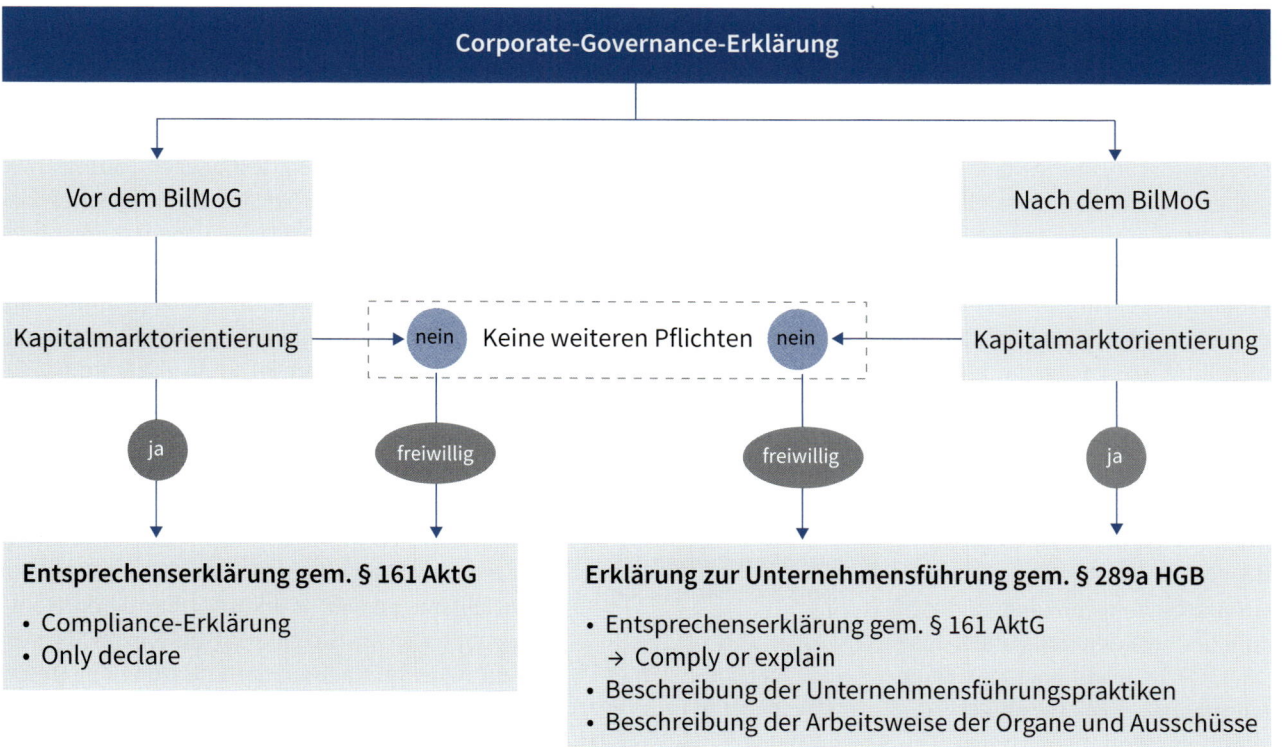

Corporate-Governance-Erklärung

Vor dem BilMoG

Nach dem BilMoG

Kapitalmarktorientierung

nein   Keine weiteren Pflichten   nein

Kapitalmarktorientierung

ja

freiwillig

freiwillig

ja

Entsprechenserklärung gem. § 161 AktG

- Compliance-Erklärung
- Only declare

Erklärung zur Unternehmensführung gem. § 289a HGB

- Entsprechenserklärung gem. § 161 AktG
  → Comply or explain
- Beschreibung der Unternehmensführungspraktiken
- Beschreibung der Arbeitsweise der Organe und Ausschüsse

Details zur Erklärung

Unternehmensführungspraktiken sind berichtspflichtig, soweit sie über die Anforderungen des deutschen Rechts (Compliance) hinausgehen und für die Adressaten relevant sind. Hier ist an eine Berichterstattung über die Selbstverpflichtung zur Anwendung eines unternehmens-, konzern- oder branchenweit geltenden Unternehmensführungskodex zu denken, dessen Einhaltung bzw. punktuelle Nichteinhaltung in der Erklärung erwähnt werden soll. Wird auf bestimmte Kodices (z.B. Anti-Korruptions-Richtlinie, Ehrenkodex, Unternehmensleitbild) Bezug genommen, so ist anzugeben, wo diese veröffentlicht sind. Keinesfalls muss über alle im Unternehmen vorhandenen organisatorischen Regelungen oder Vorschriften berichtet werden.

Da nach § 285 Nr. 10 HGB bereits die personelle Zusammensetzung von Vorstand und Aufsichtsrat kommuniziert werden muss, soll nach § 289a Abs. 2 Nr. 3 HGB noch über die personelle Zusammensetzung von Vorstands- und Aufsichtsratsausschüssen berichtet werden. Die Beschreibung der Arbeitsweise von Vorstand und Aufsichtsrat sowie deren Ausschüssen kann durch die Veröffentlichung der Geschäftsordnungen dieser Organe und Ausschüsse erfolgen. Hier geht es insbesondere um die Funktionsbeschreibung der einzelnen Ausschüsse des Aufsichtsrats sowie die Funktions- und Kompetenzabgrenzung zwischen dem Gesamtgremium des Vorstands bzw. Aufsichtsrates und den jeweiligen Ausschüssen.

> **Unternehmensführungspraktiken sind berichtspflichtig, soweit sie über die Anforderungen des deutschen Rechts (Compliance) hinausgehen und für die Adressaten relevant sind.**

Schließlich schreibt § 289 Abs. 2 Nr. 4 HGB für börsennotierte Aktiengesellschaften vor, dass die § 76 Abs. 4 und § 111 Abs. 5 AktG genannten Zielgrößen festzulegen sind, sowie deren Erreichen bzw. die Gründe für das Nichterreichen der Zielgrößen. Nach § 76 Abs. 4 AktG hat der Vorstand börsennotierter oder der Mitbestimmung unterliegender Gesellschaften für den Frauenanteil in den beiden Führungsebenen unterhalb des Vorstands Zielgrößen festzulegen. Liegt der Frauenanteil bei Festlegung der Zielgrößen unter 30%, so dürfen die Zielgrößen den jeweils erreichten Anteil nicht mehr unterschreiten.

Gleichzeitig sind die Fristen zur Erreichung der Zielgrößen festzulegen. Diese Fristen dürfen nicht länger als fünf Jahre sein. Analoge Anforderungen finden sich in § 111 Abs. 5 AktG für die Festlegung von Zielgrößen für den Frauenanteil im Aufsichtsrat und im Vorstand. Über deren Höhe, Erreichung sowie Gründe für eine evtl. Nichterreichung ist im Rahmen der Erklärung zur Unternehmensführung zu berichten.

§ 289a Abs. 2 Nr. 5, Abs. 3 und 4 HGB enthalten analoge Vorschriften zur Angabe über die Einhaltung von Mindestanteilen bei der Besetzung des Aufsichtsrats mit Frauen und Männern für spezifische Rechtsformen und Geschäftszweige.

Nach § 289 Abs. 5 HGB haben kapitalmarktorientierte Kapitalgesellschaften gem. § 264d HGB sowie Konzerne, wenn ein

Corporate-Governance-Erklärung kompakt

○ Pflicht zur Abgabe für alle kapitalmarktorientierten Unternehmen sowie Aktiengesellschaften, deren Wertpapiere im Freiverkehr gehandelt werden (ausgeweiteter Anwendungsbereich)

○ Gem. Art. 66 II EGHB ist die Erklärung erstmals für Jahres- und Konzernabschlüsse für alle Geschäftsjahre abzugeben, die nach dem 31.12.2008 beginnen

○ Corporate-Governance-Erklärung = Erklärung zur Unternehmensführung gem. § 289a HGB

○ Erklärung zur Unternehmensführung wird durch den Vorstand abgegeben und verfasst

○ Entsprechenserklärung gem. § 161 AktG, dass dem DCGK der Regierungskommission entsprochen wurde und wird bzw. in welchen Punkten hiervon abgewichen wurde und wird und warum

○ Angaben zu Unternehmensführungspraktiken, die über gesetzliche Angaben hinausgehen (beachte Relevanz)

○ Beschreibung der Arbeitsweise von Vorstand und Aufsichtsrat sowie der Zusammensetzung und Arbeitsweise der Ausschüsse

○ Nach § 285 Nr. 16 bzw. § 314 I Nr. 8 HGB: Abgabe im Lagebericht oder auf der Internetseite (mit Verweis im Lagebericht)

○ Die Erklärung unterliegt gem. § 317 II HGB nicht der Abschlussprüfung (beachte Auswirkungen auf den Lagebericht)

in den Konzernabschluss einbezogenes Unternehmen kapitalmarktorientiert im Sinne des § 264d HGB ist (§ 315 Abs. 2 Nr. 5 HGB), im Lagebericht die wesentlichen Merkmale des internen Kontroll- und des Risikomanagementsystems im Hinblick auf den Rechnungslegungsprozess zu beschreiben. Die Gesetzesbegründung verweist darauf, dass

- mit der Vorschrift weder die Einrichtung noch die inhaltliche Ausgestaltung eines internen Kontroll- und Risikomanagementsystems verpflichtend vorgeschrieben wird, sondern lediglich die Beschreibung; besteht kein internes Kontroll- und Risikomanagementsystem, ist dies anzugeben (Fehlanzeige),
- die Ausgestaltung dem Management unter Berücksichtigung der unternehmensspezifischen Bedürfnisse im Hinblick auf die Unternehmensstrategie, den Geschäftsumfang und anderer wichtiger Wirtschaftlichkeits- und Effizienzgesichtspunkte obliegt,
- eine Einschätzung zur Effektivität des internen Risikomanagementsystems – abweichend vom Sarbanes-Oxley Act – nicht verlangt wird,
- die Beschränkung auf den Rechnungslegungsprozess mit berechtigten schutzwürdigen Interessen der Unternehmen zu begründen ist.

Zu den originären Aufgaben des Prüfungsausschusses gehört es, das interne Risikomanagement- und Kontrollsystem zu überwachen. Um im Rahmen einer Regel- und Ad-hoc-Berichterstattungspflicht über Inhalt und Ausgestaltung des internen Kontroll- und Risikomanagementsystems an den Aufsichtsrat bzw. Prüfungsausschuss berichten zu können, muss sich der Vorstand

Zu den originären Aufgaben des Prüfungsausschusses gehört es, das interne Risikomanagement- und Kontrollsystem zu überwachen.

selbst ein Bild von diesen Systemen machen und ihre Funktionsfähigkeit evaluieren. Daraus können sich für den Vorstand folgende Handlungsfelder im Sinne von notwendigen Maßnahmen ergeben:

- Bestandsaufnahme und Dokumentation der wesentlichen Ziele und organisatorischen Merkmale der relevanten Steuerungs- und Überwachungsinstrumente
- Beurteilung der Angemessenheit der relevanten Instrumente, gegebenenfalls sind geeignete Maßnahmen zur Behebung festgestellter Design-Schwächen zu ergreifen
- Beurteilung der Funktionsfähigkeit, Erbringung des Nachweises der tatsächlichen Funktionsfähigkeit der betrachteten Steuerungs- und Überwachungsinstrumente (interne Revision, Self Assessment, externe Evaluation durch Spezialisten etc.)
- Berichterstattung an den Aufsichtsrat: auf Grundlage der Regelberichterstattung muss sich der Aufsichtsrat ein eigenes Bild von der angemessenen Ausgestaltung und der tatsächlichen Funktionsfähigkeit der relevanten Steuerungs- und Überwachungsinstrumente machen können

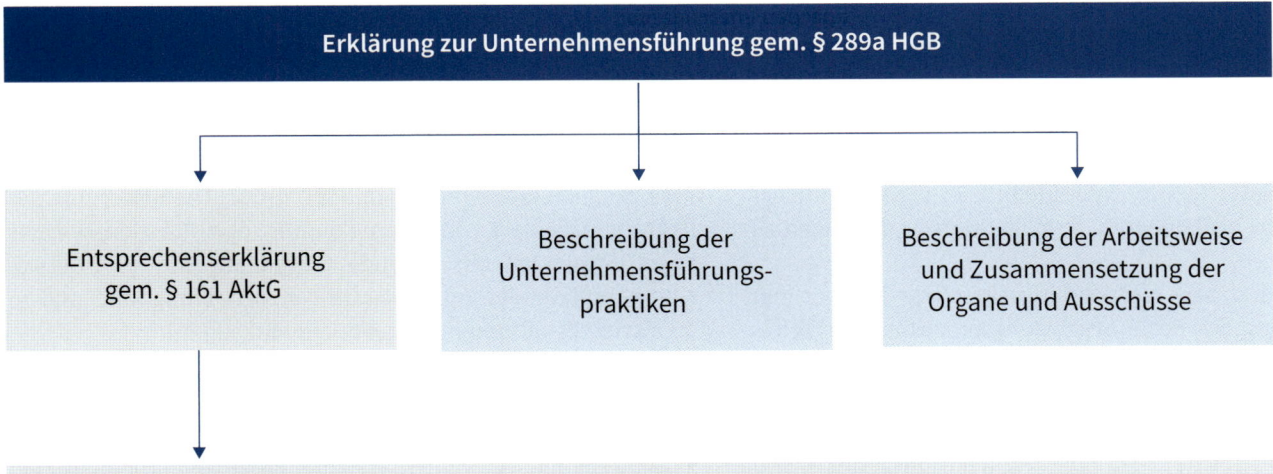

- Bei der Compliance Erklärung ist zukünftig ein Abweichen vom DCG Kodex zu begründen (comply or explain, not only declare!).

- Entsprechenserklärung wird durch den Vorstand und den Aufsichtsrat abgegeben.

- Nach § 285 Nr. 16 bzw. § 314 I Nr. 8 HGB: Es ist nicht mehr nur anzugeben, dass die Entsprechenserklärung nach § 161 AktG abgegeben wurde und öffentlich zugänglich gemacht worden ist; vielmehr wird die Angabe gefordert, wo die Entsprechenserklärung öffentlich zugänglich ist.

Als Mindestinhalte einer solchen Regelberichterstattung gelten: Überblick über die wesentlichen Steuerungs- und Überwachungsinstrumente (Risikomanagementsystem, internes Kontrollsystem, internes Revisionssystem), Ergebnisse aus den Beurteilungsmaßnahmen zur Angemessenheit und Funktionsfähigkeit dieser Instrumente, Identifizierung wesentlicher Schwächen sowie geplante bzw. durchgeführte Maßnahmen zu ihrer Behebung.

Der Aufsichtsrat bzw. der Prüfungsausschuss hat sich mit der Überwachung des Rechnungslegungsprozesses, der Wirksamkeit des internen Kontrollsystems, des internen Risikomanagementsystems (nicht beschränkt auf bestimmte Unternehmensbereiche), des internen Revisionssystems und der Abschlussprüfung (insbesondere der Unabhängigkeit des Abschlussprüfers) zu befassen. Der Aufsichtsrat bzw. Prüfungsausschuss wird sich geeigneter Instrumente bedienen müssen, um die geforderte Aufsicht ausüben zu können. Hierfür kommen unterschiedliche Informationsanforderungen in Frage, wie z. B. eine Regel- oder Ad-hoc-Berichterstattung durch den Vorstand, gegebenenfalls eine unmittelbare Berichterstattung der internen Revision gegenüber dem Aufsichtsrat bzw. Prüfungsausschuss oder eine vom Aufsichtsrat bzw. Prüfungsausschuss veranlasste externe Prüfung. Nach der Regierungsbegründung zum Gesetzentwurf umfasst das interne Kontrollsystem die

> **Die Bewertung des Risikomanagement-, internen Kontroll- und Revisionssystems liefert Antworten auf Fragen, die für die Überwachungsaufgabe des Aufsichtsrats von Bedeutung sind.**

Grundsätze, Verfahren und Maßnahmen zur Sicherung der Wirksamkeit und Wirtschaftlichkeit der Rechnungslegung, zur Sicherung der Ordnungsmäßigkeit der Rechnungslegung sowie zur Sicherung der Einhaltung der maßgeblichen rechtlichen Vorschriften. In diesem Zusammenhang nimmt der Gesetzgeber Bezug auf die Definition in IDW PS 261. Die Bewertung des Risikomanagement-, internen Kontroll- und Revisionssystems liefert Antworten auf folgende Fragen, die für die Überwachungsaufgabe des Aufsichtsrats von Bedeutung sind und in die Berichterstattung im Lagebericht einfließen:

- Welche Funktionsbereiche nehmen Aufgaben im Hinblick auf das Risikomanagementsystem, das interne Kontrollsystem sowie das interne Revisionssystem wahr?
- Sind die hier relevanten Systeme, Prozesse und Funktionen – einschließlich des Nachweises ihrer Wirksamkeit – bereits zum jetzigen Zeitpunkt hinreichend dokumentiert?
- Existieren klare Verantwortlichkeiten und Abgrenzungen zwischen den beteiligten Funktionsbereichen?
- Sind eine geeignete Kommunikation und der Informationsfluss zwischen den beteiligten Funktionsbereichen sichergestellt, so dass ein zielgerichtetes, an den Risiken ausgerichtetes Handeln ermöglicht wird?
- Ist die Risikotoleranz im Unternehmen angemessen?
- Entspricht die Aufgabenwahrnehmung in den verschiedenen Funktionsbereichen dem Umfang nach den Anforderungen an die Wirksamkeit der einzelnen Systeme und der gängigen Praxis?

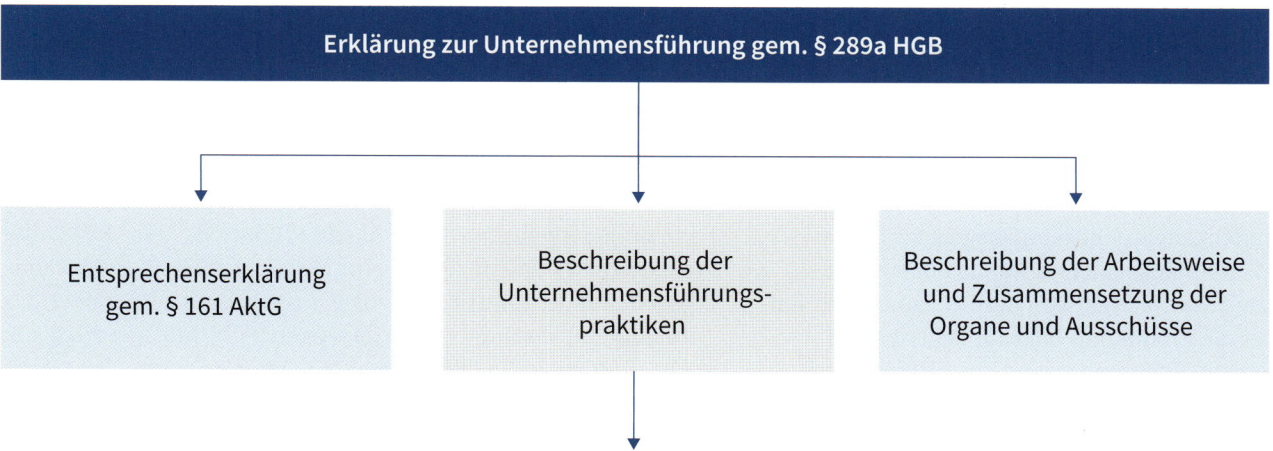

Erklärung zur Unternehmensführung gem. § 289a HGB

Entsprechenserklärung gem. § 161 AktG

Beschreibung der Unternehmensführungs- praktiken

Beschreibung der Arbeitsweise und Zusammensetzung der Organe und Ausschüsse

Berichtspflicht besteht dann, wenn die Unternehmensführungspraktiken

- über die Anforderungen des deutschen Rechts (Compliance-Vorgaben) hinausgehen UND

- für die Adressaten relevant sind.

- Denkbar ist eine Berichterstattung mittels Selbstverpflichtung zur Anwendung eines unternehmens-, konzern- oder branchenweit geltenden Kodexes, dessen Einhaltung erwähnt bzw. Nichteinhaltung erläutert werden soll.

- Wird auf bestimmte Kodizes Bezug genommen, so ist anzugeben, wo diese veröffentlicht sind.

- Es ist keinesfalls über alle organisatorischen Regelungen oder Vorschriften des Unternehmens zu berichten.

- Welche Verbesserungsmaßnahmen sind gegebenenfalls erforderlich, um die Wirksamkeit des Risikomanagementsystems, des internen Kontroll- und Revisionssystems bei optimaler Effizienz sicherzustellen?

Eine beispielhafte Check-Liste könnte wie folgt aussehen:
- Besteht ein durchgängiges Risikomanagement im Unternehmen vom Top-Management über die Finanzen, den Einkauf bis zum Vertrieb und von der Forschung und Entwicklung über die Produktion bis zum Lagerwesen?
- Erfolgt eine regelmäßige Anpassung des Risikomanagements an ablauf- und/oder aufbauorganisatorische Veränderungen im Unternehmen?
- Ist ein Verantwortlicher in der Geschäftsführung bzw. im Vorstand für das Risikomanagement benannt?
- Ist ein Verantwortlicher im Aufsichtsrat für das Risikomanagement benannt?
- Ist das Reporting zwischen den operativen Einheiten und den für das Risikomanagement zuständigen Personen hinreichend detailliert?
- Lassen sich Veränderungen im Risikomanagement nachvollziehen?
- Lassen sich aus der Berichterstattung frühzeitig Entwicklungen ableiten, die als Grundlage zur Bestimmung von Gegenmaßnahmen geeignet sind?
- Basieren die Aussagen im Lagebericht auf den Aussagen des internen Reportings?

- Wird das Risikomanagement und -reporting einem regelmäßigen Audit, z.B. durch die interne Revision oder externe Prüfer unterzogen?

Das bedeutet, dass die aus der Überwachungspflicht des Aufsichtsrats (bezogen auf das gesamte und nicht nur auf das rechnungslegungsbezogene interne Kontroll- und Risikomanagementsystem) abgeleitete Informationspflicht des Vorstands gegenüber dem Aufsichtsrat bzw. Prüfungsausschuss über das hinausgeht, was im Rahmen der Lageberichtspflicht nach § 289 Abs. 5 HGB an die Öffentlichkeit kommuniziert werden muss. Nach § 289 Abs. 5 HGB haben kapitalmarktorientierte Kapitalgesellschaften gemäß § 264d HGB sowie Konzerne, wenn ein in den Konzernabschluss einbezogenes Unternehmen kapitalmarktorientiert im Sinne des § 264d HGB ist, im Lagebericht bzw. Konzernlagebericht (§ 315 Abs. 2 Nr. 5 HGB) die wesentlichen Merkmale des internen Kontroll- und des Risikomanagementsystems im Hinblick auf den Rechnungslegungsprozess zu beschreiben. Die Beschreibung im Lagebericht ist Aufgabe des Vorstandes, der den Jahresabschluss und Lagebericht aufstellt. Die Beschreibung ist aber auch Gegenstand der Überwachung durch den Aufsichtsrat bzw. Prüfungsausschuss und Gegenstand der Prüfung durch den Abschlussprü-

Die Überwachungspflicht des Aufsichtsrats geht über das hinaus, was im Rahmen der Lageberichtspflicht nach § 289 Abs. 5 HGB an die Öffentlichkeit kommuniziert werden muss.

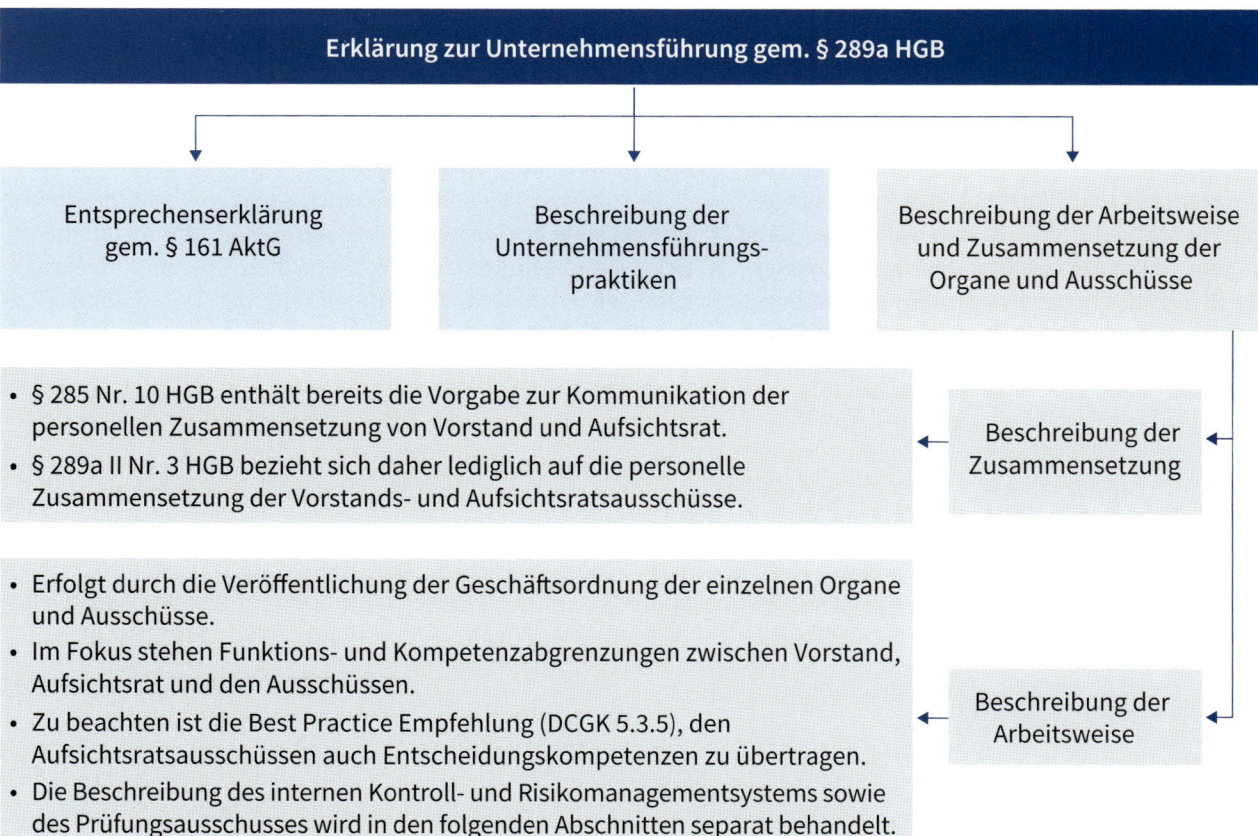

Erklärung zur Unternehmensführung gem. § 289a HGB

- Entsprechenserklärung gem. § 161 AktG
- Beschreibung der Unternehmensführungspraktiken
- Beschreibung der Arbeitsweise und Zusammensetzung der Organe und Ausschüsse

Beschreibung der Zusammensetzung

- § 285 Nr. 10 HGB enthält bereits die Vorgabe zur Kommunikation der personellen Zusammensetzung von Vorstand und Aufsichtsrat.
- § 289a II Nr. 3 HGB bezieht sich daher lediglich auf die personelle Zusammensetzung der Vorstands- und Aufsichtsratsausschüsse.

Beschreibung der Arbeitsweise

- Erfolgt durch die Veröffentlichung der Geschäftsordnung der einzelnen Organe und Ausschüsse.
- Im Fokus stehen Funktions- und Kompetenzabgrenzungen zwischen Vorstand, Aufsichtsrat und den Ausschüssen.
- Zu beachten ist die Best Practice Empfehlung (DCGK 5.3.5), den Aufsichtsratsausschüssen auch Entscheidungskompetenzen zu übertragen.
- Die Beschreibung des internen Kontroll- und Risikomanagementsystems sowie des Prüfungsausschusses wird in den folgenden Abschnitten separat behandelt.

3

fer. Damit ergeben sich vorgelagert zu der Lageberichtspflicht nach § 289 Abs. 5 HGB Informations-, Kommunikations- und Berichtspflichten der für das interne Kontroll- und Risikomanagementsystem verantwortlichen Stabs- und Linieninstanzen (Innenrevision, Rechnungswesen, Risikomanagementsystem, Compliance etc.) gegenüber dem Vorstand, des Vorstands gegenüber dem Abschlussprüfer, des Vorstands gegenüber dem Aufsichtsrat bzw. dem Prüfungsausschuss und des Abschlussprüfers gegenüber dem Aufsichtsrat bzw. Prüfungsausschuss. Die Lageberichterstattung nach § 289 Abs. 5 HGB n. F. kann mit dem Risikobericht nach § 289 Abs. 2 HGB zusammengefasst werden. Hierbei sind Verknüpfungen mit der Finanzrisikoberichterstattung nach § 289 Abs. 2 Nr. 2a HGB n. F. bzw. § 315 Abs. 2 Nr. 2a HGB n. F. zu sehen, ferner kann DRS 15 sowie vor allem DRS 5 zur Strukturierung dieses Teils der Risikoberichterstattung dienen.

Die diesbezüglichen Lageberichtsangaben unterliegen der Prüfungspflicht; insoweit wird von der in der Abänderungsrichtlinie angeführten Möglichkeit, diese Angaben außerhalb des Lageberichts auf der Internetseite des Unternehmens zu veröffentlichen, kein Gebrauch gemacht.

Quellen, weiterführende Literatur

Ernst C./Seidler H. (2009): Gesetz zur Modernisierung des Bilanzrechts nach Verabschiedung durch den Bundestag, in: Betriebs-Berater (BB) 2009, S. 766-771.

Heyd R./Beyer M. (Hrsg.) (2016): Corporate Governance in der Finanzwirtschaft – Aktuelle Herausforderungen und Haftungsrisiken, Berlin 2016.

Heyd R./Beyer M. (Hrsg.) (2013): Rechnungslegungs- und Corporate Governance-Regelungen vor dem Hintergrund der Transaktionskostentheorie, in: Heyd/Beyer (Hrsg.), Die Transaktionskostentheorie in der Finanzwirtschaft – Analysen und Anwendungsmöglichkeiten in der Praxis, Berlin 2013.

Heyd R./Beyer M. (2011): Bedeutung des Corporate Governance Reportings nach neuem deutschen Recht, in: Heyd R., Beyer M. (Hrsg.), Die Prinzipal-Agenten-Theorie in der Finanzwirtschaft – Analysen und Anwendungsmöglichkeiten in der Praxis, Berlin 2011, S. 171-199.

Heyd R./Beyer M. (2010): Bedeutung des Corporate Governance Reportings nach § 289a HGB als Publizitätsinstrument – Wesentliche Neuerungen und deren Auswirkungen auf die bestehenden Informationsasymmetrien, in: Zeitschrift für Planung 2010, S. 373-392.

Melcher W./Mattheus D. (2009): Zur Umsetzung der HGB-Modernisierung durch das BilMoG: Neue Offenlegungspflichten zur Corporate Governance, in: Schruff/Melcher: Umsetzung der HGB-Modernisierung, Sonderbeilage Der Betrieb (DB) 2009 zu Heft 23, S. 77-82.

Müller S. (2009): Die Modernisierung der Rechnungslegung nach HGB und deren Auswirkungen auf die Corporate Governance, in: Zeitschrift für Corporate Governance Ausgabe (ZCG) 2009, S. 126-134.

Paetzmann, K. (2009): Das neue Corporate-Governance-Statement nach § 289a HGB – Anforderungen an den Inhalt und Besonderheiten hinsichtlich der Abschlussprüfung, in: Zeitschrift für Corporate Governance Ausgabe (ZCG) 2009, S. 64-66.

Withus, K.-H. (2009): Zur Umsetzung der HGB-Modernisierung durch das BilMoG: Wirksamkeitsüberwachung interner Kontroll- und Risikomanagementsysteme durch Aufsichtsorgane kapitalmarktorientierter Gesellschaften, in: Schruff/Melcher: Umsetzung der HGB-Modernisierung, Sonderbeilage 5/2009 zu Der Betrieb (DB) Heft 23/2009, S. 82-90.

Witt, P. (2001): Corporate Governance, in: Jost, P.-J. (Hrsg.), Die Prinzipal-Agenten-Theorie in der Betriebswirtschaftslehre, Stuttgart 2001, S. 85-115.

Zehnder, M. (2008): Lehren aus dem Prinzipal-Agenten-Ansatz – Reduktion der Informationslücke zwischen Verwaltungsrat und Geschäftsleitung, in: Der Schweizer Treuhänder 2008, S. 53-55.

3

Kapitel 4:

Internes Kontrollsystem und Risikomanagement

Inhaltsverzeichnis

Einführung

Den aktuellen Entwicklungen und erwarteten Veröffentlichungen geschuldet, basieren die folgenden Ausführungen im Wesentlichen auf den Entwürfen für die IDW-Prüfungsstandards:

- IDW EPS 981 (Stand: 03.03.2016, »Risikomanagementsysteme«)
- IDW EPS 982 (Stand: 14.06.2016, »Interne Kontrollsysteme«)
- IDW EPS 983 (Stand: 14.06.2016, »Internes Revisionssystem«)

Bevor auf die beiden Themengebiete »internes Kontrollsystem« und »Risikomanagement« eingegangen wird, soll deren Beziehung zueinander und ihre Funktion in der Organisation kurz erläutert werden. Exemplarisch kann dafür das auf der folgenden Seite abgebildete Modell »Three Lines of Defence« herangezogen werden. Gem. IDW EPS 983, welcher sich mit der Prüfung von Revisionssystemen beschäftigt, beschreibt das Modell die möglichen Verteidigungslinien in einem Unternehmen innerhalb des Corporate-Governance-Systems (siehe Tz. 10). In der ersten Verteidigungslinie sind die Kontrollaktivitäten der operativen Prozesse enthalten. Die zweite Verteidigungslinie überwacht die Kontrollaktivitäten der ersten Verteidigungslinie und stellt einen wesentlichen Bestandteil des Risiko- und Compliance-Managements des Unternehmens dar. Die dritte Verteidigungslinie ist eine unabhängige Instanz, die weder in die operativen Prozesse des Unternehmens noch in die Steue-

rungs- und Kontrollaktivitäten der zweiten Verteidigungslinie eingebunden ist. Sie wird regelmäßig durch die Interne Revision wahrgenommen.

IDW EPS 982 ist der Prüfung des Internen Kontrollsystems gewidmet. In Tz. 2 wird angeführt, dass § 107 Abs. 3 Satz 2 AktG vorsieht, dass der Aufsichtsrat aus seiner Mitte einen Prüfungsausschuss bestellen kann, der sich neben der Überwachung der Abschlussprüfung mit

- der Überwachung des Rechnungslegungsprozesses,
- der Wirksamkeit
- des Internen Kontrollsystems,
- des Risikomanagementsystems und
- des Internen Revisionssystems befasst.

In der Gesetzesbegründung zum BilMoG wird ergänzend ausgeführt, dass die in § 107 Abs. 3 Satz 2 AktG – der zunächst lediglich die innere Ordnung des Aufsichtsrats betrifft – genannten Bereiche als eine Konkretisierung der allgemeinen Überwachungsaufgabe des Aufsichtsrats aus § 111 Abs. 1 AktG anzusehen sind (vgl. Tz. A1). Zudem wird in

> **Dem Aufsichtsrat kommt im Modell »Three Lines of Defence« eine besondere Bedeutung zu.**

der Gesetzesbegründung klargestellt, dass der Aufsichtsrat die genannten Aufgaben selbst wahrzunehmen hat, wenn er keinen Prüfungsausschuss einrichtet.

Die Verbindung zur Compliance ergibt sich wie folgt: Die Überwachungsaufgaben des Aufsichtsrats umfassen auch und

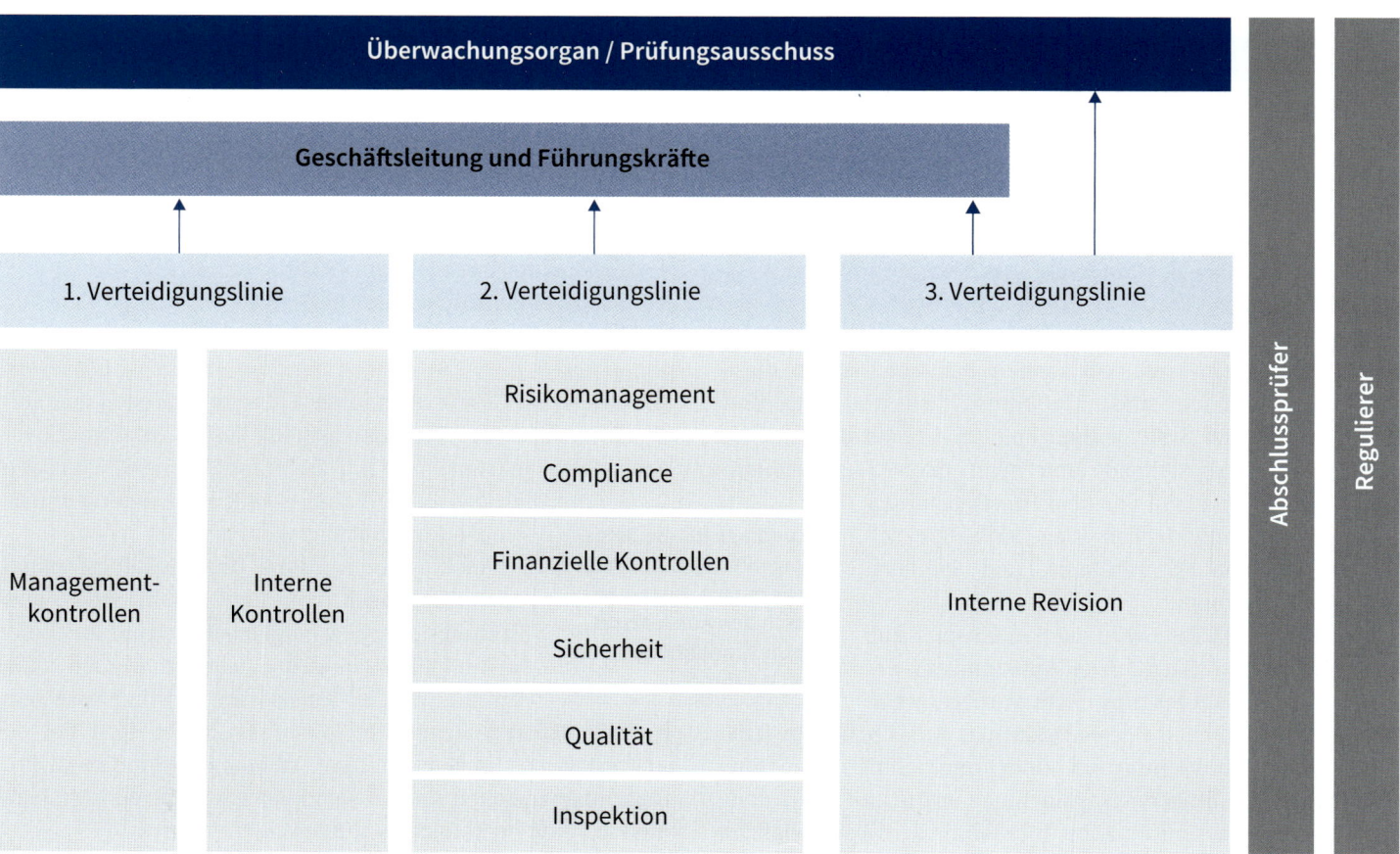

Quelle: ECIIA/FERMA: Guidance on the 8th EU Company Law Directive, Article 41, S. 9 und IIA Position Paper: Three Lines of Defence in Effective Risk Management and Control, January 2013, S. 2.

insbesondere die Maßnahmen des Vorstands, die sich auf die Begrenzung der Risiken aus möglichen Verstößen gegen gesetzliche Vorschriften und interne Richtlinien (Compliance) beziehen. Dem trägt Ziffer 5.3.2 des Deutschen Corporate Governance Kodex (DCGK) Rechnung, der zu den Aufgaben des Prüfungsausschusses ausführt, dass sich der Prüfungsausschuss – falls kein anderer Ausschuss damit betraut ist – auch mit der Compliance des Unternehmens befassen soll. (vgl. IDW EPS 982 Tz. 3)

Aufsichtsrat und Prüfungsausschuss können sich nur mit den Corporate-Governance-Systemen befassen, sofern diese Systeme vorhanden sind. Einrichtung, Ausgestaltung und Überwachung der Systeme sind eine im Organisationsermessen des Vorstands stehende unternehmerische Entscheidung, durch die der Vorstand vor dem Hintergrund der unternehmensindividuellen Gegebenheiten seinen allgemeinen Organisations- und Sorgfaltspflichten nachkommt.

> **Grundlage für die Befassung mit den Corporate-Governance-Systemen durch den Aufsichtsrat ist die Einrichtung durch den Vorstand.**

Gem. IDW 982 Tz. 5 wird der Sorgfaltsmaßstab durch § 93 Abs. 1 Satz 2 AktG konkretisiert, wonach eine Pflichtverletzung nicht vorliegt, wenn das Vorstandsmitglied oder adäquat der Aufsichtsrat im Rahmen seiner Überwachung bei einer unternehmerischen Entscheidung vernünftigerweise annehmen durfte, auf der Grundlage angemessener Information zum Wohle der Gesellschaft zu handeln. Hierbei handelt es sich um die bereits in Kapitel 1 erläuterte Business Judgement Rule, die den Entscheidungsträ-

gern einen Ermessensspielraum bei ihren unternehmerischen Entscheidungen belässt. Schließlich ist zu berücksichtigen, dass Entscheidungen in der Regel unter Unsicherheit getroffen werden und ein unternehmerisches Wagnis besteht.

Die durch den Aufsichtsrat bzw. den Prüfungsausschuss zu überwachenden Corporate-Governance-Systeme

- Internes Kontrollsystem (IKS),
- Risikomanagementsystem (RMS),
- Internes Revisionssystem (IRS) und
- Compliance-Management-System (CMS).

sind weder im Gesetz noch in der Literatur eindeutig definiert. Zur Systematik des Zusammenspiels dieser Corporate-Governance-Systeme lehnt sich der IDW Prüfungsstandard 982 daher an das COSO-Rahmenwerk zum unternehmensweiten Risikomanagement an.

Auch wenn die Überwachungsfunktion höchstpersönlich von den Aufsichtsrats- bzw. Prüfungsausschussmitgliedern wahrzunehmen ist und nicht an Dritte delegiert werden kann, kann es für den Aufsichtsrat von Interesse sein, externe Expertise (Anwälte, Wirtschaftsprüfer etc.) bei der Ausgestaltung, Implementierung, Weiterentwicklung und Prüfung hinzuzuziehen und so seine Bewertungen und Maßnahmen auf eine breitere Basis stützen.

Aus der nachfolgenden Darstellung ist ersichtlich, dass es bei den Governance-Systemen weit über fachliche Steuerungen

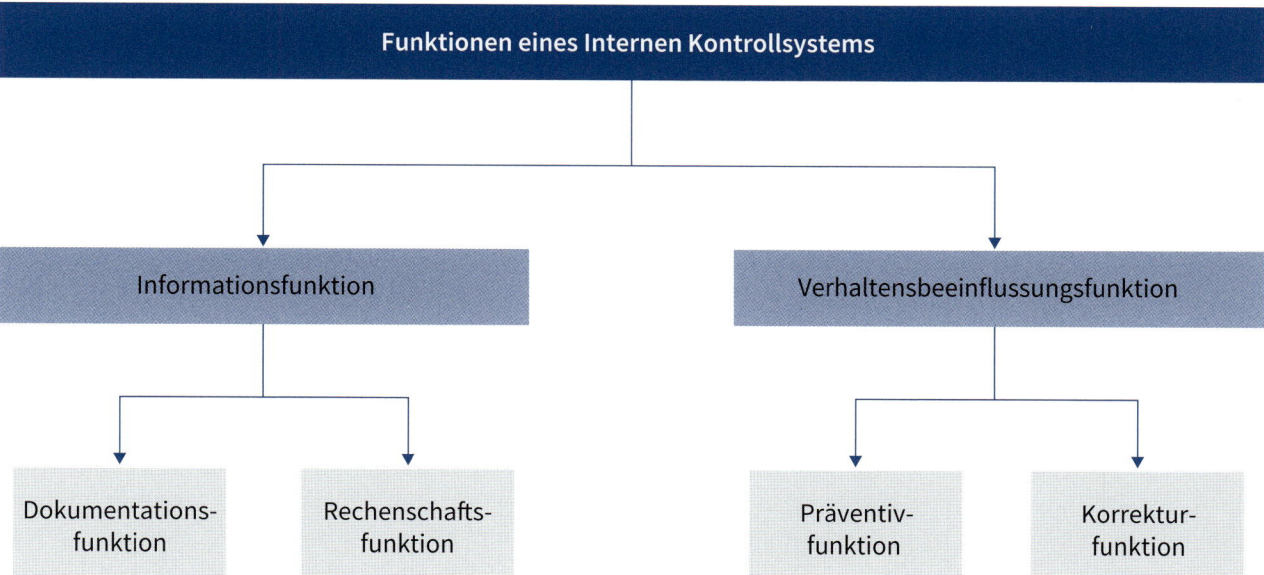

4

und Kontrollen hinausgeht. Das Interne Kontrollsystem zielt z. B. neben der Informationsfunktion auf die Beeinflussung des Verhaltens ab.

Das Modell der drei Verteidigungslinien kann nun um die Stellung des Aufsichtsrats ergänzt werden (vgl. Gleißner/Theisen (2016), S. 86).

Ausgangspunkt der Überlegung ist die Tatsache, dass sich die Entscheidungen des Vorstands in dem vom Aufsichtsrat definierten Rahmen bewegen. Weiterhin wirkt der Aufsichtsrat bei wichtigen Entscheidungen mit und kann über Zustimmungsvorbehalte ebenfalls Einfluss nehmen. Dadurch kann man den Aufsichtsrat als (Mit-)Verantwortlichen für unternehmerische Entscheidungen ansehen.

Als Konsequenz daraus ist er auch verantwortlich für den Umgang mit Risiken, die ein Unternehmen eingeht und für die Risikopolitik, in der Grenzen für Umfang und Art der akzeptierten Risiken eindeutig formuliert und kommuniziert sind. Wichtige Aussagen und Bestandteile der Risikopolitik sind z. B. welches zukünftige Rating erreicht werden soll und welche Stressszenarien eingerichtet und eingehalten werden sollen.

Die Entscheidungen des Vorstands bewegen sich in dem vom Aufsichtsrat gesteckten Rahmen.

Im Rahmen seiner Sorgfaltspflicht muss der Aufsichtsrat außerdem prüfen und sicherstellen, dass eine umfassende und transparente Risikoanalyse Grundlage für wesentliche Entscheidungen ist. Wichtig ist dabei, dass die Arbeitsweise eines »traditionellen« Risikomanagements, das im Wesentlichen vorhandene Risiken überwacht und mittels Regelreporting Risikoberichte bereitstellt, oftmals nicht ausreichend ist.

Ergänzend sollte der Aufsichtsrat die ökonomische Leistungsfähigkeit des Risikomanagements regelmäßig prüfen und – wie es zum Beispiel bei Banken Standard ist – mithilfe einer monetären Risikobewertung eine Art Risikotragfähigkeitsberechnung in Erwägung ziehen.

Schließlich darf nicht vergessen werden, dass der Aufsichtsrat Entscheidungen größtenteils unter Unsicherheit trifft und damit das Risiko besteht, dass gewünschte bzw. erwartete Zustände nicht eintreten.

Ungeachtet dessen empfiehlt sich die Etablierung eines »Qualitätssicherungssystems für Entscheidungsvorlagen«, welches durch Mindestanforderungen gewährleistet, dass ausreichend Informationen für eine angemessene Entscheidungsgrundlage zur Verfügung stehen. Als Beispiele können zugrunde liegende Annahmen, Chancen und Gefahren (Risiken) sowie die Implikationen der Entscheidung für den Eigenkapitalbedarf und das Rating angeführt werden.

Durch diese umfangreichen Einfluss- und Interventionsmöglichkeiten auf die wesentlichen Entscheidungen im Unternehmen, auf die Risikopolitik etc. kann man den Aufsichtsrat als »The Last Line of Defense« bei der Absicherung des Unternehmens bezeichnen (vgl. Gleißner/Theisen (2016), S. 86).

Qualitätsstufen der Dokumentation

Unzuverlässig	▶	Informell	▶	Standardisiert	▶	Überwacht
• Kontrollen nicht nachvollziehbar • Kontrollen auf zufälliger Basis • Keine Kontrollen implementiert		• Kontrollen werden durchgeführt • Jedoch keine ausreichende Dokumentation		• Kontrollen sind definiert und dokumentiert (wer, was, wann, wie) • Anwendung eines Kontrollkonzepts		• Kontrollen werden regelmäßig getestet • Management bestätigt Funktionstüchtigkeit

4

Internes Kontrollsystem

Durch das BilMoG wurden Überwachungsaufgaben des Aufsichtsrats konkretisiert und erweitert. So besteht neben der Überwachung der Wirksamkeit nun auch die Pflicht zu prüfen, ob Ergänzungen oder Verbesserungen dieser Systeme erforderlich sind. Im Falle eines eingerichteten Prüfungsausschusses wird diesem üblicherweise diese Aufgabe zugewiesen.

Eine besondere Herausforderung stellt in der Praxis häufig die angesprochene Überwachung der Wirksamkeit der prozessintegrierten Kontrollen, d.h. derjenigen Kontrollen, die im operativen Geschäft implementiert sind, dar. Hier ist eine zuverlässige Beurteilung durch den Aufsichtsrat oftmals erschwert. Kontrollvorgaben sind im Regelwerk, Organisationshandbuch o. Ä. üblicherweise zwar niedergelegt und werden idealerweise auch angemessen durchgeführt und dokumentiert. Allerdings ist es häufig schwer möglich, die Kontrollen und Kontrollergebnisse mit vertretbarem Aufwand zusammenzuführen, etwa für ein entsprechendes Reporting oder ein Kontroll-Cockpit (vgl. App (2010), S. 143). In der Praxis gewinnt die Auffassung zunehmend an Bedeutung, dass ein entsprechendes Informationsmedium aufzubauen ist, damit der Prüfungsausschuss/Aufsichtsrat diesen Überwachungsaufgaben gerecht werden kann. Es sind für dieses Medium dann zu bestimmen:

> **Durch das BilMoG wurden Überwachungsaufgaben des Aufsichtsrats konkretisiert und erweitert.**

- der Empfängerkreis
- der Berichtsrhythmus
- der Inhalt
- die Art der Dokumentation durch den Prüfungsausschuss zur Überwachung der Wirksamkeit.

Illustriert am Beispiel des Rechnungslegungsprozesses könnte dies derart ausgestaltet sein (vgl. App (2010), S. 144): Im ersten Schritt wäre sicherzustellen, dass relevante rechnungslegungsbezogene Kontrollen konkret identifiziert und an zentraler Stelle transparent sind. Bereits dies ist bei zahlreichen Banken und anderen Unternehmen vielfach nicht angemessen umgesetzt. Entlang der für diesen Zweck ebenfalls zu bestimmenden wesentlichen rechnungslegungsbezogenen Prozesse sind notwendigerweise die wesentlichen Kontrollen bzw. Kontrollpunkte zu ermitteln.

Im zweiten Schritt ist die Grundlage für eine belastbare Aussage über das Ausmaß der Effektivität der Kontrollen zu schaffen. Dies kann dadurch erreicht werden, dass die jeweiligen Kontrollverantwortlichen in bestimmten Abständen entsprechende Erklärungen und Nachweise abgeben.

In der praktischen Umsetzung werden zur systematischen Erfassung der Prozesse, der Kontrollen, der Beurteilungen der Kontrollen und des darauf basierenden Reportings in der Regel IT-gestützte Anwendungen in Form von individuell konzipierten Kontroll-Datenbanken oder entsprechende am Markt ange-

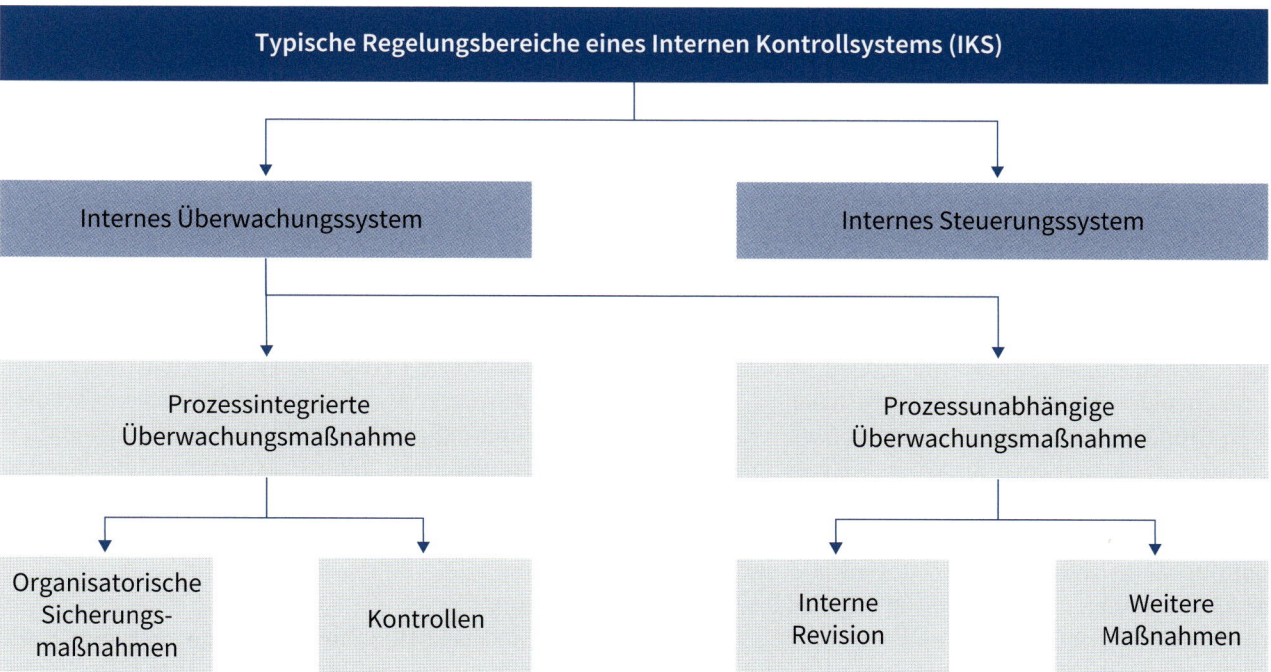

Typische Regelungsbereiche eines Internen Kontrollsystems (IKS)

Internes Überwachungssystem

Internes Steuerungssystem

Prozessintegrierte Überwachungsmaßnahme

Prozessunabhängige Überwachungsmaßnahme

Organisatorische Sicherungs- maßnahmen

Kontrollen

Interne Revision

Weitere Maßnahmen

botener Standardsoftware eingesetzt. Die Informationen sind dadurch an zentraler Stelle zusammengeführt und im besten Fall revisionssicher und nachvollziehbar dokumentiert. Hier können die relevanten Prozesse, Kontrollen und der jeweilige Kontrollstatus im Idealfall permanent, zumindest aber zu definierten Zeitpunkten, transparent dargestellt, ausgewertet und berichtet werden.

> Es empfiehlt sich die Etablierung eines »Qualitätssicherungssystems für Entscheidungsvorlagen«, das durch Mindestanforderungen gewährleistet, dass angemessene Entscheidungen getroffen werden können.

Nach dem IDW EPS 982 weist ein Internes Kontrollsystem i. S. dieses IDW Prüfungsstandards die nachfolgenden untereinander in Wechselwirkung stehenden Grundelemente auf. Bei der Konzeption des Internen Kontrollsystems sind eben diese Wechselwirkungen zu berücksichtigen. Die Ausgestaltung des Internen Kontrollsystems hängt insbesondere von den festgelegten Zielen des Internen Kontrollsystems sowie von dem Gegenstand der Unternehmensberichterstattung, der Art, dem Umfang und der Komplexität der Geschäftstätigkeit des Unternehmens ab.

Die folgenden Ausführungen zu den Grundelementen sind wesentliche Bestandteile des IDW EPS 982 Tz. 30:

Kontrollumfeld

Das Kontrollumfeld stellt den Rahmen dar, innerhalb dessen die Regelungen eingeführt und angewendet werden. Es ist geprägt durch die Grundeinstellungen, das Problembewusstsein und die Verhaltensweisen sowie durch die Rolle des Aufsichtsorgans (»tone at the top«) in Bezug auf das Interne Kontrollsystem. Durch die Aufbau- und Ablauforganisation sind die Verantwortlichkeiten im Unternehmen klar geregelt und abgegrenzt. Die wesentlichen Regelungen zur Aufbau- und Ablauforganisation sind dokumentiert und verbindlich vorgegeben.

IKS-Ziele

Die gesetzlichen Vertreter legen auf der Grundlage der allgemeinen Unternehmensziele fest, welche entscheidungsrelevanten Informationen für die Unternehmensführung bzw. Rechenschaftslegung zu welchen Zeitpunkten, in welcher Form, von welchen Personen (interne oder externe Adressaten) benötigt werden. Aus diesen Informationsbedürfnissen und den daraus abgeleiteten Anforderungen an die Unternehmensberichterstattung leiten sich die Ziele ab, die mit dem internen Kontrollsystem verfolgt werden.

Risikobeurteilung

Unternehmen sind einer Vielzahl von Risiken ausgesetzt, die den Ablauf der Prozesse zur Erstellung der Unternehmensberichterstattung sowie die Erreichung der IKS-Ziele gefährden können. Diese Risiken können sich z.B. aus fehlerhaften internen Prozessen, fehlerhaften Systemen, personell bedingten Fehlern sowie externen Ereignissen ergeben. Durch Risikobeurteilungen werden solche Risiken erkannt und bewertet. Sorgfältige Risikobeurteilungen sind die Grundlage für die Entscheidungen über den Umgang mit diesen Risiken.

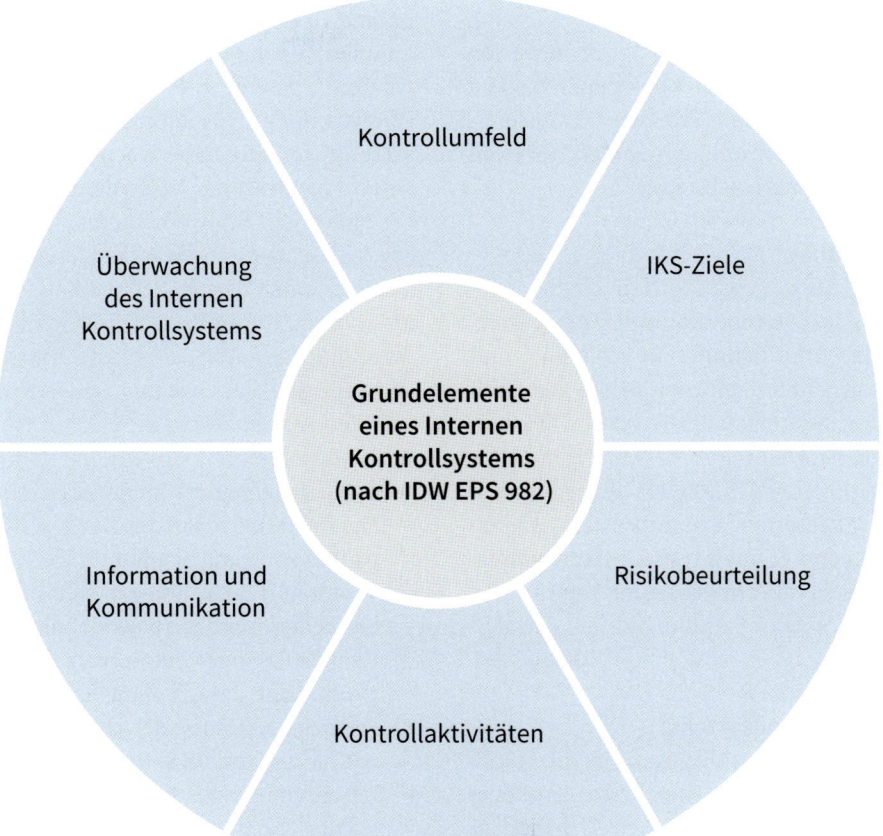

Kontrollaktivitäten

Die Kontrollaktivitäten beinhalten Steuerungs- und Kontroll-maßnahmen, die den identifizierten und bewerteten Risiken begegnen und somit sicherstellen sollen, dass die IKS-Ziele erreicht werden. Steuerungs- und Kontrollmaßnahmen betreffen alle Unternehmensebenen und Prozessstufen.

Information und Kommunikation

Information und Kommunikation gewährleisten einen ange-messenen Informationsfluss im Internen Kontrollsystem. Dazu zählt, dass die erforderlichen Informationen in geeigneter und zeitgerechter Form eingeholt, aufbereitet und an die zuständi-gen Stellen im Unternehmen weitergeleitet werden. Dies um-fasst auch die für die Risikobeurteilungen notwendigen Infor-mationen sowie die Information der Mitarbeiter über Aufgaben und Verantwortlichkeiten im Internen Kontrollsystem. Neben der mündlichen Kommunikation können bspw. Organisations-handbücher und Richtlinien für die interne und externe Un-ternehmensberichterstattung sowie Schulungen in Betracht kommen.

Überwachung des Internen Kontrollsystems

Unter Überwachung des Internen Kontrollsystems ist die objek-tive Beurteilung der Wirksamkeit des Internen Kontrollsystems durch Mitarbeiter des Unternehmens zu verstehen. Dabei ist zu beurteilen, ob das interne Kontrollsystem sowohl angemessen ist als auch kontinuierlich funktioniert. Überwachungsmaß-nahmen beinhalten prozessunabhängige Überwachungsmaß-nahmen, die vor allem durch die Interne Revision durchgeführt werden, sowie prozessintegrierte Überwachungsmaßnahmen. Voraus-setzung für die Überwachung ist eine angemessene Dokumentation des Internen Kontrollsystems. Die Ergebnisse der Überwachungsmaß-nahmen (insb. festgestellte Mängel im Internen Kontrollsystem) werden in geeigneter Form berich-tet und ausgewertet, damit die erforderlichen Maßnahmen zur Verbesserung des Systems und zur Beseitigung von Mängeln ergriffen werden können.

> **Bei der Konzeption des Internen Kon-trollsystems sind die Wechselwirkungen der Grundelemente zu berücksichtigen.**

Die Beschreibung des IKS hat gem. IDW EPS 982 Tz. 32 fol-gende Grundelemente zu erfassen:
- Darstellung der bei der Ausgestaltung des internen Kon-trollsystems angewandten IKS-Grundsätze. Die ange-wandten IKS-Grundsätze sind in der IKS- Beschreibung entweder durch Verweis auf allgemein zugängliche IKS-Grundsätze oder durch Aufzählung der einzelnen IKS-Grundsätze darzustellen.
- Explizite Nennung der Unternehmensberichterstattungen, auf die sich die IKS- Beschreibung bezieht (vgl. Tz. A22).
- Beschreibung des Kontrollumfelds einschließlich:
  - der Grundeinstellung der gesetzlichen Vertreter und der Rolle des Aufsichtsorgans in Bezug auf das interne Kontrollsystem.

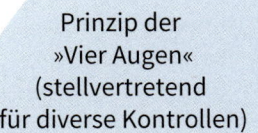

4

Prinzip der
»Vier Augen«
(stellvertretend
für diverse Kontrollen)

Prinzip der
Funktionstrennung

**Prinzipien
eines Internen
Kontrollsystems**

Prinzip der
Transparenz

Prinzip der
Mindestinformation

- der vorgegebenen Verhaltensgrundsätze im Unternehmen.
- der Aufbau- und Ablauforganisation. Dies umfasst den Prozess zur Erstellung der Unternehmensberichterstattung, die Rollen und Verantwortlichkeiten, auch innerhalb von Konzernstrukturen sowie Aussagen zur Nutzung interner und externer Dienstleistungsstrukturen. Die Prozessbeschreibung hat die Lokalisierung der Regelungen im Prozess zu ermöglichen. Handelt es sich um Unternehmensberichterstattungen mit Bezug zur Rechnungslegung sind auch die Grundzüge der Organisation des externen bzw. internen Rechnungswesens zu beschreiben (vgl. Tz. A23).
- der für die Unternehmensberichterstattung relevanten IT-Systeme und deren Einordnung in den Prozessablauf (vgl. Tz. A24).

- Beschreibung der IKS-Ziele
- Beschreibung des Prozesses der Risikobeurteilungen (vgl. Tz. A25)
- Beschreibung der Kontrollaktivitäten unter Verweis auf auch außerhalb der IKS- Beschreibung dokumentierte sog. Risiko-Kontroll-Matrizen, die folgende Bestandteile enthalten:
  - Das konkrete Risiko, alternativ das Kontrollziel (vgl. Tz. A26).
  - Kontrollbeschreibung (Kontrolldurchführender, Kontrollaktivität, Automatisierungsgrad (vgl. Tz. A27):
    - Kontrollanlass oder Kontrollfrequenz
    - Kontrollnachweis
  - Umgang mit aufgedeckten Fehlern, deren Korrekturen und die erneute Kontrolle

Eine besondere Herausforderung stellt in der Praxis häufig die angesprochene Überwachung der Wirksamkeit der prozessintegrierten Kontrollen dar.

- Beschreibung der Information und Kommunikation (vgl. Tz. A28)
- Beschreibung einer ggf. vorhandenen Einheit im Unternehmen, die mit unterstützenden organisatorischen Tätigkeiten der Einrichtung und Aufrechterhaltung des internen Kontrollsystems befasst ist.
- Beschreibung der Verantwortlichkeiten, Prozesse und Maßnahmen zur Überwachung und Verbesserung des internen Kontrollsystems. Dies umfasst die Beschreibung der prozessunabhängigen und der prozessintegrierten Überwachungsmaßnahmen sowie die Vorgehensweise im Unternehmen zur Beseitigung von identifizierten Mängeln des Internen Kontrollsystems. Zu den prozessunabhängigen Überwachungsmaßnahmen zählen insb. Aussagen zur Ausgestaltung der Internen Revision oder ähnlicher unternehmensinterner Funktionen, soweit sie mit dem internen Kontrollsystem befasst sind.

- Sicherstellung der Zuverlässigkeit von Informationen
- Sicherstellung der Vermögenssicherung
- Sicherstellung der Funktionsfähigkeit und Wirtschaftlichkeit der Prozesse
- Sicherstellung der Regeleinhaltung

Ziele von Internen Kontrollsysteme

4

Risikomanagementsystem

Mit der Einführung des Gesetzes zur Kontrolle und Transparenz im Unternehmensbereich (KonTraG) im Jahr 1998 wurden Aktiengesellschaften, Gesellschaften mit beschränkter Haftung (GmbHs) und Kommanditgesellschaften auf Aktien (KGaAs) sowie diesen gleichgestellte Gesellschaftsformen wie GmbH & Co. KGs verpflichtet, ein Risikofrüherkennungssystem einzuführen. Börsennotierte Aktiengesellschaften müssen das System auch durch einen Abschlussprüfer prüfen lassen. Mit der angeführten »Früherkennung« sind Risiken gemeint, die das Bestands- und Insolvenzrisiko für eine Gesellschaft wesentlich erhöhen oder auslösen können.

Aufsichtsräte sollten im Rahmen ihrer Sorgfaltspflicht die Weiterentwicklung des Risikomanagements regelmäßig beurteilen und ggf. einfordern.

Nicht einbezogen sind dagegen rein operative Geschäftsrisiken unterhalb der Wesentlichkeitsschwelle der Bestandsgefährdung. Nach dem im Jahr 2009 in Kraft getretenen Bilanzrechtsmodernisierungsgesetz (BilMoG) sind alle kapitalmarktorientierten Gesellschaften verpflichtet, die wesentlichen Merkmale des internen Kontroll- und Risikomanagementsystems im Hinblick auf den Rechnungslegungsprozess im Lagebericht zu beschreiben. Diese Verpflichtung setzt voraus, dass ein Risikomanagementsystem eingerichtet wurde und dieses überwacht wird.

Spätestens seit der weltweiten Finanzkrise ist deutlich geworden, dass die Unsicherheit für Unternehmen erheblich zugenommen hat. Und auch zukünftig ist davon auszugehen, dass Markt- und Wettbewerbszyklen sowie die politischen Rahmenbedingungen deutlichen Schwankungen unterliegen können. Hier zeigt sich, wenn Unternehmen frühzeitig Transparenz über ihre wesentlichen Risikotreiber und deren Auswirkungen schaffen und ihre Unternehmensstrategie entsprechend ausrichten. Doch die Frage, wie viel Risiko ein Unternehmen in Abhängigkeit von der Ertragskraft überhaupt tragen kann oder will, eine klare und transparente Beschreibung des Risikos im Sinne von Geschäftsvolatilität sowie die Berücksichtigung der dahinter liegenden Treiber werden oftmals nicht systematisch im Vorstand diskutiert. Wenn Aufsichtsräte dies auch in »ihrem« Unternehmen wahrnehmen, sollten sie im Rahmen ihrer Sorgfaltspflicht die Weiterentwicklung des Risikomanagements einfordern und den Vorstand zu entsprechenden Maßnahmen auffordern. Dabei sind unter anderem die folgenden Fragen durch den Aufsichtsrat aufzugreifen und gemeinsam mit dem Vorstand zu diskutieren (vgl. Degen/Ruhwedel (2011), S. 138):

- Wie viel Risiko ist im Unternehmen gewünscht und welches Risikoniveau ist für das Unternehmen akzeptabel?
- Welches Risikoniveau entspricht seinen Zielvorstellungen?
- Besteht ein einheitliches Verständnis über das gewünschte Risikoniveau innerhalb des Vorstands sowie zwischen Vorstand und Aufsichtsrat?
- Welchen Einfluss hat das unternehmerische Risikoprofil auf strategische Entscheidungen sowie auf das Unternehmensportfolio?

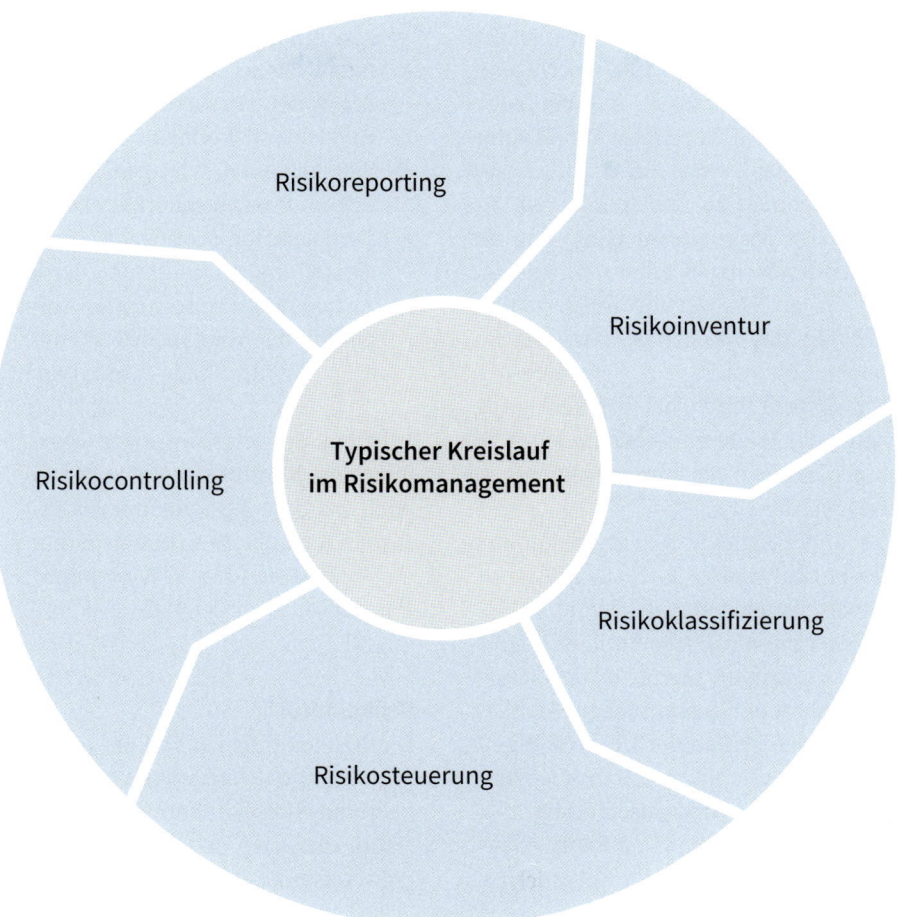

Eine explizite und ausdrückliche Regelung, wie das Risikomanagementsystem auszugestalten ist, hat der Gesetzgeber bewusst nicht erlassen. Allerdings ergibt sich aus der allgemeinen Sorgfaltspflicht einer »ordentlichen Geschäftsführung« eine faktische Verpflichtung, angemessene Maßnahmen des Risikomanagements im Unternehmen zu implementieren. Art und Umfang der einzurichtenden Maßnahmen hängt von der individuellen Risikosituation des jeweiligen Unternehmens und der Komplexität des Geschäfts ab. Die genaue Ausgestaltung liegt im Organisationsermessen des Vorstands bzw. der Geschäftsführung.

Dem Aufsichtsrat stehen diverse Stellhebel zur Verfügung, mit denen er die Einführung oder Weiterentwicklung eines geschäftsorientierten und angemessenen Risikomanagements im Unternehmen unterstützen kann.

Folgende beispielhaft genannte Aspekte sind zu diskutieren und zu bearbeiten (vgl. Degen/Ruhwedel (2011), S. 139):

- Ergänzung des Berichtswesens für den Aufsichtsrat um eine qualitative Dokumentation von Risiken und der dazugehörigen Risikotreiber pro Geschäft; hierfür müsste das Unternehmen die tatsächlichen und wesentlichen Volatilitätstreiber pro Geschäft einschließlich der Ursache-Wirkungs-Zusammenhänge im Detail analysieren und verstehen, was heute häufig noch nicht systematisch erfolgt.
- Etablierung eines Prozesses zur regelmäßigen Risikoerfassung und -beschreibung (qualitativ und/oder quantitativ)

sowie Ergänzung des unternehmerischen Risikomanagementsystems um moderne, quantitative Risikomodelle durch den Vorstand; auch diese Informationen sind in die Aufsichtsratsvorlagen und -sitzungen einzubringen.
- Sicherstellung einer geeigneten Dokumentation von Risiken und der zugehörigen Prozesse.
- Berücksichtigung spezifischer, personenbezogener Risikoeinstellungen im Rahmen der Besetzung des Vorstands.
- Aufnahme entsprechender Anreizmechanismen in die Vergütung der Vorstandsmitglieder, die ein der Risikoeinstellung entsprechendes Verhalten honorieren.

Wie bei den Ausführungen zum internen Kontrollsystem gibt es auch bei dem Risikomanagementsystem formulierte Grundelemente im entsprechenden IDW-Standard – in diesem Fall der IDW EPS 981 Tz. 30.

> **Dem Aufsichtsrat stehen diverse Stellhebel zur Verfügung, mit denen er die Einführung oder Weiterentwicklung eines geschäftsorientierten und angemessenen Risikomanagements im Unternehmen unterstützen kann.**

Risikokultur

Die Risikokultur als Teil der Unternehmenskultur umfasst die grundsätzliche Einstellung und die Verhaltensweisen beim Umgang mit Risikosituationen. Sie beeinflusst maßgeblich das Risikobewusstsein im Unternehmen und bildet die Grundlage für ein wirksames RMS.

Ziele des RMS

Die unternehmenspolitischen Zielsetzungen und insb. die Unternehmensstrategie bilden die Ausgangsbasis für die Ableitung einer Risikostrategie und für ein systematisches Risikomanagement des Unternehmens.

In der Risikostrategie wird festgelegt, in welchem Ausmaß, unter Berücksichtigung der Risikotragfähigkeit des Unternehmens, Risiken eingegangen werden sollen (Risikoappetit), ergänzt durch unternehmerische Vorgaben zum erwünschten Umgang mit Risiken in Form einer Risikopolitik. Die Ziele des RMS sind darauf ausgerichtet sicherzustellen, dass die Unternehmensziele entsprechend der Risikostrategie erreicht werden.

> **Die Ziele des RMS sind darauf ausgerichtet sicherzustellen, dass die Unternehmensziele entsprechend der Risikostrategie erreicht werden.**

Organisation des RMS

Von entscheidender Bedeutung für das RMS sind eine transparente und eindeutige Aufbauorganisation sowie eine klar definierte Ablauforganisation. Verantwortungsbereiche und Rollen sind klar geregelt, abgegrenzt, kommuniziert und dokumentiert. Die Aufgabenträger erfüllen die erforderlichen persönlichen und fachlichen Voraussetzungen. Es stehen ausreichende Ressourcen für Risikomanagement-Maßnahmen zur Verfügung (insb. Personen, Technologie, Hilfsmittel). Die wesentlichen Regelungen zur Aufbau- und Ablauforganisation des Risikomanagements sind dokumentiert und verbindlich vorgegeben.

Risikoidentifikation

Die Risikoidentifikation umfasst die regelmäßige, systematische Analyse von internen und externen Entwicklungen und Ereignissen, die zu negativen oder positiven Abweichungen von den festgelegten Zielen des RMS führen können.

Risikobewertung

Risiken werden systematisch beurteilt, typischerweise im Hinblick auf Eintrittswahrscheinlichkeit und mögliche Auswirkungen. Bewertungsverfahren und -kriterien sind (auch für nicht quantifizierbare Risiken) eindeutig definiert. Dies umfasst die Verwendung einer Bewertungssystematik, die es erlaubt, die Bedeutung und den Wirkungsgrad von Risikosteuerungsmaßnahmen einzuschätzen. Die einzelnen Risikobewertungen werden systematisch aggregiert. Risikointerdependenzen werden analysiert und berücksichtigt.

Risikosteuerung

Auf der Grundlage der identifizierten und bewerteten Risiken trifft die Unternehmensleitung Entscheidungen über Maßnahmen zur Risikosteuerung (Risikovermeidung, Risikoreduktion, Risikoteilung bzw. -transfer sowie Risikoakzeptanz). Als Bezugsrahmen dienen die festgelegten Ziele des RMS.

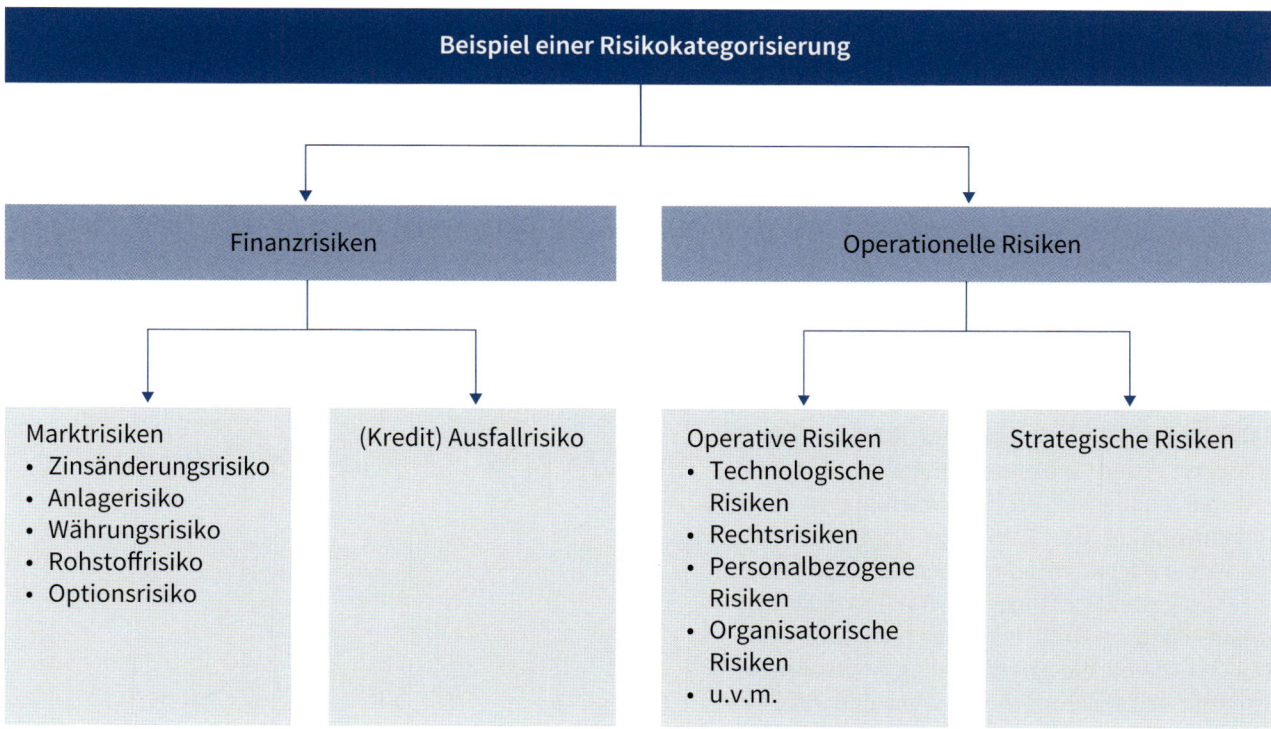

4

Risikokommunikation

Die Risikokommunikation gewährleistet einen angemessenen Informationsfluss im RMS. Dies umfasst einen standardisierten Prozess auf der Basis konkreter Zuständigkeiten, Periodizitäten, Schwellenwerte und Berichtsformate. Für eilbedürftige Risikomeldungen ist ein separater Berichtsprozess etabliert, der eine zeitnahe Übermittlung der relevanten Informationen sicherstellt. Für die Risikobeurteilung werden die entscheidungsrelevanten Informationen gesammelt, auf ihre Zuverlässigkeit überprüft und aktualisiert.

Überwachung und Verbesserung des RMS

Die Angemessenheit und Wirksamkeit des RMS werden durch prozessintegrierte und prozessunabhängige Kontrollen überwacht. Voraussetzung für die Überwachung ist eine angemessene Dokumentation des RMS. Die Ergebnisse der Überwachungsmaßnahmen (insbesondere festgestellte Mängel im RMS) werden in geeigneter Form berichtet und ausgewertet, damit die erforderlichen Maßnahmen zur Verbesserung des Systems und zur Beseitigung von Mängeln ergriffen werden können.

Die Angemessenheit und Wirksamkeit des RMS werden durch prozessintegrierte und prozessunabhängige Kontrollen überwacht.

Quellen, weiterführende Literatur

App, J. (2010): Überwachung des Internen Kontrollsystems durch den Aufsichtsrat – Eine Analyse der Kreditwirtschaftspraxis, in: Der Aufsichtsrat, Heft 10/2010, S. 143-145.

Degen, B./Ruhwedel, P. (2011): Der Aufsichtsrat und das Risikomanagment, in: Der Aufsichsrat, Heft 10/2011, S. 138-139.

Gleißner, W./Theisen, M. (2016): The Last Line of Defense: Der Aufsichtsrat, in: Der Aufsichtsrat, Heft 6/2016, S. 85-87.

IDW EPS 981 (Stand: 03.03.2016, »Risikomanagementsysteme«).

IDW EPS 982 (Stand: 14.06.2016, »Interne Kontrollsysteme«).

IDW EPS 983 (Stand: 14.06.2016, »Internes Revisionssystem«).

Steuerungskreislauf eines Risikomanagementsystems

Strategie

- Risikopolitik
- Organisation des Risikomanagements

Identifikation

- Risikokategorien und Quellen
- Risikoverantwortlichkeiten
- Risikodokumentation (Handbuch, Landkarte)

Bewertung

- Bewertungskriterien
- Schwellenwerte
- Schadenausmaß
- Risikoklassen
- Risikomatrix

Steuerung

- Proaktive Maßnahmen zur positiven Beeinflussung der Risikosituation (Vermeidung, Verminderung, Übertragung)

Kommunikation

- Risikoberichtswesen zur Früherkennung
- Standardisiertes Turnusreporting
- Ad-hoc-Berichterstattung

Überwachung

- Kontrolle der Maßnahmen bei Einzelrisiken
- Funktionsfähigkeit des Risikomanagmentsystems

Kapitel 5:

Prüfung

Inhaltsverzeichnis

Einführung

Der Aufsichtsrat hat ein originäres Prüfungsrecht bzw. eine originäre Prüfungspflicht nach § 111 Abs. 2 AktG. Danach kann er die Bücher und Schriften der Gesellschaft sowie die Vermögensgegenstände, namentlich die Gesellschaftskasse und die Bestände an Wertpapieren und Waren, einsehen und prüfen. Er kann damit auch einzelne Mitglieder oder für bestimmte Aufgaben besondere Sachverständige beauftragen. Er erteilt dem Abschlussprüfer den Prüfungsauftrag für den Jahres- und den Konzernabschluss gemäß § 290 HGB.

Daraus folgt, dass dem Aufsichtsrat grundsätzlich eine Überwachung des Belegflusses (Bücher und Schriften), der Inventur (Vermögensgegenstände, die Gesellschaftskasse, Bestände an Wertpapieren und Waren) und des daraus entwickelten Jahres- und Konzernabschlusses obliegt. Allerdings kann er damit auch einzelne Aufsichtsratmitglieder, den Prüfungsausschuss, Sachverständige oder den Abschlussprüfer beauftragen.

Daraus folgt, dass der Aufsichtsrat im Rahmen des dualen Corporate-Governance-Systems die primäre Prüfungskompetenz besitzt, von der alle weiteren Prüfungshandlungen abgeleitet sind. Sofern ein Prüfungsauftrag an einen externen Sachverständigen, regelmäßig den Abschlussprüfer, erteilt wird, entsteht ein

> **Der Aufsichtsrat besitzt im Rahmen des dualen Corporate-Governance-Systems die primäre Prüfungskompetenz, von der alle weiteren Prüfungshandlungen abgeleitet sind.**

Auftragsverhältnis mit entsprechenden Prinzipal-Agenten-Fragestellungen. Diese fokussieren sich auf die Erteilung des Prüfungsauftrags durch den Aufsichtsrat bzw. Prüfungsausschuss an den Abschlussprüfer sowie den Informationsaustausch während Prüfung und Berichterstattung des Abschlussprüfers an den Aufsichtsrat bzw. Prüfungsausschuss nach Beendigung der Prüfung. Der Ablauf einer Abschlussprüfung vollzieht sich regelmäßig in folgenden Schritten:

- Der Prüfungsausschuss prüft die Unabhängigkeit und Eignung von Abschlussprüfern bzw. Prüfungsgesellschaften. Die Unabhängigkeit des Abschlussprüfers betreffende Vorschriften finden sich in §§ 319, 319a und 319b HGB. Die Eignung betrifft die Möglichkeiten und Fähigkeiten des Abschlussprüfers bzw. der Prüfungsgesellschaft zur Durchführung der Abschlussprüfung, insbesondere hinsichtlich fachlicher Expertise, Komplexität, Größe und Umfang des Prüfungsauftrags.
- Der Vorschlag des Prüfungsausschusses wird durch den Aufsichtsrat geprüft und der Hauptversammlung zur Wahl präsentiert.
- Nach der Wahl des Abschlussprüfers durch die Hauptversammlung erteilt der Aufsichtsrat bzw. der Prüfungsausschuss den Prüfungsauftrag, trifft die Honorarvereinbarung und legt zusammen mit dem Prüfer die Prüfungsschwerpunkte fest bzw. vereinbart eine Erweiterung des Prüfungsauftrags.
- Der Aufsichtsrat bzw. der Prüfungsausschuss stehen

| **Der Aufsichtsrat vereinbart mit dem Abschlussprüfer regelmäßig, ...** |

dass der Vorsitzende des Aufsichtsrats bzw. des Prüfungsausschusses über während der Prüfung auftretende mögliche Ausschluss- oder Befangenheitsgründe unverzüglich unterrichtet wird, soweit diese nicht unverzüglich beseitigt werden.

dass der Abschlussprüfer dem Aufsichtsrat bzw. Prüfungsausschuss über alle für die Aufgaben des Aufsichtsrats wesentlichen Feststellungen und Vorkommnisse unverzüglich berichtet, die sich bei der Durchführung der Abschlussprüfung ergeben.

dass der Abschlussprüfer den Aufsichtsrat bzw. Prüfungsausschuss informiert bzw. im Prüfungsbericht vermerkt, wenn er bei Durchführung der Abschlussprüfung Tatsachen feststellt, die eine Unrichtigkeit der von Vorstand und Aufsichtsrat abgegebene Erklärung zur Einhaltung des Deutschen Corporate Governance Kodex (vgl. Tz. 7.2.1 und 7.3.2) ergeben.

während der Abschlussprüfung dem Abschlussprüfer als Sparringspartner zur Verfügung. Das bedeutet, dass der Aufsichtsrat regelmäßig mit dem Abschlussprüfer Vereinbarungen bezüglich der Rahmenbedingungen abschließt.

- Nach Beendigung der Abschlussprüfung hat der Abschlussprüfer
  - einen Prüfungsbericht (vgl. § 321 HGB) zu erstellen, der an den Vorstand und Aufsichtsrat geht,
  - einen Bestätigungsvermerk (vgl. § 322 HGB) bzw. einen Vermerk über die Versagung des Bestätigungsvermerks zu erteilen, der dem Jahresabschluss bzw. Konzernabschluss beigefügt wird und derselben Publizität unterliegt wie der Abschluss selbst,
  - an der »Bilanzsitzung« des Aufsichtsrats bzw. Prüfungsausschusses teilzunehmen (vgl. § 171 Abs. 1 S. 2 AktG).

Der Abschlussprüfer übt seine Tätigkeit selbständig und in eigener Verantwortung aus auf der Basis der gesetzlichen Vorschriften über die Jahresabschlussprüfung, der anzuwendenden Prüfungsstandards sowie der Vereinbarung über die Abschlussprüfung mit dem Aufsichtsrat bzw. dem Prüfungsausschuss (in der Prüfungsschwerpunkte festgelegt bzw. der Prüfungsumfang erweitert wurde). Er unterstützt allerdings den Aufsichtsrat bei dessen eigener Prüfung der vom Vorstand aufgestellten Rechnungslegung und bei der weitergehenden Überwachung der Geschäftsführung (vgl. § 111 AktG). Der Gegenstand der Abschlussprüfung im Rahmen der Unterstützungsfunktion für den Aufsichtsrat geht über die Rechnungslegung hinaus. Prüfungsobjekte sind nicht nur Jahresabschluss und Lagebericht bzw. Konzernabschluss und Konzernlagebericht, sondern auch die Buchführung (vgl. § 317 Abs. 1 Satz 1 HGB) sowie bei börsennotierten Aktiengesellschaften das Risikofrüherkennungssystem (vgl. § 317 Abs. 4). Wesentliche Grundlage der Information, der Meinungsbildung und der Auswahl weiterer Überwachungsmaßnahmen des Aufsichtsrats ist der Prüfungsbericht. Er ist wie rechts dargestellt gegliedert.

Im Rahmen der »Vorweg«-Berichterstattung über die Lage des Unternehmens nimmt der Abschlussprüfer Stellung zur Lagebeurteilung der gesetzlichen Vertreter.

Dabei geht es um Darstellung und Beurteilung entwicklungsbeeinträchtigender und bestandsgefährdender Tatsachen sowie Unregelmäßigkeiten, Einhaltung der Rechnungslegungsgrundsätze und sonstiger gesetzlicher Vorschriften. Die Stellungnahme des Abschlussprüfers zur Lagebeurteilung der gesetzlichen Vertreter bezieht sich auf die im Verlauf der Prüfung gewonnene eigene Lagebeurteilung bei kritischer Würdigung der von den gesetzlichen Vertretern zugrunde gelegten Annahmen. Dabei werden bestehende Beurteilungsspielräume aufgezeigt und Hinweise auf etwaige alternative Einschätzungen des Abschlussprüfers gegeben.

Der Gegenstand der Abschlussprüfung im Rahmen der Unterstützungsfunktion für den Aufsichtsrat geht über die Rechnungslegung hinaus.

Gliederung des Prüfungsberichts

Prüfungsauftrag

Grundsätzliche Feststellungen

Gegenstand, Art und Umfang der Prüfung

Feststellungen und Erläuterungen zur Rechnungslegung

Feststellungen zum Risikofrüherkennungssystem

Feststellungen aus Erweiterungen des Prüfungsauftrags

Wiedergabe des Bestätigungsvermerks

Anlagen

Berichterstattung und Inhalte

§ 321 Abs. 1 Satz 3 HGB verlangt eine Berichterstattung über die bei Durchführung der Abschlussprüfung festgestellten Unrichtigkeiten und Verstöße gegen gesetzliche Vorschriften (Unregelmäßigkeiten in der Rechnungslegung) sowie Tatsachen, die schwerwiegende Verstöße der gesetzlichen Vertreter oder von Arbeitnehmern gegen Gesetz, Gesellschaftsvertrag oder Satzung erkennen lassen (sonstige Gesetzesverstöße).

Festgestellte Beanstandungen wegen Unregelmäßigkeiten in der Rechnungslegung werden vom Abschlussprüfer erläutert, einschließlich der sich ggf. ergebenden Konsequenzen für den Bestätigungsvermerk. Eine Berichtspflicht besteht, soweit dies für die Überwachung der Geschäftsführung des geprüften Unternehmens von Bedeutung ist.

Eine Berichtspflicht über sonstige Gesetzesverstöße besteht nur bei schwerwiegenden Fällen und nur bei gelegentlich in der Prüfung festgestellten Tatsachen, die solche Verstöße erkennen lassen; auch hier besteht keine aktive Suchverantwortung des Abschlussprüfers. Allerdings ist bereits bei einem substantiellen Hinweis auf einen schwerwiegenden Gesetzesverstoß zu berichten, auch ohne dass der Abschlussprüfer eine abschließende rechtliche Würdigung zu treffen hat. Sonstige Gesetzesverstöße i.S.v. § 321 Abs. 1 Satz 3 HGB sind Täuschungen und Vermögensschädigungen sowie Verstöße gegen gesetzliche Vorschriften, die sich nicht auf die zu prüfende Rechnungslegung beziehen.

Im Prüfungsbericht ist nach § 321 Abs. 2 Satz 1 HGB festzustellen, ob Buchführung und weitere geprüfte Unterlagen, der Jahresabschluss sowie der Lagebericht den gesetzlichen Vorschriften und den ergänzenden Bestimmungen des Gesellschaftsvertrags/der Satzung entsprechen. Dabei sind festgestellte Mängel und deren Auswirkungen auf die Rechnungslegung darzustellen. Ferner ist zu beurteilen, ob aus den weiteren geprüften Unterlagen entnommene Informationen zu einer ordnungsgemäßen Abbildung in der Rechnungslegung führen. Schließlich ist festzustellen, ob der Jahresabschluss den anzuwendenden Rechnungslegungsgrundsätzen entspricht und die Bilanz und die GuV ordnungsgemäß aus der Buchführung und den weiteren geprüften Unterlagen abgeleitet sind und ob Ansatz-, Ausweis- und Bewertungsvorschriften beachtet wurden.

Im Rahmen der Gesamtaussage des Jahresabschlusses ist darauf einzugehen, ob der Abschluss insgesamt unter Beachtung der GoB ein den tatsächlichen Verhältnissen entsprechendes Bild der Vermögens-, Finanz- und Ertragslage der Gesellschaft vermittelt. Ferner ist einzugehen auf wesentliche Bewertungsgrundlagen sowie den Einfluss von Änderungen in den Bewertungsgrundlagen und von sachverhaltsgestaltenden Maßnahmen auf die Darstellung der Vermögens-, Finanz- und

> **Zur Gesamtaussage des Jahresabschlusses ist darauf einzugehen, ob der Abschluss insgesamt unter Beachtung der GoB ein den tatsächlichen Verhältnissen entsprechendes Bild vermittelt.**

Zum Lagebericht ist festzustellen, ob er ...

○ mit dem Jahresabschluss und den bei der Prüfung gewonnenen Erkenntnissen des Abschlussprüfers in Einklang steht

○ insgesamt ein zutreffendes Bild der Lage des Unternehmens vermittelt

○ die wesentlichen Chancen und Risiken der künftigen Entwicklung zutreffend darstellt

○ die Angaben nach § 289 Abs. 2 HGB sowie ggf. weiterer gesetzlicher Vorschriften vollständig und zutreffend enthält

○ die wesentlichen rechnungslegungsbezogenen Merkmale des Internen Kontrollsystems und des Risikomanagementsystems beschreibt (nur bei kapitalmarktorientierten Kapitalgesellschaften) (Vgl. § 289 Abs. 5 HGB)

○ die Erklärung zur Unternehmensführung enthält (bei in § 289a Abs. 1 HGB genannten AGs)

5

Ertragslage. Abschlussposten sind aufzugliedern und ausreichend zu erläutern, soweit diese Angaben nicht im Anhang enthalten sind. Ziel ist eine problemorientierte Berichterstattung zur Verdeutlichung, ob und inwieweit der Jahresabschluss insgesamt aufgrund der gewählten Bewertungsannahmen und -methoden sowie sachverhaltsgestaltenden Maßnahmen der Vorgabe des § 264 Abs. 2 Satz 1 HGB entspricht.

Den Adressaten des Prüfungsberichts soll eine eigene Beurteilung der Maßnahmen ermöglicht werden. Nicht gefordert wird demgegenüber eine wertende Darstellung der VFE-Lage durch den Abschlussprüfer.

Nach § 317 Abs. 4 HGB besteht eine Prüfungspflicht des allgemeinen Risikofrüherkennungssystems nur für börsennotierte AGs mit einer amtlichen Notierung; Emissionen im Freiverkehr sind hierbei nicht beinhaltet. Die Prüfungspflicht bezieht sich auch nur auf die Frage, ob der Vorstand seine Pflichten erfüllt hat und das System zur Risikofrüherkennung geeignet ist. Es handelt sich dabei um eine Systemprüfung, keine Geschäftsführungsprüfung. Wenn keine Dokumentation vorliegt, muss der Abschlussprüfer selbständig eine im Einzelfall aufwändige Systemaufnahme durchführen. Schließlich muss er beurteilen, ob die Maßnahmen angemessen und geeignet sind (Aufbauprüfung), er hat ferner zu beurteilen, ob die Maßnahmen auch umgesetzt werden (Ablauf- oder Funktionsprüfung). Dabei wird keine Prüfung der Wirksamkeit, wohl aber der Implementierung der Maßnahmen

> **Das Fehlen eines Risikofrüherkennungssystems hat auf das Prüfungsergebnis (Testat, Prüfungsurteil) keine unmittelbare Wirkung.**

verlangt. Das Risikofrüherkennungssystem bezieht sich auf den Konzern, seine Prüfung erfordert also auch Prüfungshandlungen bei den Tochtergesellschaften.

Das Fehlen eines Risikofrüherkennungssystems hat auf das Prüfungsergebnis (Testat, Prüfungsurteil) keine unmittelbare Wirkung. Allerdings kann der Abschlussprüfer u. U. keine hinreichende Sicherheit gewinnen, dass die Risiken der künftigen Entwicklung bekannt und damit im Lagebericht vollständig erfasst sind. Dies kann zu einer Anmerkung im Prüfungsbericht nach § 321 Abs. 2 Satz 2 HGB führen.

Über die Ergebnisse der Prüfung des Risikofrüherkennungssystems im Rahmen der Jahresabschlussprüfung börsennotierter Aktiengesellschaften ist ausschließlich im Prüfungsbericht zu berichten (vgl. §§ 217 Abs. 4, 321 Abs. 4 HGB). Konsequenzen für den Bestätigungsvermerk ergeben sich nur, wenn festgestellte Mängel im Risikofrüherkennungssystem als Einwendungen oder Prüfungshemmnisse im Bereich der Rechnungslegung zu qualifizieren sind (z. B. Mängel der Lageberichterstattung).

Der Umfang der Berichterstattung bezieht sich auf eine Beurteilung, ob ein Risikofrüherkennungssystem eingerichtet ist, die getroffenen Maßnahmen zweckmäßig sind und während des gesamten zu prüfenden Zeitraums eingehalten wurden und ob das einzurichtende Überwachungssystem seine Aufgaben erfüllt. Es bedarf also einer Aufbau- und einer Funktionsprüfung. Der Abschlussprüfer hat darauf einzugehen, ob Maßnahmen

Der Abschlussprüfer informiert den Aufsichtsrat über wesentliche Prüfungsergebnisse und ferner über …

wesentliche Schwächen des Internen Kontroll- und des Internen Risikomanagement-systems bezogen auf den Rechnungslegungsprozess.	Umstände, die eine Befangenheit seiner Person oder seiner Prüfungsgesellschaft vermuten lassen bzw. begründen könnten.	Zusatzleistungen, die er neben seiner Aufgabe als Abschlussprüfer erbracht hat (vgl. § 171 Abs. 1 Satz 2 und 3 AktG).

5

zur Verbesserung des Risikofrüherkennungssystems erforderlich sind. Bei wesentlichen Verstößen sind zusätzliche Hinweise nach § 321 Abs. 1 Satz 3 HGB (Redepflicht) angezeigt.

Bei Unternehmen, auf die §§ 317 Abs. 4 und 321 Abs. 4 HGB keine Anwendung finden, also z.B. nicht börsennotierte Aktiengesellschaften, bezieht sich die Berichterstattung des Abschlussprüfers auf bei der Prüfung festgestellte wesentliche Verstöße gegen § 91 Abs. 2 AktG nach § 321 Abs. 1 Satz 3 HGB (Redepflicht) durch die gesetzlichen Vertreter.

Dafür besteht allerdings keine originäre Prüfungspflicht, jedoch hat § 91 Abs. 2 Satz 1 AktG eine Ausstrahlungswirkung auf Unternehmen in anderen Rechtsformen mit der Folge entsprechender Angaben nach § 321 Abs. 1 Satz 3 HGB (Redepflicht).

Die Berichterstattung im Aufsichtsrat bzw. Prüfungsausschuss muss über wesentliche Schwächen des Internen Kontroll- und des Internen Risikomanagementsystems bezogen auf den Rechnungslegungsprozess erfolgen.

Allerdings besteht auch hier keine originäre Prüfungspflicht. Der Abschlussprüfer ist zur Teilnahme an der Bilanzsitzung des Aufsichtsrats bzw. des Prüfungsausschusses verpflichtet. Er hat über die wesentlichen Ergebnisse seiner Prüfung des Jahresabschlusses und des Konzernabschlusses zu berichten.

Die Berichterstattung im Aufsichtsrat bzw. Prüfungsausschuss muss über wesentliche Schwächen des Internen Kontroll- und des Internen Risikomanagementsystems bezogen auf den Rechnungslegungsprozess erfolgen. Es betrifft also das Thema, für welches bei kapitalmarktorientierten Unternehmen

neu eine Berichtspflicht im Lagebericht nach § 289 Abs. 4 HGB besteht.

Somit besteht sowohl ein Bezug zur Risikoberichterstattung nach § 289 Abs. 2 Nr. 2 HGB, als auch zu DRS 20, wonach eine Darstellung des Risikomanagements im angemessenen Umfang notwendig ist. Sowohl dem Grunde als auch dem Umfang nach gewinnt die Berichterstattungspflicht des Abschlussprüfers über Schwächen des Internen Kontroll- und Risikomanagementsystems bezogen auf den Rechnungslegungsprozess gegenüber dem Aufsichtsrat bzw. Prüfungsausschuss an Bedeutung. Dies schließt auch die Berichterstattung über festgestellte Compliance-Verstöße ein. Für den Aufsichtsrat stellen sich daher folgende Fragen:

• Welches Risiko ergibt sich aus einer festgestellten Systemschwäche?
• Hat eine festgestellte Systemschwäche Auswirkungen auf die Wirksamkeit des gesamten Systems der Finanzberichterstattung?

Die Berichterstattung über die Prüfung nach § 317 Abs. 4 HGB hat in einem eigenen Abschnitt des Prüfungsberichts zu erfolgen und soll darauf eingehen,

• ob der Vorstand ein Überwachungssystem implementiert hat,
• ob das Überwachungssystem seine Aufgabe erfüllen kann,
• welche Maßnahmen erforderlich sind, um das System zu verbessern.

Berichterstattung

Pflicht bei kapitalmarktorientierten Unternehmen, über wesentliche Schwächen des internen Risiko- und Kontrollsystems in Bezug auf die Rechnungslegung zu berichten

Berichtspflicht im Lagebericht nach § 289 IV HGB mit Bezug zur Risikoberichterstattung (§ 289 II 2 HGB) und zur angemessenen Darstellung des Risikomanagements (DRS 5.28)

Berichterstattung gem. § 317 IV HGB findet in eigenem Abschnitt des Prüfberichts statt und geht auf folgende Aspekte ein:
• Hat der Vorstand ein Überwachungssystem implementiert?
• Kann dieses Überwachungssystem die Aufgabe angemessen erfüllen?
• Sind Maßnahmen erforderlich, um das System zu verbessern?

Die Berichterstattung schließt auch Compliance-Verstöße ein

Der Prüfer geht im Bestätigungsvermerk gesondert auf Risiken ein, die den Fortbestand gefährden, sowie darauf, ob Chancen und Risiken für die künftige Entwicklung angemessen dargestellt sind

Im Bestätigungsvermerk hat der Abschlussprüfer auf Risiken, die den Fortbestand des Unternehmens oder eines Konzernunternehmens gefährden, gesondert einzugehen. Ferner hat der Abschlussprüfer im Bestätigungsvermerk darauf einzugehen, ob die Chancen und Risiken der zukünftigen Entwicklung zutreffend dargestellt sind.

Dem Aufsichtsrat bzw. Prüfungsausschuss obliegt eine originäre Prüfungspflicht nach § 111 Abs. 1 und 2 AktG. Der Abschlussprüfer wird im Auftrag des Aufsichtsrats tätig und berichtet dem Überwachungsorgan (Aufsichtsrat bzw. Prüfungsausschuss) über das Ergebnis seiner Prüfung.

Hierbei kommen
- der Prüfungsbericht (§ 321 HGB),
- der Bestätigungsvermerk (§ 322 HGB) sowie
- die mündlichen Berichte des Abschlussprüfers in der Bilanzsitzung des Aufsichtsrats bzw. Prüfungsausschusses (§ 171 Abs. 1 AktG) in Betracht.

Um trotz Delegation der Prüfungsaufgabe an den Abschlussprüfer seinem Prüfungsauftrag gerecht zu werden, hat jedes Mitglied des Prüfungsausschusses und des Aufsichtsrats den Prüfungsbericht des Abschlussprüfers zu studieren. Der Prüfungsbericht geht vom Abschlussprüfer an den Aufsichtsrat, um diesem ein kritisches Lesen zu ermöglichen, bevor er in der Bilanzsitzung durch seine Billigung des Abschlusses bewirkt, dass dieser festgestellt ist (§ 172 Satz 1 AktG). Dazu hat sich jedes Mitglied des Aufsichtsrats und des Prüfungsausschusses

vor der Bilanzsitzung eingehend mit dem Bericht zu befassen. Insbesondere ist zu prüfen, ob Einwendungen bestehen. Jedes Gremienmitglied hat sich ein eigenes Urteil über den Jahresabschluss und den Prüfungsbericht zu bilden. Der Prüfungsbericht hat insoweit eine Informations- und Unterstützungsfunktion. Dabei kommt der gesetzlichen Pflicht des Prüfers, alle nicht Testat relevanten Beanstandungen in den Bericht aufzunehmen, soweit sie für die Unternehmensüberwachung von Bedeutung sein können (§ 321 Abs. 2 Satz 2 HGB), eine besondere Bedeutung zu.

Aufbau und Gliederung des Prüfungsberichts haben einheitlich und problemorientiert zu erscheinen und am True-and-Fair-View-Gedanken ausgerichtet zu sein (§ 321 Abs. 2 Satz 3 HGB). Bewertungsgrundlagen und deren Änderungen sind darzustellen einschließlich der Ausübung von bilanzpolitischen Maßnahmen wie (Wahlrechte, Ermessensspielräume und Sachverhaltsgestaltungen) mit ihrem Einfluss auf die Darstellung der Vermögens-, Finanz- und Ertragslage (§ 321 Abs. 2 Satz 4 HGB). Die wesentlichen Posten aus Bilanz und GuV-Rechnung sind aufzugliedern und ausreichend zu erläutern (§ 321 Abs. 2 Satz 5 HGB).

Der Prüfungsbericht muss eine Stellungnahme zum Urteil des Vorstandes über die Lage des Unternehmens, dessen Fortbestand und künftige Entwicklung enthalten.

Der Prüfungsbericht muss eine Stellungnahme zum Urteil des Vorstandes über die Lage des Unternehmens, dessen Fort-

Feststellungen und Erläuterungen zu ...

den Inhalten der Jahresabschlussbestandteilen

Verlusten, die das Jahresergebnis nicht unwesentlich beeinflusst haben

dem Risikofrüherkennungssystem (§ 321 Abs. 4 HGB)

Unrichtigkeiten und Verstößen gegen gesetzliche Vorschriften zur Rechnungslegung

den entdeckten Unregelmäßigkeiten

einer drohenden Insolvenz

den nachteiligen Veränderungen der VFE-Lage gegenüber dem Vorjahr

Tatsachen, die den Bestand des geprüften Unternehmens gefährden und seine Entwicklung wesentlich beeinträchtigen können

Beobachtungen anlässlich der Prüfung, die schwerwiegende Verstöße der gesetzlichen Vertreter oder von Arbeitnehmern gegen Gesetz und Satzung erkennen lassen, d.h. wenn sie ernsthafte Folgen haben können, nicht erst bei Eintritt der Folgen

Beanstandungen, die nicht zur Einschränkung oder Versagung des Bestätigungsvermerks geführt haben, soweit dies für die Überwachung der Geschäftsführung und des geprüften Unternehmens von Bedeutung ist

5

bestand und künftige Entwicklung enthalten. Dabei bedarf es keiner eigenen Prognose des Prüfers, vielmehr einer Bewertung und eines kritischen Hinterfragens der Prognose des Vorstandes. Diese Einschätzung des Abschlussprüfers ist vom Aufsichtsrat bzw. Prüfungsausschuss kritisch zur Kenntnis zu nehmen und zusammen mit den eigenen Erkenntnissen des Überwachungsorgans zu einer Gesamteinschätzung zu verbinden.

Beim Studium des Prüfungsberichts des Abschlussprüfers sind für Mitglieder des Aufsichtsrats und Prüfungsausschusses die Feststellungen und Erläuterungen zu den im Schaubild genannten Themen zu beachten.

Ferner ist beim Studium des Prüfungsberichts zu achten auf Gegenstand, Art und Umfang der Prüfung, insbesondere auf die Ausführungen zur Prüfungsdurchführung, die Prüfungsschwerpunkte einschließlich evtl. vereinbarter Erweiterungen des Prüfungsauftrags sowie die vom Abschlussprüfer vorgenommenen Prüfungshandlungen und Prüfungsergebnisse mit dem Ziel, die Arbeit des Abschlussprüfers durch den Aufsichtsrat zu bewerten.

Der Bericht über die Prüfung des Anhangs sollte für die Mitglieder des Aufsichtsrats bzw. Prüfungsausschuss neben inhaltlichen Aspekten Antwort auf die Fragen geben,

- ob der Anhang die allgemeinen Grundsätze der Berichterstattung erfüllt,
- der Anhang sämtliche erforderlichen Angaben enthält und
- ob die gemachten Angaben vollständig und richtig sind.

Der Prüfungsbericht muss Auskunft darüber geben, ob die Ausführungen im Lagebericht wahr, klar, übersichtlich und vollständig sind. Schließlich hat der Gewinnverwendungsvorschlag den gesetzlichen und satzungsmäßigen Vorschriften zu entsprechen.

Die Überwachung des Rechnungslegungsprozesses ist eine originäre Aufgabe des Prüfungsausschusses nach § 107 Abs. 3 AktG. Die Pflicht zur Einrichtung eines systematischen Rechnungslegungsprozesses trifft den Vorstand.

Die Überwachungspflicht des Aufsichtsrats bezieht sich darauf, ob der Prozess vom Vorstand pflichtgemäß eingerichtet wurde und ob die Wirksamkeitskontrollen funktionieren. Sollte dies nicht der Fall sein, muss der Aufsichtsrat bzw. Prüfungsausschuss Anpassungen einfordern.

Der Aufsichtsrat bzw. Prüfungsausschuss in seiner Gesamtheit muss die Kompetenz haben, die Ist-Situation zu beurteilen und die zu beratende Soll-Situation aufzunehmen und zu erkennen. Dies erfordert grundlegende Kenntnisse in den Bereichen Rechnungswesen, Controlling und Risikomanagement.

Die Überwachung des Rechnungslegungsprozesses ist eine originäre Aufgabe des Prüfungsausschusses nach § 107 Abs. 3 AktG.

Die Überwachung des Rechnungslegungsprozesses setzt Kenntnisse über die Bestandteile und Abläufe des Rechnungslegungsprozesses sowie die vom Vorstand ergriffenen und beabsichtigten Qualitätssicherungsmaßnahmen im Rahmen des Rechnungslegungsprozesses und der Finanzberichterstattung

Überblick zu einem vereinfachten Rechnungslegungsprozess

Erstellung des Jahresabschlusses

Datenzulie-
ferung aus
• ReWe
• Controlling
• etc.

Erstellung der
Einzelabschlüsse

Konsolidierung
zum Konzern-
abschluss

Erstellung des
Geschäftsberichts
inkl. Bilanz/GuV
Anhang Lage-
bericht etc.

Gespräche mit
Wirtschaftsprüfer,
Hauptversamm-
lung, Bilanz-
pressekonferenz

5

voraus, insbesondere betreffend die Wirksamkeit des Internen Kontrollsystems und des Risikomanagementsystems sowie die Wirksamkeit der Internen Revision und der Abschlussprüfung. Gemäß § 25d KWG wird die erforderliche Sachkunde bezüglich Finanz- und Risikothemen bei allen Aufsichtsräten gefordert. Jeder Mandatsträger muss Kollektiventscheidungen individuell bewerten können (z. B. Bewertungen, wesentliche Bilanzierungssachverhalte Risikomodelle etc.). Dies gilt auch für politische Vertreter und Arbeitnehmervertreter.

Prüfungsberichte müssen Hinweise auf die Qualität der Kontokorrentbuchhaltung enthalten.

Unter dem Rechnungslegungsprozess versteht man alle Institutionen und Funktionen, die befasst sind mit

- der Erfassung laufender Geschäftsvorfälle,
- der Bestimmung von Parametern für die vorbereitenden Abschlussbuchungen,
- der Erstellung von Handelsbilanzen II,
- der normkonformen Bemessung der Ausschüttungen,
- der Währungsumrechnung,
- der Ausübung abschlussbezogener Wahlrechte und Beurteilungsspielräume mit dem Ziel der Aufstellung einer Handelsbilanz II,
- der Konsolidierung sowie
- der Erstellung eines normkonformen Konzernabschlusses,
- dem Rechnungsteil,
- dem Anhang und Lagebericht.

Prüfungsberichte müssen Hinweise auf die Qualität der Kontokorrentbuchhaltung enthalten, insbesondere ob

- formale und inhaltliche Ordnungsmäßigkeitsnormen,
- Grundsätze ordnungsmäßiger Buchführung,
- Grundsätze ordnungsmäßiger Speicherbuchführung GoS,
- Grundsätze ordnungsmäßiger DV-gestützter Buchführungssysteme GoBS und
- Grundsätze ordnungsmäßiger Buchführung bei Einsatz von Electronic Commerce eingehalten wurden.

Die ordnungsgemäße Durchführung vorbereitender Abschlussbuchungen muss dem qualitätsgesicherten Bilanzierungshandbuch zu entnehmen sein und Hinweise auf die Soll-Vorgaben und Ist-Vorschriften enthalten z. B. zur

- Rückstellungsbewertung,
- planmäßigen Abschreibung (Nutzungsdauerschätzung, Abschreibungsmethoden),
- außerplanmäßigen Abschreibungen,
- dem Hedge Accounting und
- der Bilanzierung und Bewertung latenter Steuern.

Die Erstellung einer Handelsbilanz I setzt die Ausübung von Ansatz-, Bewertungs- und Gliederungswahlrechten auf lokaler Ebene, z. B. Gesamt- oder Umsatzkostenverfahren entsprechend den lokalen Bilanzierungsrichtlinien voraus. Ausschüttungsentscheidungen haben Ausschüttungssperrnormen, z. B. § 58 Abs. 2 AktG, §§ 268 Abs. 8, 253 Abs. 6 HGB zu beachten.

Der Abschlussprüfer informiert den Aufsichtsrat über wesentliche Prüfungsergebnisse und ferner über …

eine Aufbauprüfung zur Sicherstellung, dass die formalen Kompetenzen und Verantwortlichkeiten im Rahmen der Abschlusserstellung den Qualitätskriterien entsprechend festgelegt sind, z.B. …

eine Funktionsprüfung zur Sicherstellung, dass die formalen Organisationsvorschriften auch tatsächlich eingehalten werden, z.B. …

dass operative Geschäftsprozesse (z.B. Derivate-Handel), deren Dokumentation sowie das diesbezügliche Reporting in personell unterschiedlichen Verantwortlichkeiten liegen.

die Art der Anwendung bestimmter organisatorischer Regelungen.

die Kontinuität in der Anwendung der organisatorischen Regelungen im Zeitablauf.

dass systemseitig generierte Fehlermeldungen an eine prozessunabhängige Instanz geleitet und von dieser vollständig und mit einem »erledigt«-Vermerk bearbeitet werden.

die Frage, wer für die Durchführung bestimmter Maßnahmen verantwortlich war.

wer diese Maßnahmen tatsächlich durchgeführt hat.

5

Die Erstellung von Handelsbilanzen II führt zu Einzelabschlüssen nach konzerneinheitlichen Richtlinien (Konsolidierungshandbuch), welche Regelungen enthalten müssen z. B. über

- das angewandte Rechnungslegungssystem des Konzernabschlusses (HGB oder IFRS),
- die konzerneinheitliche Ausübung von Ansatz-, Bewertungs-, Gliederungswahlrechten und -beurteilungsspielräumen, wie z. B. die Ausübung des Aktivierungswahlrechts für selbst erstellte immaterielle Vermögensgegenstände oder aktive Steuerlatenzüberhänge.

Schließlich umfasst die Überwachung des Rechnungslegungsprozesses die Kenntnis und Bewertung bzw. Einschätzung der vom Vorstand ergriffenen bzw. beabsichtigten Maßnahmen zur Qualitätssicherung der externen Finanzberichterstattung. Beispiele können sein zu überprüfen und sicher zu stellen, dass die tägliche Kassenkontrolle in bargeldnahen Bereichen wie im Organisationshandbuch vorgeschrieben von einem Kompetenzträger und nicht von einem Praktikanten durchgeführt wird und dass die Reporting-Packages zeitgerecht und mit Verantwortlichkeitskennzeichen des Erstellers an das Konzernreporting weitergeleitet werden.

> **Die Überwachung des Rechnungslegungsprozesses beinhaltet auch ein diesbezügliches Reporting.**

Die Qualitätssicherung des Rechnungslegungsprozesses umfasst

- die Überwachung der Abläufe innerhalb des Accountingbereichs zwischen
  - zentralen und dezentralen Tätigkeitsbereichen
  - hierarchisch gleichgelagerten Tätigkeitsbereichen
  - operativen und strategischen Entscheidungsinstanzen
- die Überwachung der Abläufe zwischen dem Accountingbereich und fachlich benachbarten Funktionsbereichen
  - Controlling, z. B. zur Abgrenzung von Forschungs- und Entwicklungskosten, Beurteilung von Wertminderungsindikatoren oder zur Erstellung von Cashflow-Prognosen zur Bestimmung des Nutzungswertes im Rahmen des Impairmenttests (IAS 36)
  - Steuerabteilung, z. B. zur Ermittlung von Steuerwerten zur Berechnung von latenten Steuern
  - Finanzabteilung, z. B. zur Derivatebewertung und Dokumentation von Hedge-Beziehungen
  - Personalabteilung, z. B. zur Ermittlung von Gehaltssteigerungen zur Berechnung von Pensionsrückstellungen
  - Vertragsmanagement, z. B. zur Identifizierung von nicht zu marktüblichen Bedingungen zustande gekommenen wesentlichen Geschäften mit nahe stehenden Personen.

Die Überwachung des Rechnungslegungsprozesses beinhaltet auch ein diesbezügliches Reporting, z. B. über

- die Berichtspflicht des Abschlussprüfers in der Bilanzsitzung des Aufsichtsrats über wesentliche Schwächen des

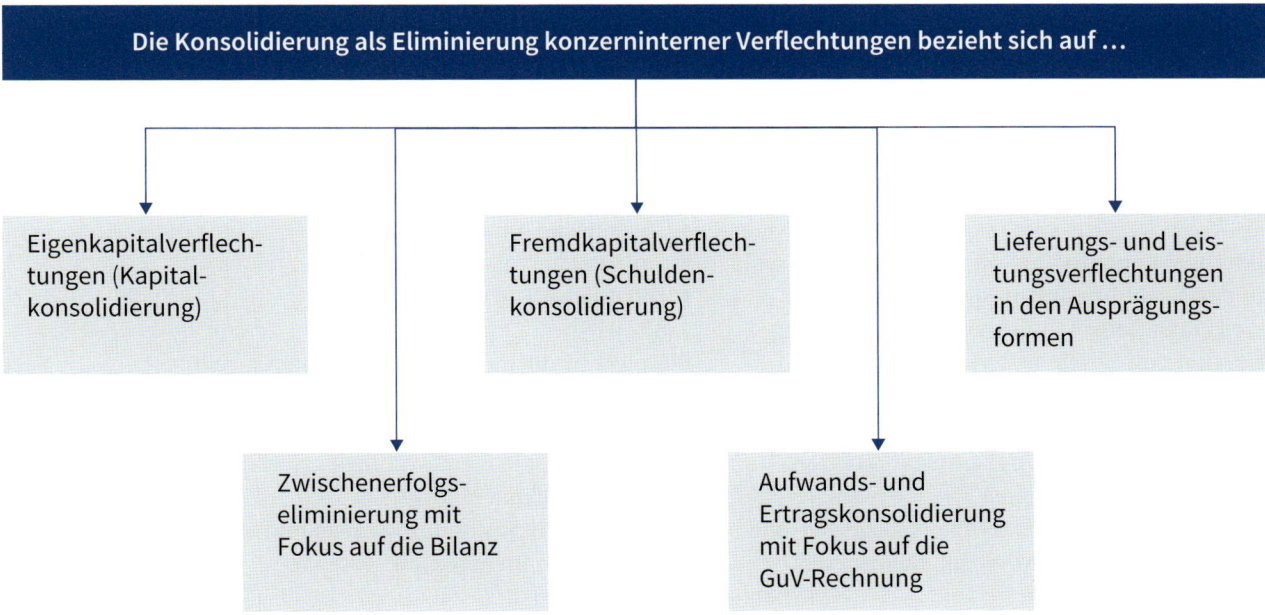

Die Konsolidierung als Eliminierung konzerninterner Verflechtungen bezieht sich auf ...

Eigenkapitalverflechtungen (Kapitalkonsolidierung)

Zwischenerfolgseliminierung mit Fokus auf die Bilanz

Fremdkapitalverflechtungen (Schuldenkonsolidierung)

Aufwands- und Ertragskonsolidierung mit Fokus auf die GuV-Rechnung

Lieferungs- und Leistungsverflechtungen in den Ausprägungsformen

5

internen Kontroll- und Risikomanagementsystems bezogen auf die Rechnungslegungsprozesse, oder
- die Lageberichtspflicht für kapitalmarktorientierte Kapitalgesellschaften sowie Konzerne, wenn ein in den Konzernabschluss einbezogenes Unternehmen kapitalmarktorientiert ist.

Merkmale des Internen Kontroll- und Risikomanagementsystems bezogen auf den Rechnungslegungsprozess sind z. B.:
- Vorgehen zur ordnungsgemäßen Erfassung, Verarbeitung und Dokumentation von Geschäftsvorfällen
- Maßnahmen zur Gewährleistung der Vollständigkeit und Richtigkeit der Buchführungsunterlagen
- Hinweise zur Verwendung von Bilanzierungs-, Kontierungs- und Konsolidierungsrichtlinien
- Informationen zur Einbeziehung externer Dienstleister und Shared Service Centers in den Prozess der Jahres- oder Konzernabschlusserstellung
- Vorgehen bei der Verwertung von Experten-Stellungnahmen
- das IT-System betreffende Zugriffsregelungen
- rechnungslegungsbezogene Tätigkeiten der Innenrevision

Die diesbezüglichen Ausführungen können im Einzelnen betreffen:
- angewandte Bilanzierungsrichtlinien
- Organisation und Kontrolle der Buchhaltung und den Ablauf der Abschlusserstellung (z. B. in Shared Service Centern)

- Grundzüge der Funktionstrennung zwischen Abteilungen
- Aufgabenzuordnung bei der Abschlusserstellung
- Zugriffsregelungen im EDV-System
- Kontrollprozesse in Bezug auf die Rechnungslegung

Die Überwachungsfunktionen lassen sich gliedern in:
- technische Aspekte
- inhaltliche Themen
- rechtliche Anforderungen

Beispiele für technische Aspekte können sein:
- angewandte Konsolidierungstechnik
- Ausübung von Bilanzierungswahlrechten
- Beurteilung der Auswirkungen wesentlicher Geschäftsvorfälle auf Bilanz und GuV
- Prüfung des Rechnungswesens und angrenzender Bereiche durch die Innenrevision

Rechtliche bzw. regulatorische Aspekte der Überwachung des Rechnungslegungsprozesses umfassen das Erkennen und die Einschätzungen, ob
- die Regelungen einzelne Ertragsquellen oder das Geschäftsmodell gefährden,
- Planzahlen den geänderten Richtlinien angepasst werden,
- welche Vorsorge zur nachhaltigen Bestandssicherung getroffen wurde.

Inhaltliche Themen zur Überwachung des Rechnungslegungsprozesses

Abweichungsanalyse

Frühzeitige Einbeziehung des Aufsichtsrats/ Prüfungsausschusses bei signifikanten Abweichungen

Abstimmung des aktuellen Jahresabschlusses mit der Mittelfristplanung

Plausibilisierung der Planungsannahmen

Beurteilung der Treiber in Bilanz und GuV

Überprüfung, ob die Erwartungen im Einklang mit der Strategie sind

Szenariotechnik für wesentliche Entscheidungen

Off-balance Geschäfte und entsprechende Risikovorsorge

Einflussnahme des Aufsichtsrats auf bilanzpolitische Maßnahmen

5

Kapitel 6:

Compliance

Inhaltsverzeichnis

Einführung

Der Begriff »Compliance« wird immer häufiger, zuweilen inflationär, verwendet. Oft ist jedoch seine Bedeutung nicht klar und so wird er oftmals mit »Haftungsvermeidung« oder »Regeleinhaltung« übersetzt. Vor allem die Abgrenzung zu den ebenfalls relevanten und benachbarten Themen Corporate Governance (vgl. Kapitel 3) und Internes Kontrollsystem (vgl. Kapitel 5) verschwimmt in der Praxis sehr häufig. Nebenseitig ist die Beziehung der drei Themen bzw. Begriffe dargestellt.

Das Thema Compliance und daraus folgend Compliance-Management ist derzeit sehr aktuell und brisant, insbesondere aufgrund vieler Fälle von Korruption und kartellrechtswidriger Absprachen in den letzten Jahren, zuweilen auch unter direkter Mitwirkung oder Duldung des Top-Managements. Nur folgerichtig ist daher, dass die Vorstandsentscheidungen im Hinblick auf ihre Rechtmäßigkeit vom Aufsichtsrat geprüft und beurteilt werden und sich der Aufsichtsrat somit aktiv mit Compliance und den (möglichen) Compliance-Risiken beschäftigt.

Compliance bedeutet, dass Unternehmen sich an die maßgeblichen Gesetze und internen Richtlinien halten müssen.

Bei der Compliance ist zu bedenken, dass sie sehr umfassend im Unternehmen verankert ist, da sie auf die Sicherstellung der Legalität der Geschäftstätigkeit und der Geschäftsprozesse abzielt. Daher ist die Zuordnung zu einem vermeintlich juristischen Thema zu kurzgefasst, denn es geht auch um die Verbesserung der Effizienz und der wirtschaftlichen Überlebensfähigkeit des Unternehmens.

Compliance bedeutet, dass Unternehmen sich an die maßgeblichen Gesetze und internen Richtlinien halten müssen.

Eine Regelverletzung, unabhängig davon, welchem Rechtsgebiet sie zuzuordnen ist, wird als Compliance-Verstoß bezeichnet. Dass die juristische Sicht eine zu enge Betrachtung ist, kann wie folgt aufgezeigt werden:

- Prozesse sind effizient, wenn sie zu einem betriebswirtschaftlich optimalen Ergebnis führen.
- Optimal ist ein Ergebnis jedoch nur dann, wenn es nicht durch Sanktionen wegen Compliance-Verstößen zunichte gemacht wird.
- Aufgrund der mittlerweile erheblichen Strafen können Compliance-Verstöße sehr leicht nicht nur den Gewinn des konkreten Geschäfts gefährden, sondern auch den Jahresüberschuss des Unternehmens schmälern oder gar vernichten
- … und das Unternehmen insgesamt kann in seinem Bestand gefährdet werden.

Ein Beispiel für existenzbedrohende und aktuelle Risiken sind illegale Preisabsprachen, an denen sich bei weitem nicht nur Großkonzerne beteiligen. Angesichts von Geldbußen in Höhe von bis zu 10% des Jahresumsatzes wird deutlich, wie schnell Verstöße zur Bestandgefährdung führen können und wie wichtig die Überwachung der Einhaltung der geltenden Regeln ist.

Begriffsklärung und -abgrenzung

Compliance

- Überbegriff eines Systems zur Einhaltung geltender Vorschriften
- Compliance-Management-Systeme (CMS) dienen der Ei haltung von Regeln, sowie Aufdeckung und Sanktionierung von Verstößen

Corporate Governance

- Grundsätze der guten Unternehmensführung
- Verankert in eigenem Kodex (DCGK)
- Leitlinie und -gedanke für Compliance und IKS
- Umsetzung in der Regel über Kombination aus Vertrauen, Kontrollen, Anreizen und Sanktionen

Kontrollsysteme (IKS)

- Konkrete organisatorische Maßnahmen, technische Kont-rollen, operative Handlungen im Alltag zur Sicherstellung der Einhaltung der Regelungen

6

Verantwortung

Der Aufsichtsrat hat im Rahmen seiner Überwachungspflicht gem. § 111 Abs. 1 AktG die Geschäftsführung mit Blick auf ihre Recht-, Ordnungs- und Zweckmäßigkeit zu kontrollieren. Diese Aufsichtspflicht wird durch die Regelungen des Deutschen Corporate Governance Kodex (DCGK) ergänzt und verfeinert.

Exemplarisch heißt es in Tz. 4.1.3: »Der Vorstand hat für die Einhaltung der gesetzlichen Bestimmungen und der unternehmensinternen Richtlinien zu sorgen und wirkt auf deren Beachtung durch die Konzernunternehmen hin (Compliance).«

Der Überwachungspflicht des Aufsichtsrats unterliegt, ob und in welcher Weise der Vorstand dieser Pflicht nachkommt. Zu erwähnen ist jedoch, dass weder das Gesetz noch der Deutsche Corporate Governance Kodex näher definieren, was eine gute Compliance ist und wie diese umzusetzen ist. Notwendig, aber auch ausreichend ist es, wenn die Unternehmensleitung Strukturen schafft, damit das Unternehmen »compliant« ist. Auch muss sichergestellt sein, dass das von der Unternehmensleitung implementierte Vorgehen funktioniert und für den Risiken und der Komplexität angemessen ist. Je nach Größe und Komplexität muss und soll es daher nicht zwingend zu einer unangebrachten Aufblähung der Organisation oder nicht pragmatischen Kontrollauswüchsen kommen.

Der Aufsichtsrat hat sicherzustellen, dass das von der Unternehmensleitung implementierte Vorgehen funktioniert und den Risiken und der Komplexität angemessen ist.

Folgende Elemente gelten jedoch z. B. nach Mahlert (2009) als notwendig, um die rechtlichen Anforderungen zu erfüllen:
- Aufstellung einer Compliance-Richtlinie, welche die Einhaltung der gesetzlichen und der unternehmensspezifischen Vorgaben einfordert.
- Einrichtung eines Compliance-Management-Systems (CMS), das die erforderlichen Organisations- und Kontrollstrukturen definiert (dabei insbesondere Compliance Officer, Compliance Committee, Whistleblowing, Schulung, Schnittstellen zu interner Revision, Risikomanagement, Internen Kontrollsystemen), das präventive Wirkung entfaltet und sich aus den laufend gewonnenen Erkenntnissen stetig verbessert.

Um die Eignung des Compliance-Management-Systems (CMS) zu beurteilen, wird der Aufsichtsrat regelmäßig den Compliance Officer oder Verantwortlichen direkt befragen und im Zweifelsfall auch externen Sachverstand hinzuziehen. Üblich ist es auch, dass er diese spezifische Überwachungsaufgabe auch an den Prüfungsausschuss überträgt, der sich nach Tz. 5.3.2 DCGK ohnehin mit Fragen der Compliance befassen soll.

Zusammenfassend kann festgehalten werden: Verpasst der Vorstand die Einrichtung oder aber die Aufrechterhaltung eines funktionierenden und angemessenen Compliance-Management-Systems, so handelt es sich dabei um eine Pflichtverletzung,

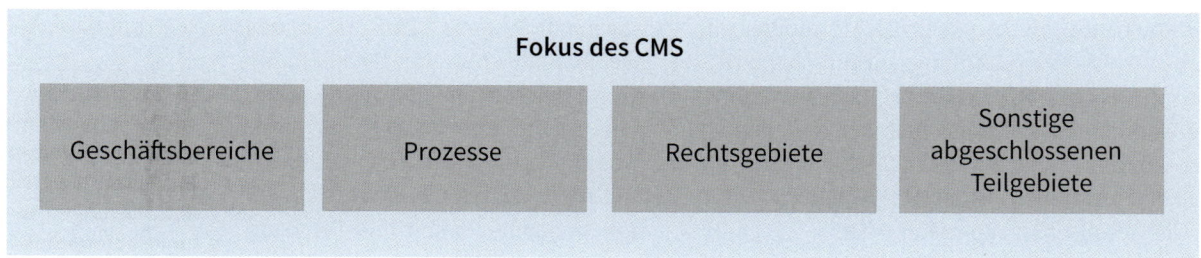

die der Aufsichtsrat nicht übersehen darf. Der Deutsche Corporate Governance Kodex sieht z. B. in Tz. 3.4 für den Vorstand vor, den Aufsichtsrat regelmäßig über alle für das Unternehmen relevanten Fragen der Compliance zu informieren. Übersehen werden sollte jedoch aufgrund der Formulierung nicht, dass es zugleich eine Holschuld des Aufsichtsrats ist, die notwendigen Informationen anzufordern.

Bei der Erörterung der Verantwortung soll eingangs kurz auf die Situation in der GmbH eingegangen werden, da bisher lediglich Ableitungen aus dem Aktiengesetz vorgenommen wurden. An der grundsätzlichen Übertragbarkeit der Aussagen zur Compliance-Pflicht auf eine GmbH ist nicht zu zweifeln, im Gegenteil: Dort fehlt zwar eine § 91 Abs. 2 AktG entsprechende, ausdrückliche gesetzliche Pflicht zur Einrichtung eines Überwachungssystems. Bei der Einführung der aktienrechtlichen Norm (durch das KonTraG) ging der Gesetzgeber jedoch davon aus, dass für die GmbH im Grundsatz nichts anderes gilt und die Neuregelung insoweit Ausstrahlungswirkung habe (BT-Drucks. 13/9712, S. 15). Dies ist für die GmbH auch anerkannt. Da die Überwachungspflichten des Aufsichtsrats auch adäquat übertragen werden können, folgt daraus, dass auch ein Aufsichtsrat einer GmbH im Rahmen seiner Überwachung Sorge zu trage hat, dass die Gesellschaft »compliant« ist.

Viele Gremien tragen der Bedeutung Rechnung und etablieren inzwischen Compliance-Ausschüsse oder Compliance-Beauftragte. Erschwerend ist jedoch, dass die Anforderungen nicht eindeutig benannt sind, zumal der Gesetzgeber bereits dem Vorstand nur sehr vage Orientierungshilfen für die Ausgestaltung entsprechender Strukturen an die Hand gibt.

Nach Schemmel/Minkoff (2013) und Remberg (2015) stellen sich z. B. folgende grundlegende Fragen:

- Wie umfassend muss über Compliance-Anstrengungen berichtet werden?
- Muss der Aufsichtsrat dabei die Implementierung bestimmter, grundlegender Einzelmaßnahmen prüfen?
- Muss beispielsweise sichergestellt sein, dass fortlaufend die Erkenntnisse der aktuellen Rechtsprechung ausgewertet und in die Struktur überführt werden?
- Welche Verantwortung kommt auf diesen Aufsichtsrat im Hinblick auf Compliance zu?
- Gibt es zum Beispiel »Mittelstandsbesonderheiten«?

Die Implementierung eines funktionierenden Compliance-Management-Systems (CMS) ist eindeutig eine originäre Aufgabe des Vorstands bzw. der Geschäftsführung. Der Aufsichtsrat muss daran anknüpfend überwachen, ob dieses System ordnungsgemäß erfolgt ist und dabei insbesondere auf Konzeption, Angemessenheit und Wirksamkeit achten. Er hat umgehend Maßnahmen zu ergreifen, falls Schwächen festgestellt werden.

Für Aufsichtsräte und Geschäftsführer einer GmbH gelten im Grundsatz die gleichen Anforderungen an ein funktionierendes CMS.

Die Verantwortung mag im Kern zwischen dem Aufsichtsrat eines Großunternehmens und dem eines Mittelständlers gleich

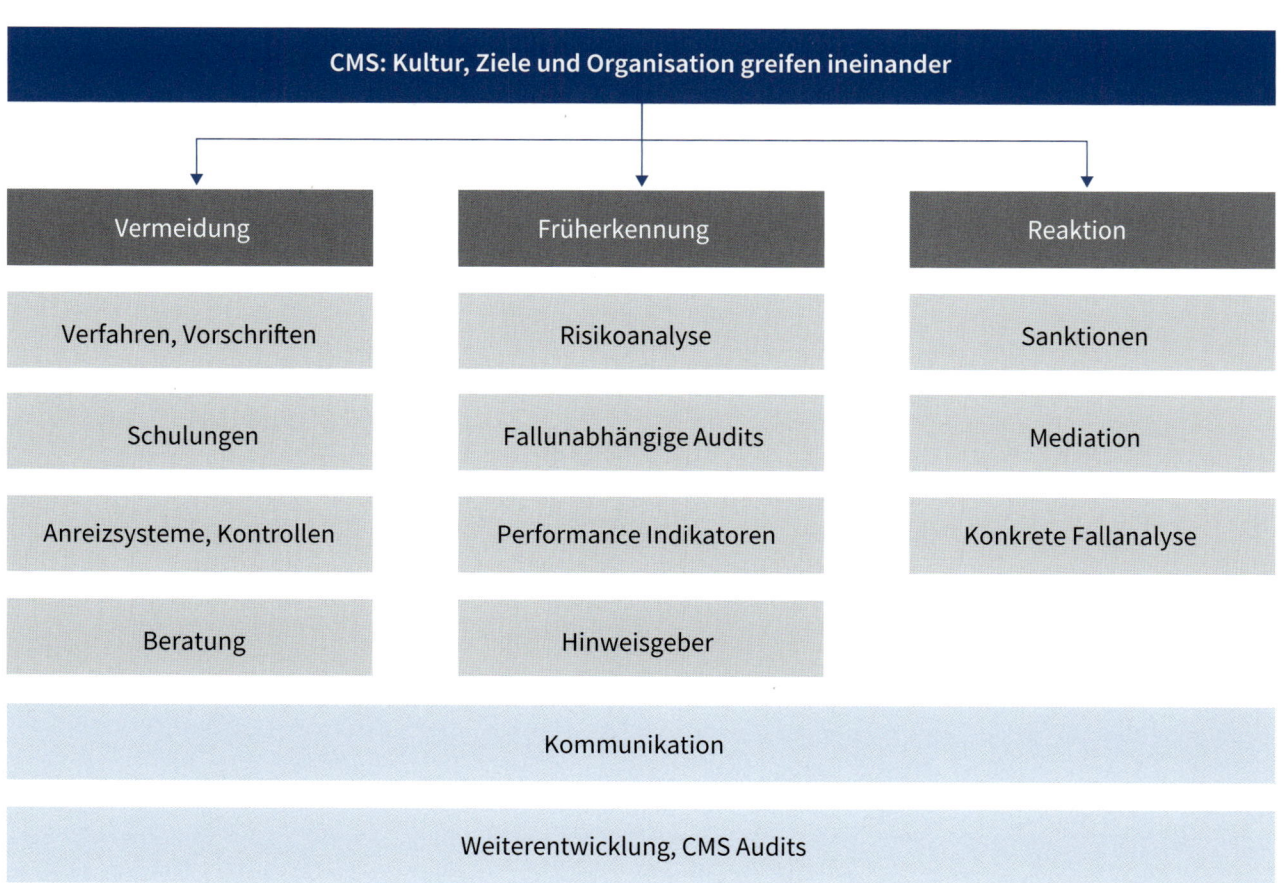

sein, doch liegen zwischen den Compliance-Strukturen häufig Welten. Während sich im ersten Fall aufgrund von Sanktionen, Reputationsschäden etc. häufig ganze Abteilungen mit Compliance, Compliance Reporting etc. befassen, ist in vielen mittelständischen Unternehmen bereits eine strukturierte und regelmäßig durchgeführte Risikoanalyse eine Herausforderung. Insofern sind hier oftmals Einzelfalllösungen und weniger CMS im engeren Sinn anzutreffen.

Typische Compliance-Treiber	
Zunehmende Anzahl von relevanten Gesetzen und Verordnungen	• Steuerrecht • Arbeitsrecht • Umweltrecht • etc.
Konkretere Anforderungen an die Unternehmensführung	• DCGK • Zunehmende Bedeutung von Kontroll- und Risikomanagement-systemen
Konkretere Anforderungen an die Unternehmensführung	• Vertrauensverlust und erhöhte öffentliche Sensibilität bei Korruptionsthemen • Strafrechtliche Konsequenzen für Täter (z.B. Untreue, Geldwäsche etc.)
Verschärfte Folgen	• Haftung bei der Verletzung von Organisations- und Aufsichts-pflichten • Ausschluss von Ausschreibungen
Erwartungen der Stakeholder	• Umgang mit Risiken und Chancen oftmals Entscheidungskriterium bei Finanzierungen • Erhöhte Informationsanforderungen durch Dritte, Kunden, Lieferanten und Fremdkapitalgeber

In Anlehnung an die Deloitte-Studie »Compliance im Mittelstand«, S. 11.

Umsetzung

Fraglich ist jedoch, wie die Überwachung für Aufsichtsräte konkret aussieht bzw. wie dieses umzusetzen ist?

Zunächst sollte sich der Aufsichtsrat mit den Kriterien für ein ordnungsgemäßes bzw. angemessenes CMS beschäftigen. Die Schwierigkeit dabei ist jedoch, dass er sich nicht an allgemeingültigen, in allen Unternehmen praktisch und pragmatisch umsetzbaren Mindeststandards ausrichten kann.

Als hilfreiche Anregungen können jedoch der IDW-Prüfungsstandard 980 »Grundsätze ordnungsmäßiger Prüfung von Compliance-Management-Systemen«, der Ende 2014 veröffentlichte ISO Standard 19600 für Compliance-Management-Systeme sowie der Standard für Compliance-Management-Systeme des TÜV Rheinland dienen. Auf die beiden erstgenannten Quellen wird in diesem Kapitel noch eingegangen.

Die Erfahrung des Aufsichtsrats sollte bei der Ausgestaltung des CMS im Hinblick auf Umfang, Angemessenheit und Komplexität berücksichtigt werden.

Zu beachten ist jedoch, dass die Inhalte z. T. sehr komplex sind und den Unternehmen Strukturen und Ressourcen abfordern, die nicht immer leistbar und sinnvoll sind. Manche Unternehmen könnten daher überfordert sein, wenn sie die genannten Standards umsetzen wollen. Unabhängig von der vollständigen Anwendung genannter Standards, lassen sich aber nach Remberg (2015) folgende Grundelemente eines effektiven CMS herausarbeiten, die auch von kleineren und mittelständischen Unternehmen ob der Bedeutung des Themas umsetzbar sein sollten:

- Sorgfältige Auswahl eines »Kümmerers« – in größeren Unternehmen auch Compliance Officer genannt –, der sich des Themas Compliance im Unternehmen annimmt. Hier ist auf ausreichende Kenntnisse, Befugnisse und eine professionelle Berichtslinie zu achten.
- Regelmäßige Feststellung und Bewertung der mit der Geschäftstätigkeit einhergehenden rechtlichen Risiken (Risikoanalyse).
- Schulung von Mitarbeitern zwecks Verhinderung von Straftaten oder Ordnungswidrigkeiten; geeignete Kommunikation in Form von Richtlinien und Anweisungen.
- Professionelle Verfolgung von anonymen und nicht-anonymen Hinweisen.
- Systematische Aufklärung von Verdachtshinweisen sowie konsequente Ahndung von Fehlverhalten.

Empfehlenswert ist ein geschärfter Blick dafür, dass die Maßnahmen in einem angemessenen Verhältnis zur Größe des Unternehmens, zur Komplexität des Geschäfts und zu den Erkenntnissen der jedem CMS zugrunde liegenden Risikoanalyse stehen sollten.

Sollte der Aufsichtsrat Zweifel an der Existenz, Angemessenheit oder Wirksamkeit des CMS hegen und lassen sich diese auch nach Gesprächen mit der Unternehmensführung nicht ausräumen, ist die Veranlassung einer externen Prüfung des

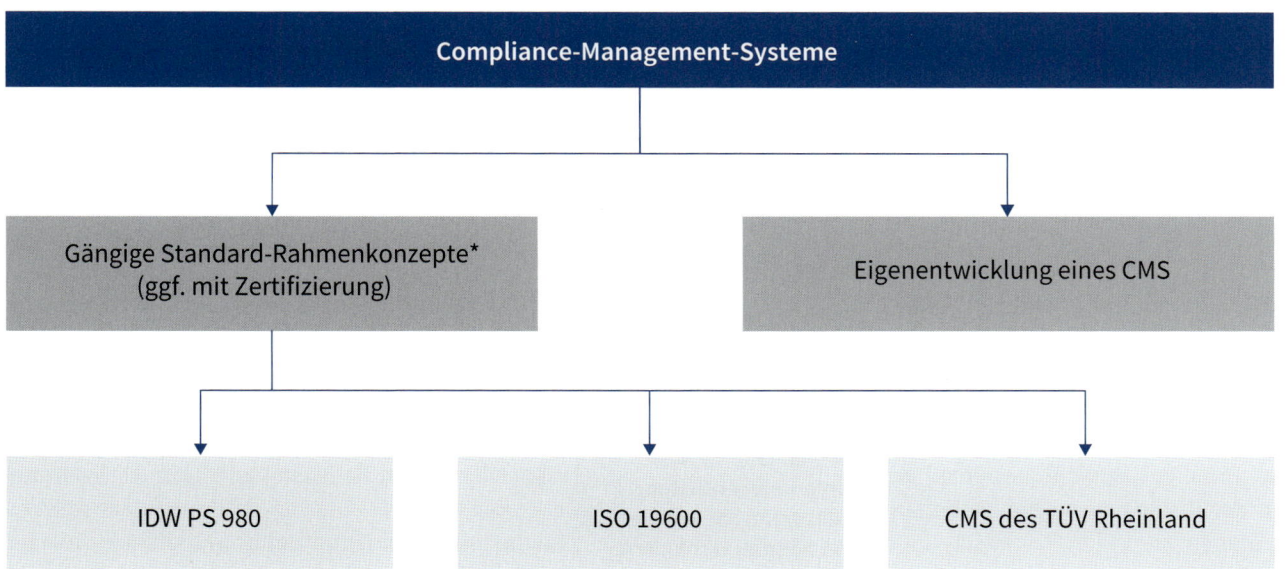

* Aufzählung nicht abschließend.

CMS im Hinblick auf die Gewährleistung der sorgfältigen Ausübung der eigenen Überwachungsfunktion ratsam.

Die Überwachungstätigkeit des Aufsichtsrats sollte sich grundsätzlich an dem Bericht des Vorstands bzw. der Geschäftsführung ausrichten, welcher in der Regel mindestens viermal jährlich im Rahmen der turnusmäßigen Aufsichtsratssitzungen vorgestellt wird.

Dabei bilden die Geschäftslage, strategische Themen und seit einigen Jahren zumindest in großen Unternehmen auch die Compliance häufig den Schwerpunkt. Bei Unternehmen, die kein angemessenes CMS implementiert haben, rückt Compliance nicht selten dann auf die Agenda, wenn es einen »Unfall« gegeben hat und nicht, um z. B. basierend auf den Ergebnissen der Risikoanalyse Präventivmaßnahmen zu diskutieren.

Ein entscheidender Punkt im Rahmen der Berichterstattung ist die Qualität und Vollständigkeit der Reports. Hierbei spielt die Vertrauenskultur zwischen dem Vorstand und dem Aufsichtsrat eine wesentliche Rolle, da Compliance-Verstöße – wie die Praxis zeigt – passieren können und wohl auch nicht immer vollständig vermieden werden können, jedoch grundsätzlich negativ auf den Vorstand zurückfallen. Insofern könnte ein Anreiz bestehen, gewisse Themen eher knapp zu halten oder auszugleisen.

Speziell dafür können externe Würdigungen des CMS sowie Berichte der Revision und Wirtschaftsprüfer sehr hilfreich sein.

> **Selbst umfangreiche CMS können Compliance-Verstöße nicht immer verhindern. Entscheidend ist vielmehr, dass die Unternehmensleitung alles getan hat, um diese Verstöße zu verhindern.**

Hellhörig sollten Aufsichtsräte werden, wenn durch »glatte Berichte« und scheinbar nahezu perfekte CMS die Risiken angeblich voll unter Kontrolle sind. Selbst umfangreiche CMS können Compliance-Verstöße nicht verhindern. Entscheidend ist vielmehr, dass das Management alles getan hat, um diese Verstöße zu verhindern. Das Compliance-Reporting des Vorstands sollte dann kritisch hinterfragt werden, wenn offenkundig ist, dass viele Compliance Themen sich in Grauzonen bewegen und dies schnell in ein Dilemma führen kann. Widersprüche und offene Fragen sind ein gutes Indiz dafür.

Weiterhin sollte kritisch gewürdigt werden, ob Compliance-Schulungen das erste Mittel der Wahl bei der Prävention und Ausbildung sein sollten, oder eher als ein Baustein vielfältiger Maßnahmen einzuordnen sind. Gerade bei Compliance geht es häufig um Haltung und Kultur und oftmals weniger um juristisches Fachwissen, welches per Test o. Ä. durch die Unternehmen getragen wird. Es geht also insbesondere um die Botschaft und darum sicherzustellen, dass diese von der Belegschaft verstanden wurde und die damit verbundenen Erwartungen im Verhalten gelebt werden. Dieses Ziel ist daher nur zum Teil über Richtlinien, Schulungen etc. zu erreichen.

Das Stichwort ist daher »wertorientierte Unternehmensführung« und in diesem Kontext ist Compliance als organisationsinterner Selbstschutz zu verstehen, welcher die Unternehmen davor bewahren soll, Fehlentwicklungen anzustoßen oder zu manifestieren. Die Erfassung, das Monitoring und Reporting

Aufsichtsrecht
- Geldwäsche
- Anzeigepflichten
- Dokumentations-
  pflichten
- etc.

Anti-Fraud
- Bestechlichkeit
- Bilanzfälschung
- Betrugsprävention
- Code of Conduct
- etc.

Strafrecht
- Arbeitsstrafrecht
- Umweltstrafrecht
- Wettbewerbsverbot
- Korruption
- etc.

Beispiel einer
Compliance-Landkarte

Anti-Terror-
Vorgaben
- Handelsverbote
- Embargolisten
- Identifikations-
  pflichten
- etc.

Spezialgesetze
- Kartellrecht
- Steuerrecht
- Zollbestim-
  mungen
- Datenschutz
- etc.

Interne Regeln
- Geschenke-Regelung
- IT-Regelung
- Informationspflichten
- etc.

6

Der Aufsichtsrat hat die Einschätzungen des Vorstands zu überprüfen und falls notwendig zu korrigieren. Insbesondere die Antizipation neuer Risiken stellt eine Herausforderung dar.

der Compliance-Risiken läuft idealerweise in einem strukturierten Prozess ab, der vom Vorstand verantwortet wird und mittels dem er die Kommunikation zum Aufsichtsrat sicherstellt. Zentrale Aspekte wie die Risikoidentifikation, Präventivmaßnahmen oder Steuerung der Risiken dürfen keinesfalls fehlen. Der nachfolgend skizzierte Prozess stellt eine Möglichkeit dar, den Umgang mit Compliance-Risiken zu gestalten (s. auch Kark 2014).

Im ersten Schritt geht es dabei um die Festlegung des Risikobetrachtungsfeldes. Hierbei soll der Vorstand Schwerpunkte für Auseinandersetzung mit Compliance-Risiken festlegen und auch aufzeigen, dass die notwendigen Ressourcen finanzieller, technischer oder personeller Art zur Verfügung stehen und somit die Rahmenbedingungen stimmig sind. Der Aufsichtsrat hat diese Einschätzung des Vorstands zu überprüfen und, falls notwendig, zu korrigieren. Insbesondere die Antizipation neuer Risiken stellt hierbei eine Herausforderung dar.

Der zweite Schritt besteht aus der Identifikation, Analyse und Bewertung der Compliance-Risiken. Die Schwierigkeiten bestehen zumeist in der Beschaffung der notwendigen Informationen und in der Messbarkeit der Risiken. Ein weiterer wichtiger Umstand ist, dass Interdependenzen zwischen den Risiken erkannt werden sollten, um frühzeitig Abhängigkeiten, Kettenreaktionen und Klumpenrisiken erkennen und begegnen zu können. Bei knappen Ressourcen kann der Aufsichtsrat eine

wertvolle Hilfe im Rahmen der Priorisierung der Compliance-Risiken sein; ebenso bei der Auswahl der Kriterien dafür.

Der dritte Schritt beinhaltet die Berichterstattung der Compliance-Risiken an den Aufsichtsrat. Hierfür hat der Aufsichtsrat sicherzustellen, dass er alle aus seiner Sicht notwendigen Informationen auch erhält bzw. diese ggf. bei Fehlen nachfordert. Auch sollte er prüfen, ob alle wesentlichen Unternehmensbereiche mit dem notwendigen Berichtsmaterial versorgt werden. Neben den Turnusberichten vom Vorstand ist zu definieren, wie mit Sachverhalten umzugehen ist, die ad hoc berichtspflichtig sind. Berichte von Prüfern, Revisoren und ggf. Beratern sollten ebenfalls regelmäßig ausgewertet werden.

Im vierten Schritt geht es um die Steuerung der Compliance-Risiken. Dafür ist es vor allem notwendig, sich mit den Maßnahmen und deren Plausibilität zu befassen. Die Berichtsschwelle bzw. Wesentlichkeitsgrenze für die Risiken hängt von der Unternehmensgröße und der wirtschaftlichen Lage ab. Wobei hier zwischen den Risiken auch variiert werden kann, wenn bspw. reputationsschädigende Vorfälle deutlich enger überwacht werden sollen als andere Themen.

Der letzte Schritt ist gekennzeichnet durch das Compliance-Risikomonitoring und die dazugehörige Dokumentation. Ein wesentlicher Aspekt des Monitorings ist die Weiterentwicklung der implementierten Compliance-Prozesse und die regelmäßige Überprüfung der Maßnahmen auf ihre Wirksamkeit. Mit der Dokumentation weist der Aufsichtsrat nach, dass er seiner Sorgfaltspflicht entsprochen hat.

Möglicher Prozess zur Aufsicht der Compliance-Risiken

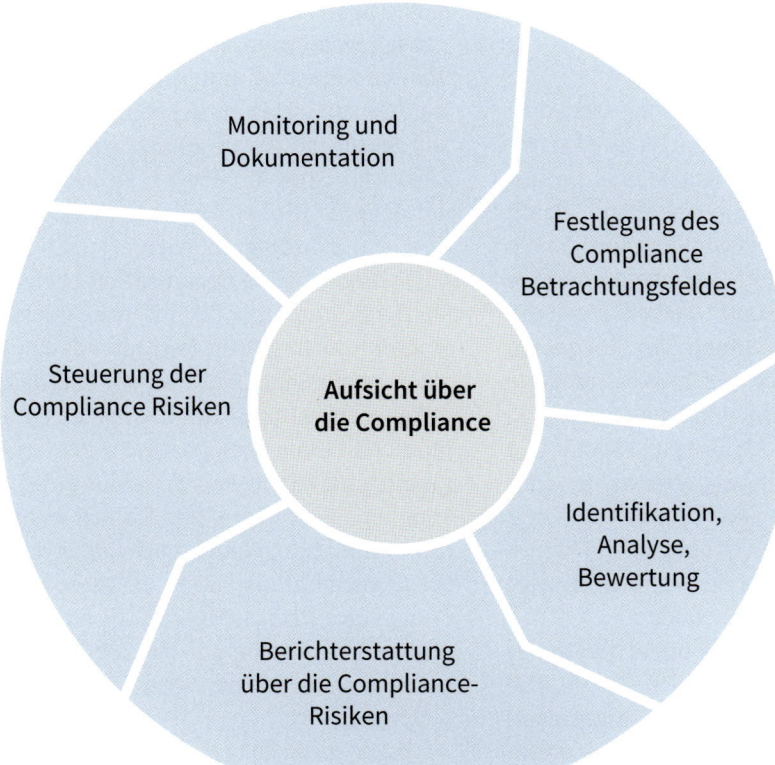

6

Standard-Rahmenkonzepte

IDW PS 980

Wie bereits erläutert, hat die Unternehmensleitung bezüglich der allgemeinen Sorgfaltspflicht die Einhaltung des gesetzlichen Rahmens sicherzustellen. Dafür sind Regeln oder im Idealfall ein System zu implementieren, damit es nicht zu Regelverstößen und hohen Strafen für ein Unternehmen und seine Organe kommen kann. Neben Eigenentwicklungen zur Prüfung von Prozessen und Systemen kann auf bereits etablierte und z. T. zertifizierbare Lösungen zurückgegriffen werden. Als Beispiel soll auf den Prüfungsstandard (PS) 980 des IDW eingegangen werden, der sich mit Compliance-Management-Systemen beschäftigt.

Nach dem IDW PS 980 werden sieben Grundelemente eines CMS definiert, die als zu individualisierendes Rahmenkonzept und weniger als starres Gerüst zu verstehen sind:

Die **Compliance-Kultur**, das erste Element, bildet die Grundlage für die Angemessenheit und Wirksamkeit des CMS. Die Compliance-Kultur wird insbesondere durch die Grundeinstellungen und Verhaltensweisen der Unternehmensleitung sowie durch die Rolle des Aufsichtsrats (»tone at the top«) beeinflusst. Weiterhin beeinflusst sie die Bedeutung, die die Mitarbeiter des Unternehmens der Einhaltung von Regeln beimessen. Dadurch drückt sich letztlich die Bereitschaft zu regelkonformem Verhalten aus.

Das zweite und sehr wesentliche Element, sind die **Compliance-Ziele**, die mittels des CMS erreicht werden sollen. Sie werden von der Unternehmensleitung festgelegt – abgestimmt auf die für die Organisation bedeutenden Regeln. Anhand der Ziele sind dann die Risiken zu beurteilen, d. h. ohne ein Ziel, mit dem die Risiken abgleichbar sind, ist eine Beurteilung der Risiken nur bedingt möglich.

Die **Compliance-Organisation** bezieht sich im Wesentlichen auf die Bestimmung der Verantwortlichen sowie die Bereitstellung der notwendigen Ressourcen, damit eine seriöse Auseinandersetzung mit CMS-Themen überhaupt möglich ist.

Unter Beachtung der Compliance-Ziele werden die **Compliance-Risiken** festgestellt, welche Verstöße gegen geltende Regeln und somit eine Verfehlung der Ziele zur Folge haben könnten. Die festgestellten Risiken werden bezüglich Ihrer Eintrittswahrscheinlichkeit und möglichen Konsequenzen (z. B. Schadenshöhe) analysiert. Basierend auf der Beurteilung der Compliance-Risiken werden Grundsätze und Maßnahmen implementiert, welche auf die Begrenzung der Compliance-Risiken und somit auf die Vermeidung von Compliance-Verstößen hinwirken.

Verantwortliche und involvierte Mitarbeiter werden über das **Compliance-Programm** informiert. Dies ist notwendig, damit diese ihre Aufgaben im Rahmen des CMS verstehen und er-

Neben Eigenentwicklungen zur Prüfung von Prozessen und Systemen kann auf bereits etablierte und z. T. zertifizierbare Lösungen zurückgegriffen werden

Compliance-Management-System[1]

Grundelemente eines CMS	Prüfungstypen nach IDW PS 980 für das CMS		
	Typ 1	**Typ 2**	**Typ 3**
• Compliance-Kultur • Compliance-Ziele • Compliance-Organisation • Compliance-Risiken • Compliance-Programm • Compliance-Kommunikation • Compliance-Überwachung/Verbesserung	• Prüfung zielt auf die Beschreibung der Konzeption ab • Prüfung, ob in der Beschreibung auf alle Grundelemente eingegangen wird	• Prüfung zielt zusätzlich auf die Grundsätze und Maßnahmen ab • Prüfung der Eignung der Maßnahmen und Grundsätze, Risiken zu entdecken und Verstöße zu verhindern	• Beinhaltet grundsätzlich die Typen 1 und 2 • Prüft zusätzlich nach einem definierten Zeitraum, ob die Maßnahmen und Grundsätze tatsächlich wirksam waren

Prüfungsumfang (vereinfachte Darstellung)

Konzeption   + Angemessenheit

1   In Anlehnung an IDW PS 980.

füllen können. Im Rahmen der **Compliance-Kommunikation** werden u. a. Berichtswege und -inhalte innerhalb der Organisation festgelegt.

Die wesentliche Voraussetzung für die **Überwachung und Verbesserung** ist eine ausreichende **Dokumentation** des Compliance-Management-Systems.

Der IDW PS 980 unterscheidet drei Stufen der CMS-Prüfung:
- Stufe 1: Prüfung der Konzeption des CMS
- Stufe 2: Prüfung der Angemessenheit des CMS
- Stufe 3: Prüfung der Wirksamkeit des CMS

Ein umfassendes Compliance-Management-System kann folgerichtig nur in Stufe 3 bescheinigt werden. Als erster Meilenstein hin zu einem voll wirksamen CMS kann die Konzeption geprüft und mit einer entsprechenden Bescheinigung nach PS 980 bestätigt werden.

Bei der Prüfung der Konzeption (Typ 1) werden im Wesentlichen nachfolgende Aspekte beleuchtet:
- Sind die in der Beschreibung vorgenommenen Aussagen zur Konzeption in allen wichtigen Aspekten korrekt dargestellt?
- Sind alle Grundelemente eines CMS enthalten?

Gegenstand der Konzeptionsprüfung ist ebenfalls die Einschätzung der Aufbauorganisation des Compliance-Managements. Der Prüfungsbericht enthält ebenfalls eine Einschätzung darüber, ob die in der Beschreibung enthaltenen Aussagen zur Konzeption des CMS angemessen und korrekt erläutert sind.

Durch die Prüfung der Angemessenheit (Typ 2) soll festgestellt werden, ob die in der Beschreibung des CMS dargestellten und implementierten Grundsätze und Maßnahmen des CMS geeignet sind, Risiken für wesentliche Regelverstöße zu einem bestimmten Stichtag mit hinreichender Sicherheit zu erkennen und zu verhindern. Entsprechend ist der Prüfungsbericht um diese Einschätzung zu ergänzen, der jedoch auch die Aussagen zur Konzeption (Typ 1) beinhaltet.

Ein umfassendes Compliance-Management-System kann nur in Stufe 3 bescheinigt werden.

Mit Hilfe der Prüfung der Wirksamkeit (Typ 3) soll ermittelt werden, inwiefern die Grundsätze und die Maßnahmen des CMS zu einem bestimmten Stichtag umgesetzt **und** in einem bestimmten Zeitraum wirksam waren. Ebenso wird geprüft, ob Grundsätze und Maßnahmen allen involvierten Personen bekannt waren und eingehalten wurden.

Der Prüfungsbericht zu Typ 3 enthält Aussagen darüber,
- ob die beschriebenen Aussagen über die Grundsätze und Maßnahmen des CMS in allen wesentlichen Aspekten angemessen dargestellt sind,
- ob die Grundsätze und Maßnahmen in Übereinstimmung mit den angewandten CMS-Grundsätzen geeignet sind, mit hinreichender Sicherheit zum einen Risiken für wesentliche Regelverstöße rechtzeitig zu erkennen und zum anderen diese auch zu verhindern,
- ob die Grundsätze und Maßnahmen zu einem bestimmten

Compliance-Management-System

Untersuchungsgegenstand

z.B. nach Rechtsgebieten:
- Kartellrecht
- Korruption
- etc.

z.B. nach operativen Prozessen:
- Einkauf
- Handel
- etc.

z.B. nach Geschäftsbereichen:
- Telekommunikation
- Mobilität
- etc.

Grundelemente eines CMS

- Compliance-Kultur
- Compliance-Ziele
- Compliance-Organisation
- Compliance-Risiken
- Compliance-Programm
- Compliance-Kommunikation
- Compliance-Überwachung/ Verbesserung

Zertifizierung Typ 1

Zertifizierung Typ 2

Zertifizierung Typ 3

Zeitpunkt implementiert waren und ob sie während eines definierten Zeitraums wirksam waren.

ISO 19600

Die ISO 19600 ist im Vergleich zum IDW PS 980 eine internationale Norm. Sie beinhaltet jedoch ebenfalls Richtlinien für den Aufbau und den Betrieb von Compliance-Management-Systemen. Als internationaler Best Practice Ansatz bietet der Standard ein Rahmenkonzept, um die Wahrscheinlichkeit für regelwidriges Verhalten zu minimieren. Er ist grundsätzlich für alle Organisationsgrößen und -formen geeignet. Dies können neben Unternehmen auch Abteilungen, Standorte o. Ä. sein.

Die ISO 19600, welche aus 5 Säulen besteht, wurde nicht als zertifizierbares Pflichtenheft konzipiert, sondern vielmehr als flexibler Leitfaden. Daher besteht auch der Anspruch, für alle Organisationsgrößen und -formen nutzbar zu sein und den Unternehmen dennoch Gestaltungsspielraum zu lassen. Insofern zielt er nicht nur auf Großkonzerne, sondern auch auf kleine und mittelständische Unternehmen sowie Behörden und sonstige Organisationen ab.

In der ersten Säule, der **Bewertung des Umfelds und der Compliance-Risiken,** wird der Fokus auf die organisatorischen Rahmenbedingungen sowie auf das rechtliche Umfeld des Unternehmens gelegt. Dieses wird einerseits durch die generell

> **Die ISO 19600 wurde nicht als zertifizierbares Pflichtenheft konzipiert, sondern vielmehr als flexibler Leitfaden**

gültigen Regeln bestimmt. Andererseits sind individuelle vertragliche Vereinbarungen wie z. B. Lizenzverträge zu berücksichtigen. In Kombination mit der Analyse der Stakeholder der Organisation und den Aktivitäten der Organisation, ergibt sich eine Compliance-Risikolandkarte für die Organisation, welche die Grundlage für alle Maßnahmen und Kontrollen des CMS bildet. In diesem Zusammenhang wird in der Regel eine Priorisierung derart vorgenommen, dass man sich auf besonders relevante Rechtsgebiete beschränkt und auf Risiken, die erhebliches Schadenpotenzial in sich bergen.

Innerhalb der zweiten Säule, **Führung,** geht es um die Verantwortlichkeiten, unterschiedlichen Rollen und Zuständigkeiten in der Organisation. Insbesondere der Unternehmensleitung kommt hierbei eine bedeutende Rolle zu. Neben der grundsätzlichen Entscheidung ein CMS einzuführen und die notwendigen Ressourcen bereitzustellen, geht es vor allem um das (kulturelle) Bekenntnis der Geschäftsführung, sich gesetzes- und vertragskonform verhalten zu wollen und darin einen essentiellen Wert zu sehen. Anderweitig dürfte das Funktionieren des CMS sehr fraglich sein. Ein erstes Zeichen der Ernsthaftigkeit ist die Sicherstellung, dass die CMS-Verantwortlichen ungehindert die damit zusammenhängenden Aufgaben erledigen können und mit den notwendigen Ressourcen ausgestattet werden.

Zu den **systemischen Steuerungs- und Kontrollmaßnahmen,** der dritten Säule, die ein Unternehmen implementieren

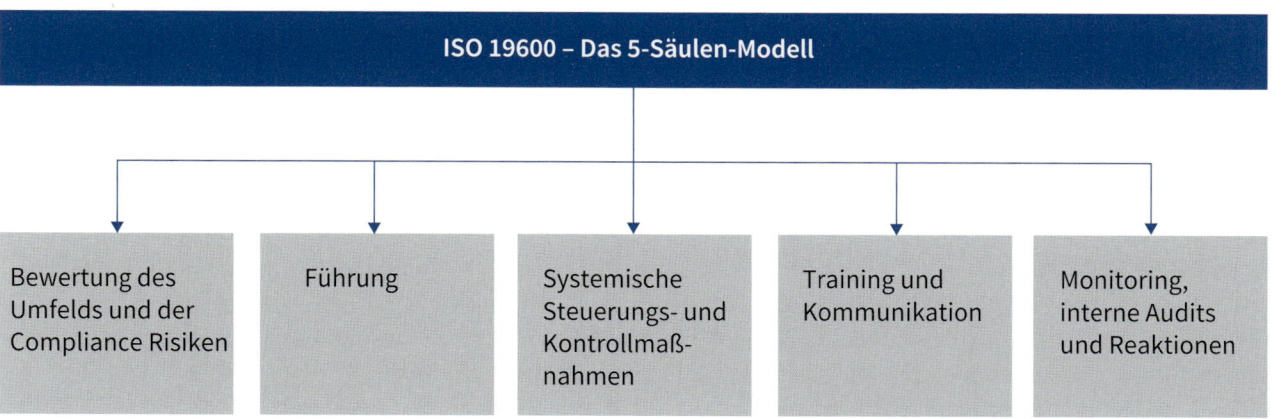

soll, zählen beispielsweise interne Regelwerke (Prozessbeschreibungen, Handlungsanweisungen, Verhaltenskodex etc.). Sie sind gezielt auf die Erkenntnisse aus der Risikoanalyse zu erstellen und auf die Compliance-Risiken abzustimmen. Weiterführend sind systemische und in den Prozess integrierte Kontrollen umzusetzen (z. B. Ausgabenlimite, 4-Augen-Prinzip o. Ä.) und zu kommunizieren. Dadurch können bewusste Regelverstöße deutlich reduziert werden.

In der vierten Säule geht es um Training und Kommunikation innerhalb der betroffenen Organisationseinheit. Hervorzuheben ist schließlich, dass Regelverstöße von Mitarbeitern häufig auch aus Unwissenheit und nicht mit Vorsatz begangen werden. Demzufolge ist es notwendig, dass die Vorgaben und die Konsequenzen bei Missachtung bekannt sind und verstanden werden.

ISO 19600 setzt auf laufende Schulungen für die Mitarbeiter, damit diese in der Lage sind, die Anforderungen zu kennen und ihr Handeln danach auszurichten. Dabei geht es neben dem Basiswissen auch um spezielle Schulungen, die auf die Verantwortungen und Arbeitsabläufe der betroffenen Kollegen abgestimmt sind. Beispielsweise sollte im Vertrieb der Fokus auf dem Umgang mit Kunden, Einladungen, Geschenken etc. liegen, während im Rechnungswesen Zahlungslimite u. Ä. im Vordergrund stehen. Je nach Unternehmensgröße und Anzahl der zu schulenden Mitarbeiter wird neben den Präsenzschulungen auch per E-Learning das Wissen vermittelt. Zumindest bei den Grundlagen hat sich dies in der Praxis bewährt. Bei kom-

plexeren Sachverhalten und insbesondere für Führungskräfte sollten Präsenzschulungen das erste Mittel der Wahl sein.

Schulungen müssen durch eine aktive und beständige Kommunikation ergänzt werden, die von der Unternehmensleitung ausgeht und sich durch die Organisation zieht. Damit soll das Selbstverständnis im Umgang mit Compliance vorgelebt werden und sich eine Compliance-Kultur etablieren. Mittels des sogenannten »tone-from-the-top«-Prinzips wird das aktiv kommunizierte Bekenntnis der Unternehmensleitung zum regelkonformen Verhalten als wesentlicher Bestandteile eines funktionierenden CMS angesehen.

Im Rahmen der letzten Säule geht es um das Monitoring, interne Audits und die Lerneffekte für die Zukunft. Beim Monitoring liegt der Fokus auf der Beobachtung des laufenden Betriebs sowie der Durchführung von Kontrollen bezüglich der Einhaltung der Regeln und der Wirksamkeit der Kontrollen. Zusätzlich wird das

Die ISO 19600 ist nach dem PDCA-Prinzip aufgebaut (plan, do, check, act).

rechtliche Umfeld analysiert und ggf. Anpassungen im Rahmen der Risikoanalyse vorgenommen. Kontrollen werden wiederum von sog. Audits (i. d. R. interne) ergänzt, die weniger auf das Verhalten abzielen, sondern das CMS insgesamt einer kritischen Würdigung unterziehen. Sollte es zu Compliance-Verstößen kommen und diese festgestellt werden, bedarf es einer Reaktion des Unternehmens. Neben der Ursachenanalyse ist ebenfalls festzulegen, wie die Konsequenzen aussehen und

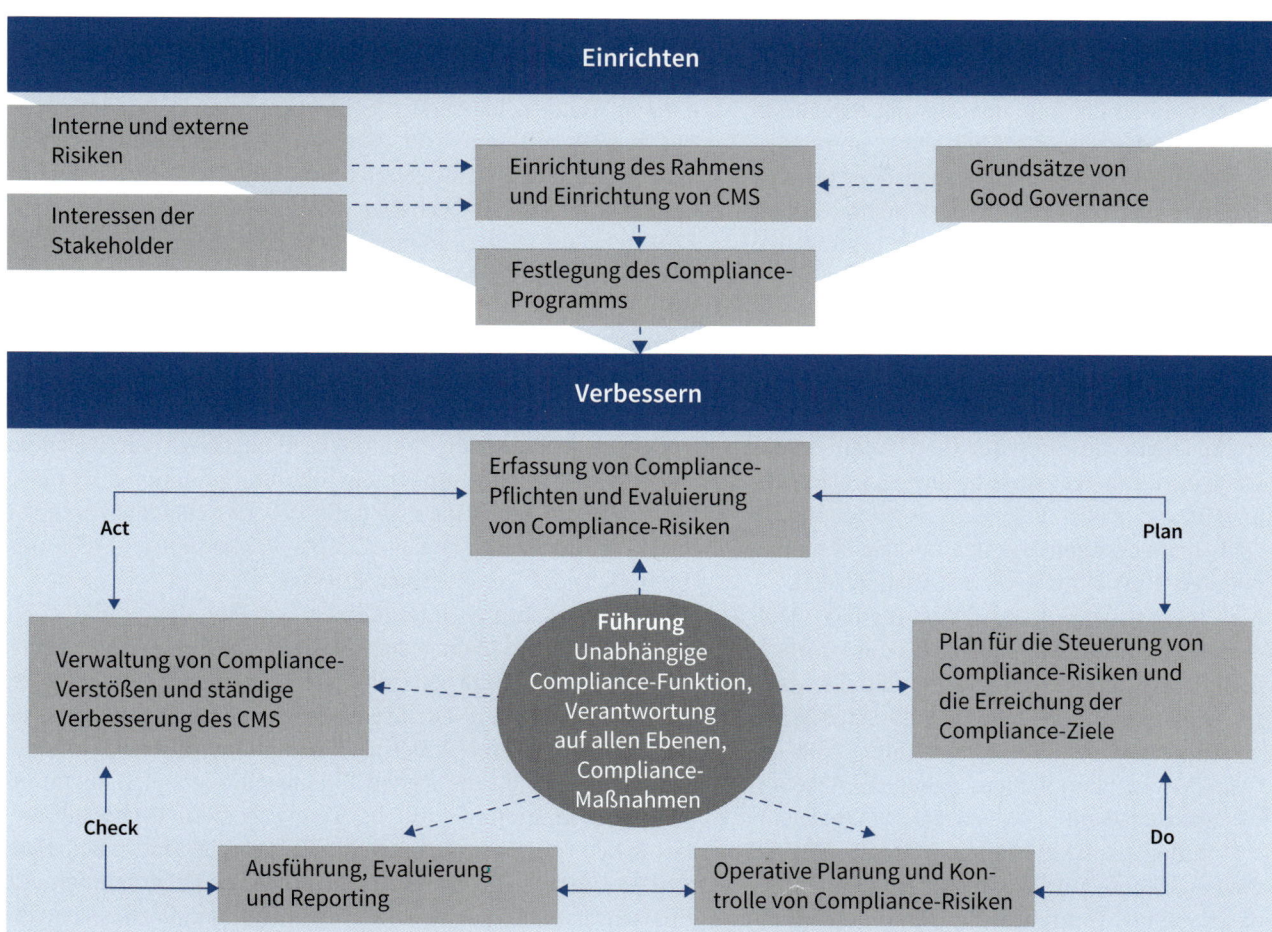

Einrichten

Interne und externe Risiken

Interessen der Stakeholder

Einrichtung des Rahmens und Einrichtung von CMS

Grundsätze von Good Governance

Festlegung des Compliance-Programms

Verbessern

Erfassung von Compliance-Pflichten und Evaluierung von Compliance-Risiken

Act

Plan

Verwaltung von Compliance-Verstößen und ständige Verbesserung des CMS

Führung
Unabhängige Compliance-Funktion, Verantwortung auf allen Ebenen, Compliance-Maßnahmen

Plan für die Steuerung von Compliance-Risiken und die Erreichung der Compliance-Ziele

Check

Do

Ausführung, Evaluierung und Reporting

Operative Planung und Kontrolle von Compliance-Risiken

KPMG (2014).

wie künftig solch konkreter Fall verhindert werden kann. Eine Nachschärfung des CMS könnte die Folge sein.

Zu betonen ist, dass durch die Implementierung eines CMS keine Garantie dafür besteht, dass die Mitarbeiter stets regelkonform handeln werden. Kriminelles Verhalten oder etwaige Lücken im CMS können nicht vollständig verhindert werden. Ein CMS zeigt aber auf, dass das Unternehmen bestrebt ist, regelkonform zu agieren und das Mögliche dafür zu tun.

Akzeptanz und Verbreitung der Standards

Interessant scheint die Frage, wie verbreitet die erläuterten Rahmenwerke sind und welches in der Praxis bevorzugt implementiert wird. Hierfür wird auf die in 2016 publizierte Studie der Kerkhoff Group GmbH eingegangen, die sich mit der Bestandsaufnahme zur Compliance im Mittelstand auseinandersetzt.

Ein wesentliches Ergebnis der Studie ist, dass die ISO 19600 deutlich mehr Akzeptanz im Mittelstand findet. Ausschlaggebend könnte gem. der Studie die Flexibilität sein, die die Norm mit sich bringt. Von den teilnehmenden Unternehmen, die jedoch nicht alle ein CMS etabliert haben, gaben 53,70 % an, sich mit dem Standard ISO 19600 auseinander gesetzt zu haben. Mit dem IDW PS 980 hingegen haben sich indes nur 37,74 % beschäftigt. Noch eindeutiger wir das Ergebnis, wenn nur die Unternehmen untersucht werde, die ein CMS bereits implementiert haben – auch, wenn es sich nicht um eine der beiden Alternativen handelt. Danach haben sich 61,11 % mit dem ISO 19600, aber nur 41,67 % mit dem IDW PS 980 intensiver beschäftigt. Von den Organisationen, die bereits ein Compliance-Management-System etabliert haben, haben sich 20 % am ISO 19600, rund 17 % am IDW PS 980 orientiert, und 63 % haben auf eine Anlehnung an eines der beiden Rahmenwerke verzichtet. Daraus lässt sich schließen, dass der Wunsch nach einem individuellen Compliance-Management-System, welches genau an die Bedürfnisse des Unternehmens angepasst werden kann, die Auswahl erheblich bestimmt.

Es wurde weiterhin hypothetisch abgefragt, an welchem Standard sich die Unternehmen zukünftig orientieren würden. Etwa 39 % gaben an, dass sie dafür den ISO 19600 bevorzugen würden. Eine Anlehnung an IDW PS 980 kommt hingegen nur für 16,67 % der Unternehmen in Frage.

Etwa jedes dritte Unternehmen hat laut der Studie noch kein Compliance-Management-System etabliert. Eine mögliche Erklärung könnte sein, dass die Risiken nicht angemessen eingeschätzt werden. Die Studie macht deutlich, dass das Risiko, von Gefahren wie Betrug, Korruption, Diebstahl etc. betroffen zu sein, für die eigene Organisation lediglich als mittel bis gering eingestuft wird. Im Vergleich dazu liegen die tatsächlichen Eintrittswahrscheinlichkeiten sehr viel höher. Eine weitere Ursache dafür könnte sein, dass die Unternehmen vor eine sehr komplexe Aufgaben gestellt werden, da eine Vielzahl

Die ISO 19600 findet derzeit im Mittelstand deutlich mehr Akzeptanz als der IDW PS 980.

Weitere Fakten zur Compliance im Mittelstand (gem. Kerkhoff-Studie 2016)

○ 94% der Unternehmen gaben an, sich mit Compliance zu beschäftigen

○ Besteht ein CMS, verzichten etwa 16% auf eine regelmäßige Risikoanalyse

○ Besteht ein CMS, werden bei ca. 41% Gesetzesänderungen nicht strukturiert erfasst

○ Ca. 50% führen weder externe noch interne Audits zur Qualitätssicherung ihres CMS durch

○ Ungefähr 70% geben an, keine Indikatoren zur Messung der Performance des CMS festgelegt zu haben

6

von Regelungen eingehalten werden muss und diese auch im Rahmen des CMS im Einklang mit den Arbeitsabläufen und den Ressourcen gebracht werden muss. Erschwerend kommt hinzu, dass es vielen mittelständischen Unternehmen an der Erfahrung bezüglich der Umsetzung mangelt und der Nutzen oftmals geringer als der Aufwand eingeschätzt wird. Hierbei ist zu bedenken, dass neben Zeit und somit Personalkosten auch die Implementierung von System und Kontrollen mit Kosten verbunden sind. Weiterhin sind regelmäßige Schulungen (oftmals mit externer Unterstützung) durchzuführen und das CMS in all seinen Facetten aktuell zu halten und weiterzuentwikkeln. Um dieses Vorhaben effizient realisieren zu können, wird daher oftmals auf externe Berater zurückgegriffen.

Quellen, weiterführende Literatur

Berwanger, J. (2013): Interne Revision und Compliance-Management-System – im Fokus des Aufsichtsrats, in: Der Aufsichtsrat 2013, Heft 7-8/2013, S. 104-105.

BT-Drucks. 13/9712, S. 15.

Deloitte /Hrsg.) (2011): Compliance im Mittelstand, o. O. 2011.

Eckert, T. (2011): Zertifizierung des Compliance-Management-Systems: Die Rolle des Aufsichtsrats, in: Der Aufsichtsrat 2011, Heft 9/2011, S. 122-123.

Grüninger, S. (2010): Compliance-Prüfung nach dem IDW EPS 980 – Pflicht oder Kür für den Aufsichtsrat, in: Der Aufsichtsrat 2010, Heft 10/2010, S. 140-141.

Heyd, R./Beyer M. (Hrsg.) (2016): Corporate Governance in der Finanzwirtschaft – Aktuelle Herausforderungen und Haftungsrisiken, Berlin 2016.

Heyd, R./Beyer M. (Hrsg.) (2013): Rechnungslegungs- und Corporate Governance-Regelungen vor dem Hintergrund der Transaktionskostentheorie, in: Heyd/Beyer (Hrsg.), Die Transaktionskostentheorie in der Finanzwirtschaft – Analysen und Anwendungsmöglichkeiten in der Praxis, Berlin 2013.

Heyd, R./Beyer, M. (2011): Bedeutung des Corporate Governance Reportings nach neuem Recht, in: Heyd/Beyer (Hrsg.), Die Prinzipal-Agenten-Theorie in der Finanzwirtschaft – Analysen und Anwendungsmöglichkeiten in der Praxis, Berlin 2011.

Jonas, P. (2014): Die internationale Norm ISO 19600 Compliance-Management-System – Inhalte und Zertifizierung, in: Austrian Law Journal, Heft 1/2016, S. 60-67.

Kark, A. (2014): Der Aufsichtsrat und die Überwachung von Compliance-Risiken, in: Der Aufsichtsrat 2014, Heft 4/2014, S. 54-55.

Kerkhoff Group GmbH (2016): Compliance-Standards: ISO 19600 hat beim Mittelstand die Nase vorn, in: Studie der Kerkhoff Risk & Compliance GmbH (www.kerkhoff-rc.com/kontakt.html).

KPMG (2014): ISO 19600 – Globaler Standard für Compliance-Management.

Mahlert, A. (2009): Erfolgsfaktoren der Compliance aus Sicht des Aufsichtsrats, in: Der Aufsichtsrat 2009, Heft 6/2009, S. 82-83.

Remberg, M. (2015): Compliance im Mittelstand: Die Rolle des Aufsichtsrats, in: Der Aufsichtsrat 2015, Heft 3/2015, S. 40-41.

Schemmel, A./Minkoff, A. (2013): Aufsichtsrat und Compliance, in: Der Aufsichtsrat 2013, Heft 6/2013, S. 95.

6

Kapitel 7:

Eignung

Inhaltsverzeichnis

Einführung

Nach Tz. 5.4.5 des Deutschen Corporate Governance Kodex nehmen die Mitglieder des Aufsichtsrats die für ihre Aufgaben erforderlichen Aus- und Fortbildungsmaßnahmen eigenverantwortlich wahr. Dabei sollen sie von der Gesellschaft angemessen unterstützt werden. Die persönliche und fachliche Eignung von Aufsichtsratsmitgliedern ist Teil des gremienbezogenen Qualitätsmanagements.

Dazu gehören:

- Auswahlkriterien für die Berufung neuer Aufsichtsratsmitglieder bzw. für die Verlängerung von Aufsichtsratsmandaten bei abgelaufener Amtszeit
- Einführungskurse und laufende Weiterbildung
- Kenntnis des unternehmensbezogenen Geschäftsmodells
- persönliche, fachliche, methodische und soziale Kompetenz
- Effizienzprüfung bei Vorstand und Aufsichtsrat
- Optimierung der Organisationseffizienz im Aufsichtsratsgremium und seinen Ausschüssen

Rechtsgrundlage ist EBA GL 44 (European Banking Authority, Guideline). Sie formuliert ein Rahmenkonzept zur Ausgestaltung der Internen Governance. Diese Vorschriften sind unmittelbar für Kreditinstitute anwendbar und wurden als solche auch ins KWG übernommen, haben aber darüber hinaus Ausstrahlungswirkungen auf Nichtbanken. Darin wird gefordert, dass

- die Mitglieder eines Leitungsorgans (Vorstand und Aufsichtsrat) sich aktiv mit den Geschäften eines Instituts beschäftigen und in der Lage sein müssen, eigene fundierte, objektive und unabhängige Entscheidungen zu treffen,
- das Leitungsorgan in seiner Aufsichtsfunktion überwachen soll, ob Strategie, Risikobereitschaft und Risikoneigung und die Richtlinien des Instituts konsequent umgesetzt werden,
- die Mitglieder des Leitungsorgans individuell und kollektiv über die erforderliche Sachkenntnis, Erfahrung, Kompetenz, das Verständnis und die persönlichen Qualitäten verfügen sollen,
- das Leitungsorgan die individuelle und kollektive Effizienz und Wirksamkeit seiner Tätigkeiten regelmäßig bewerten sollte. Mit dieser Bewertung können Externe beauftragt werden,
- das Leitungsorgan in seiner Aufsichtsfunktion unter Berücksichtigung der Größe und Komplexität eines Instituts die Einrichtung von Fachausschüssen in Erwägung ziehen sollte.

Jedes Mitglied des Aufsichtsrats muss diejenigen Kenntnisse besitzen oder sich aneignen, die notwendig sind, um alle üblichen Geschäftsvorgänge ohne fremde Hilfe verstehen und beurteilen zu können.

Sukzessive werden Anforderungen an die persönliche und fachliche Eignung von Aufsichtsratsmitgliedern in geschäftsfeldneutrale Kodifikationen übernommen. So z.B. im Abschlussprüferre-

EBA GL 44 definiert Rahmenkonzept zur Ausgestaltung der Internen Governance

Mitglieder eines Leitungsorgans[1] sollen sich aktiv mit den Geschäften eines Instituts beschäftigen und in der Lage sein, eigene fundierte, objektive und unabhängige Entscheidungen zu treffen.

Das Leitungsorgan in seiner Aufsichtsfunktion soll überwachen, ob Strategie, Risikobereitschaft und Risikoneigung und die Richtlinien des Instituts konsequent umgesetzt werden.

Die Aufsichtsfunktion überwacht die Leitungsfunktion und berät sie.

Die Mitglieder des Leitungsorgans sollen individuell und kollektiv über die erforderliche Sachkenntnis, Erfahrung, Kompetenz, das Verständnis und die persönlichen Qualitäten verfügen.

Das Leitungsorgan sollte die individuelle und kollektive Effizienz und Wirksamkeit seiner Tätigkeiten regelmäßig bewerten. Mit dieser Bewertung können Externe beauftragt werden.

Das Leitungsorgan in seiner Aufsichtsfunktion sollte unter Berücksichtigung der Größe und Komplexität eines Instituts die Einrichtung von Fachausschüssen in Erwägung ziehen.

1   Leitungsorgan = Geschäftsleitung und Aufsichtsorgan

7

formgesetz. § 100 Abs. 5 bzw. § 107 Abs. 4 AktG verlangen, dass die Mitglieder des Aufsichtsrats und des Prüfungsausschusses (§ 324 Abs. 2 Satz 2 HGB) in ihrer Gesamtheit mit dem Sektor, in dem das Unternehmen tätig ist, vertraut sein müssen.

Jedes Mitglied des Aufsichtsrats muss diejenigen Kenntnisse besitzen oder sich aneignen, die notwendig sind, um alle üblichen Geschäftsvorgänge ohne fremde Hilfe verstehen und beurteilen zu können (BGHZ 85, S. 293 ff., § 25d KWG).

Qualifizierung und Kompetenz: Erfüllung der Pflichten

Sorgfaltspflicht	• Kenntnisse zu Strategie, Finanzen und Risikothemen insbesondere:
	  – Methodenkompetenz
	  – Fachkompetenz
	• Keine Exkulpation aufgrund von Unkenntnis oder falscher Einschätzung
	• Entlastung des AR bezieht sich im Zweifel nur auf die Themen, die in der Hauptversammlung angesprochen wurden
	• Sorgfaltspflicht umfasst nicht nur das Tun, sondern auch das Unterlassen (z.B. von eigenen Recherchen, Fortbildungen …)
	• Holschuld bezüglich Informationen, die über das turnusmäßige Pflichtreporting hinausgehen

Business Judgement Rule	• Es wird kein Erfolg geschuldet • Wurde die damalige Entscheidung auf »sauberer Wissens- und Informationsbasis« erstellt, besteht keine Pflichtverletzung.

7

Persönliche und fachliche Eignung

§ 25d Abs. 1 und 2 KWG verlangen als persönliche Mindestanforderungen an Aufsichtsräte Zuverlässigkeit, ausreichenden zeitlichen Einsatz sowie Sachkunde in Bezug auf das Geschäftsmodell des Instituts. Der Grundsatz der Komplementärkompetenz im Aufsichtsorgan besagt, dass das Gremium in seiner Gesamtheit die Kenntnisse, Fähigkeiten und Erfahrungen haben muss, die zur Wahrnehmung der Kontrollfunktion und zur Beurteilung und Überwachung der Geschäftsleitung notwendig sind. Das bedeutet, nicht alle Mitglieder müssen über sämtliche Spezialkompetenzen verfügen. Dies gilt allerdings nicht für »Finanz- und Risikowissen«, zu dem alle Aufsichtsratsmitglieder über Mindestkenntnisse verfügen müssen. Spezialkenntnisse werden von den Vorsitzenden bzw. Mitgliedern der Fachausschüsse des (Bank-)Aufsichtsrats gefordert. Der Vorsitzende des Prüfungsausschusses muss bei Kreditinstituten über Sachverstand auf den Gebieten der Rechnungslegung und Abschlussprüfung verfügen (Financial Expert) (§ 25d Abs. 9 Satz 3 KWG). Mindestens ein Mitglied des Vergütungskontrollausschusses muss über ausreichend Sachverstand und Berufserfahrung im Bereich des Risikomanagements und -controllings verfügen, insb. in Hinblick auf Mechanismen zur Ausrichtung der Vergütungssysteme an der Gesamtrisikobereitschaft und -strategie und an der Eigenmittel-

Ein BaFin-Merkblatt zur Ausübung der Kontrollfunktion durch Aufsichtsräte gem. KWG konkretisiert die Anforderungen an die Aufsichtsratsmitglieder.

ausstattung des Unternehmens (§ 25d Abs. 12 Satz 3 KWG). Ein BaFin-Merkblatt zur Ausübung der Kontrollfunktion durch Aufsichtsräte gem. KWG konkretisiert die Anforderungen.

In materieller Hinsicht wird gefordert, dass im Hinblick auf die Bedeutung der Finanzwirtschaft insb. Mitglieder von Verwaltungs- und Aufsichtsorganen in der Lage sein müssen, die von dem Unternehmen getätigten Geschäfte zu verstehen, deren Risiken zu beurteilen und nötigenfalls Änderungen in der Geschäftsführung durchzusetzen. Was die Sachkunde angeht, wird Bezug genommen auf die allgemeinen, d. h. nicht auf die Finanzwirtschaft beschränkten, Rechtsgrundlagen, die die Anforderungen an Aufsichtsräte regeln. So muss bei Public Interest Entities (PIE) i. S. des § 100 Abs. 5 AktG mindestens ein Mitglied des Aufsichtsrats über Sachverstand auf den Gebieten Rechnungslegung oder Abschlussprüfung verfügen. Die Mitglieder müssen in ihrer Gesamtheit mit dem Sektor, in dem die Gesellschaft tätig ist, vertraut sein. Auch bei anderen Unternehmen muss die Zusammensetzung des Verwaltungs- oder Aufsichtsorgans gewährleisten, dass das Gremium seine Kontrollfunktion wahrnehmen kann. Bezüglich der Fort- und Weiterbildung führt die BaFin aus, dass die erforderliche Sachkunde für die Tätigkeit in einem Verwaltungs- oder Aufsichtsorgan in der Regel auch durch Fortbildung erworben werden kann. Ob eine Fortbildung die erforderlichen Kenntnisse vermittelt, kann nur im Einzelfall entschieden werden. Daher kann die Bundesanstalt Fortbildungsangebote nicht in dem Sinne zertifizieren, dass die Teilnahme an einer bestimmten Fortbildung in jedem Fall ausreichend ist.

Wesentliche Inhalte des BaFin-Merkblatts zur Kontrolle von Aufsichtsräten gem. KWG

Materielle Anforderung:

»Im Hinblick auf die Bedeutung der Finanzwirtschaft, auch für die Realwirtschaft, müssen Mitglieder von Verwaltungs- und Aufsichtsorganen in der Lage sein, die von dem Unternehmen getätigten Geschäfte zu verstehen, deren Risiken zu beurteilen und nötigenfalls Änderungen in der Geschäftsführung durchzusetzen.«

Sachkunde:

»Bei kapitalmarktorientierten Kapitalgesellschaften im Sinne von § 264d HGB muss gemäß § 100 Abs. 5 AktG mindestens ein unabhängiges Mitglied des Aufsichtsrats über Sachverstand auf den Gebieten Rechnungslegung oder Abschlussprüfung verfügen. Auch bei anderen Unternehmen muss die Zusammensetzung des Verwaltungs- oder Aufsichtsorgans gewährleisten, dass es seine Kontrollfunktion wahrnehmen kann.«

Fort- und Weiterbildung:

»Auch wenn die Voraussetzungen für die Annahme der erforderlichen Sachkunde nicht vorliegen, ist die Tätigkeit in einem Verwaltungs- oder Aufsichtsorgan nicht generell ausgeschlossen. Die erforderlichen Kenntnisse können in der Regel auch durch Fortbildung erworben werden.«

»Ob eine Fortbildung die erforderlichen Kenntnisse vermittelt, kann nur im Einzelfall entschieden werden. Daher kann die Bundesanstalt Fortbildungsangebote nicht in dem Sinne zertifizieren, dass die Teilnahme an einer bestimmten Fortbildung in jedem Fall ausreichend ist.« → **Es kommt also primär auf den Inhalt und nicht den Anbieter an.**

»Die Verwaltungs- und Aufsichtsorganmitglieder müssen sicherstellen, dass sie ihre Entscheidungen stets auf der Basis eines aktuellen Informationsstands treffen. Daher sind sie gehalten, sich mit Änderungen im Umfeld des Unternehmens kontinuierlich vertraut zu machen, zum Beispiel mit neuen Rechtsvorschriften oder Entwicklungen im Bereich Finanzprodukte sowohl im Unternehmen als auch im Markt. Hierfür sollen sie sich im jeweils erforderlichen Umfang durch geeignete Maßnahmen weiterbilden.«

7

Individuelle und kollektive Fortbildung

Es kommt also auf den Inhalt und nicht den Anbieter der Fortbildung an. Fortbildungserfordernisse zu identifizieren, Fortbildungsmaßnahmen auszuwählen, durchzuführen, deren Ergebnisse zu evaluieren und Folgebedarf zu ermitteln ist eine Selbstverwaltungsaufgabe des Aufsichtsrats.

Schließlich führt die BaFin zum Thema Aktualisierung des Fachwissens von Aufsichtsräten aus, dass die Verwaltungs- und Aufsichtsorganmitglieder sicherstellen müssen, dass sie ihre Entscheidungen stets auf der Basis eines aktuellen Informationsstands treffen. Daher sind sie gehalten, sich mit Änderungen im Umfeld des Unternehmens kontinuierlich vertraut zu machen, zum Beispiel mit neuen Rechtsvorschriften oder Entwicklungen im Bereich Finanzprodukte sowohl im Unternehmen als auch im Markt. Hierfür sollen sie sich im jeweils erforderlichen Umfang durch geeignete Maßnahmen weiterbilden. Seit Inkrafttreten der KWG-Novelle zum 1.1.2014 sollen Fortbildungen an den individuellen Kompetenzdefiziten der einzelnen Mitglieder des Aufsichtsrats ausgerichtet sein. Dies gilt auch für neue oder angehende Mitglieder des Gremiums. Das Institut muss gem. § 25d Abs. 4 KWG die notwendigen finanziellen bzw. angemessene personelle Ressourcen zur Verfügung stellen, um den Mitgliedern des Aufsichtsgremiums die Einführung in ihr Amt zu erleichtern und die Fortbildung zu ermöglichen, die zur Aufrechterhaltung der erforderlichen Sachkunde notwendig ist. Das bedeutet, dass es zur Sorgfaltspflicht des Gesamtgremiums gehört, im Rahmen einer »Standortbestimmung« zu ermitteln:

Es kommt auf den Inhalt und nicht den Anbieter der Fortbildung an.

- Wer aus dem Aufsichtsrat hat zu welchen Themen Fortbildungsbedarf bzw. inwiefern führen Änderungen von Rechtsnormen bzw. ökonomischen Rahmenbedingungen zu einem Schulungsbedarf für das Gesamtgremium?
- Wie werden Bedarf, Kompetenzen etc. der einzelnen strukturiert und regelmäßig erhoben?
- Findet eine Gliederung der Gesamtkompetenzen eines Aufsichtsratsmitglieds in
  - Fachkompetenz
  - Methodenkompetenz und
  - Sozialkompetenz statt?

Diese »Standortbestimmung«, mit der das Vorhandensein/der Entwicklungsbedarf von Kompetenzen der Aufsichtsratsmitglieder ermittelt wird, geht von folgenden Rahmenbedingungen aus:

- Kollektiventscheidungen im Aufsichtsrat müssen von jedem Gremienmitglied auch individuell beurteilt werden können, insbesondere bei Kernthemen wie Risikomanagement, Rechnungslegung, Strategie und Controlling.
- Nach dem Corporate Governance Kodex sowie dem AktG und KWG hat der Aufsichtsrat nicht nur die Überwachungsfunktion, sondern auch eine Beratungsfunktion gegenüber dem Vorstand.

Konkretisierung der Fortbildung gem. § 25d KWG

Nach der bisherigen Regelung mussten Mitglieder des Aufsichtsrats eigenverantwortlich die Maßnahmen wahrnehmen. Die Institute waren lediglich zur »angemessenen Unterstützung« verpflichtet, wobei dieser Begriff sehr unterschiedlich ausgelegt wurde.

Zukünftig (Regelung bereits in Kraft):
- Fortbildungen sollen an den individuellen Kompetenzdefiziten der einzelnen Mitglieder des Aufsichtsrats ausgerichtet sein.
- Dies gilt auch für neue oder angehende Mitglieder des Gremiums.
- Das Institut muss gem. § 25d KWG die notwendigen (finanziellen) Ressourcen zur Verfügung stellen.

Achtung Sorgfaltspflicht → Standortbestimmung:
- Wer hat zu welchen Themen Bedarf?
- Wie werden Bedarf, Kompetenzen etc. strukturiert und regelmäßig erhoben?

7

- Der Vorsitzende des Aufsichtsrats hat das Gremium zu führen und dafür Sorge zu tragen, dass die Kontroll- und Überwachungsfunktion erfüllt wird.
- Zu beachten ist neben der individuellen Haftung bei (persönlichen) Versäumnissen auch die gesamtschuldnerische Haftung des Gremiums – auch bei Unterlassung.
- Es geht gleichermaßen um die fachliche und persönliche Eignung der Gremienmitglieder und des Gesamtgremiums.

Im Rahmen der die Fortbildung betreffenden Standortbestimmung sind folgende Fragen zu klären:
- Sind alle notwendigen Kompetenzen im Gremium ausreichend vorhanden?
- Wurde eine solche Analyse bereits durchgeführt? ... und ist sie Basis für Schulungen, Neubesetzungen etc.?
- Ist das Gremium bezüglich seiner Zusammensetzung und Kompetenzen »angreifbar«?
- Könnte es besser aufgestellt sein?
- Bestehen unbesetzte Kompetenzerfordernisse im Sinne von »blinden Flecken« oder sogar Haftungsrisiken?
- Sind entsprechende Dokumentationen und Entscheidungen für Dritte nachvollziehbar?

Für die Durchführung der kompetenzbezogenen Standortbestimmung im Aufsichtsrat sind unterschiedliche Vorgehensweisen denkbar.

Variante 1: Anonyme Beurteilung: Die Mitglieder des Aufsichtsgremiums beurteilen die Kompetenz im Gremium zu jedem Themengebiet anonym, z.B. durch Nutzung eines Fragebogens. Dadurch können »schwach besetzte« Themenfelder identifiziert werden.

Variante 2: Anonyme Beurteilung mit Nennung des Kompetenzträgers: Die Mitglieder des Aufsichtsgremiums beurteilen die Kompetenz zu jedem Themengebiet anonym. Es wird jedoch das Gremienmitglied genannt, dem die Kompetenz für dieses Themengebiet zugeschrieben wird, z.B. durch Nutzung eines Fragebogens. Hier können ggf. bestehende implizite Erwartungshaltungen, die ein Aufsichtsratsmitglied nicht vollumfänglich erfüllen kann oder will, transparent gemacht und ggf. ausgeräumt werden.

Variante 3: Offener Workshop mit Live-Bewertung: Im Gremium werden die einzelnen Themenbereiche identifiziert und beurteilt. Die Kompetenzen zu diesen Themenfeldern werden dann Personen nach deren Sachkunde und Motivation zugeordnet. In diesem Fall können Ergebnisse sofort ausgewertet werden. Ggf. bestehende implizite Erwartungshaltungen, die ein Aufsichtsratsmitglied nicht vollumfänglich erfüllen kann oder will, können transparent gemacht und ggf. ausgeräumt werden.

> **Für die Durchführung der kompetenzbezogenen Standortbestimmung im Aufsichtsrat sind unterschiedliche Vorgehensweisen denkbar.**

Variante I	Variante II	Variante III
Anonyme Beurteilung	**Anonyme Beurteilung mit Nennung der/des Kompetenzträgers**	**Offener Workshop mit Live-Bewertung**
Mitglieder des Gremiums beurteilen die Kompetenz zu jedem Themengebiet anonym.	Mitglieder des Gremiums beurteilen die Kompetenz zu jedem Themengebiet anonym. Es wird jedoch der Kollege genannt, dem die Kompetenz zugeschrieben wird.	Im Gremium werden die Themenbereiche beurteilt und die Kompetenzen Personen zugeordnet. Sofortige Auswertung der Ergebnisse.
»Schwach besetzte« Themenfelder können identifiziert werden.	Zusätzlich zu Variante I: (Implizite) Erwartungshaltungen, die von einem Mitglied nicht erfüllt werden können oder wollen, können transparent gemacht und ausgeräumt werden.	

7

Transparenz

Die Qualifizierungsmaßnahmen im Aufsichtsrat umfassen Kompetenzen mit Fachbezug und mit Persönlichkeitsbezug gleichermaßen. Die fachspezifischen Themen lassen sich gliedern in sektorspezifische, d. h. das Geschäftsmodell betreffende und allgemein betriebswirtschaftliche Themen. Sektorspezifische Themen können sein: Risikomanagement, Controlling, Finanzen, Revision, Compliance oder Logistik, Beschaffung, Vertrieb und Steuern.

Allgemein betriebswirtschaftliche Themen sind: Organisation, Unternehmenskultur und -ethik, IT, Personal, Berichtswesen. Kompetenzen mit Persönlichkeitsbezug sind Kommunikation, Präsentation, Führung, Verhandlung, Konfliktmanagement.

Die Kompetenzanforderungen sind nicht für alle Aufsichtsratmitglieder gleich. Vielmehr sind Fach-, Methoden- und Sozialkompetenzen insgesamt im Aufsichtsrat vorzuhalten, so dass einerseits alle Themenfelder abgedeckt sind, andererseits einschlägige Kompetenzen und vertieftes, spezifisches Wissen bei den Aufsichtsratmitgliedern vorhanden sind, die sowohl für die Kommunikation und den Wissenstransfer innerhalb des Aufsichtsgremiums, als auch für die Diskussion der Themen mit externen Gesprächspartnern (z. B. Aufsichtsbehörden, Abschlussprüfer, o. Ä.) zur Verfügung stehen. Es ist nicht notwendig, dass jedes einzelne Aufsichtsratmitglied alle Kenntnisse und Fähigkeiten auf sich vereint, die für die Erfüllung seiner Aufgaben notwendig sind, vielmehr müssen die komparativen Qualifikationen sowohl bei den einzelnen Aufsichtsratmitgliedern als auch bei der Neubesetzung bzw. der Zusammensetzung des Gremiums insgesamt vorhanden sein.

Der Kompetenz-Tiefgang für die einzelnen Mitglieder des Aufsichtsrats ist unterschiedlich ausgeprägt je nach Funktion im Rahmen der Corporate Governance.

Jedes Aufsichtsratmitglied sollte allerdings professionelle Sachkompetenzen und Lösungsorientierung sowie Strategie- und Veränderungskompetenzen besitzen. Dabei sollte jedes Aufsichtsratmitglied für mindestens einen Bereich besondere Kenntnisse besitzen, z. B. Finanzen, Markt und Vertrieb, Logistik und Produktion etc. Ihre Strategiekompetenz sollte es den Aufsichtsratmitglieder ermöglichen, die strategischen Konzepte des Vorstandes verstehen und kritisch hinterfragen zu können. Veränderungskompetenz bedeutet die Fähigkeit, kreativ und unkonventionell zu denken und vorgeschlagene Lösungswege in Frage zu stellen. Governance-spezifische Qualifikationen ermöglichen einen Umgang mit der Gewaltenteilung in der Unternehmensverfassung. Dies kann den Aufsichtsrat in der Abgrenzung zum Vorstand und zur Hauptversammlung betreffen. Kommunikations- und Konfliktmanagement sind weitere Kompetenzen, die Aufsichtsratmitgliedern zu eigen sein sollten, um eine erfolgreiche Aufsichtsratsarbeit zu gewährleisten.

Der Kompetenz-Tiefgang ist unterschiedlich ausgeprägt je nach Funktion im Rahmen der Corporate Governance. Dies soll am Beispiel des Themenfeldes »Risikomanagement« als Tagesordnungspunkt im Aufsichtsrat bei einem Kreditinstitut dargestellt werden:

Gremienentlastung und Sorgfaltsoptimierung	Gremienbesetzung und -weiterbildung	Gremienentwicklung
Sicherstellung der Themenbesetzung in allen relevanten Bereichen	Schaffung systematischer und analytische Grundlagen für Neubesetzungen	Ermöglichung einer strategischen Entwicklung des Gremiums
Reduzierung der Haftungs-risiken durch aktives Kompetenzmanagement	Erstellung der Basis für Weiterbildungsplanung	Sicherstellung einer proaktiven Verantwortung für eine effiziente Kontrolle
Überzeugen bei Prüferge-sprächen durch kompetentes und schlüssiges Vorgehen	Gezielte Erhebung des aktuellen Bedarfs an Schulungen	Proaktive Umsetzung neuer Anforderungen wie z.B. Diversity

7

Es wird die Situation unterstellt, dass der Finanz- bzw. Risikovorstand Anpassungen im Rahmen der Risikomessung bzw. die Einführung eines neuen Modells oder Messverfahrens erläutert.

Der Aufsichtsrat insgesamt muss die Ergebnisse der Risikoinventur und der aktuellen Risikolage kennen. Er muss die wesentlichen Risiken einschließlich der Risikoermittlungs- und quantifizierungsverfahren mit den jeweiligen Vor- und Nachteilen einschätzen können. Schließlich sollten jedem Aufsichtsratsmitglied die wesentlichen Parameter zur Risikomessung einschließlich deren Auswirkungen bekannt sein.

Der Aufsichtsratsvorsitzende, Financial Expert bzw. Prüfungsausschuss sollte zusätzlich alternative Verfahren der Risikomessung kennen sowie in der Lage sein, mit dem Vorstand über die Verfahren und Parameter zu beraten und die Ergebnisse dem Gesamtgremium des Aufsichtsrats zu erläutern. Der Vorstand bzw. der Ressortvorstand, in diesem Fall der Risikovorstand, muss zusätzlich die Entscheidung für ein Verfahren und die entsprechenden Parametereinstellungen erläutern und begründen können, z.B. in den entsprechenden Aufsichtsratsausschüssen.

Die Führungskräfte im jeweiligen Bereich, hier im Risikomanagement, müssen die Konzeption und den Aufbau der Modelle kennen, die mathematische Herleitung verstehen, Vergleichsrechnungen durchführen und das gewählte Verfahren begründen können sowie Treiberanalysen durchführen und eine Dokumentation erstellen können.

Kernthema für die Erfüllung der Pflichten von Aufsichtsräten ist die Qualifizierung und die Kompetenz. Dies dient einerseits der qualitativen Verbesserung von Entscheidungen bzw. der Begleitung des Vorstandshandelns, andererseits der Abwehr von Haftungsansprüchen im Rahmen der Business Judgement Rule. Dies schließt vorab Kenntnisse zu Strategie, Finanzen und Risikothemen ein, sowohl als Methodenkompetenz wie auch als Fachkompetenz. Dabei besteht keine Exkulpationsmöglichkeit aufgrund von Unkenntnis oder falscher Einschätzung. Die Sorgfaltspflicht umfasst nicht nur das Tun, sondern auch das Unterlassen (z.B. von eigenen Recherchen, Fortbildungen etc.).

Die Pflicht zur sachkundigen und fachkompetenten Aufsichtsführung besteht ab dem Tag der Berufung in den Aufsichtsrat; eine »Schonfrist« bzw. »Probezeit« gibt es für Aufsichtsräte nicht. Die Pflicht, Fortbildungsmaßnahmen zu absolvieren, die der Erlangung und Aufrechterhaltung der erforderlichen Sachkunde dienen, stellt eine »Holschuld« bezüglich Informationen dar, die über das turnusmäßige Pflichtreporting hinausgeht.

Die pflichtgemäße Wahrnehmung von Aufsichtsratsfunktionen setzt nach der Business Judgement Rule voraus, dass bei einer unternehmerischen Entscheidung vernünftigerweise angenommen werden durfte, auf der Grundlage angemessener Information zum Wohle der Gesellschaft zu handeln. Die Verletzung der Pflicht, aufgrund angemessener Information zu handeln, kann bei Kreditinstituten neben zivilrechtlichen

Kernthema für die Erfüllung der Pflichten von Aufsichtsräten sind die Qualifizierung und die Kompetenz.

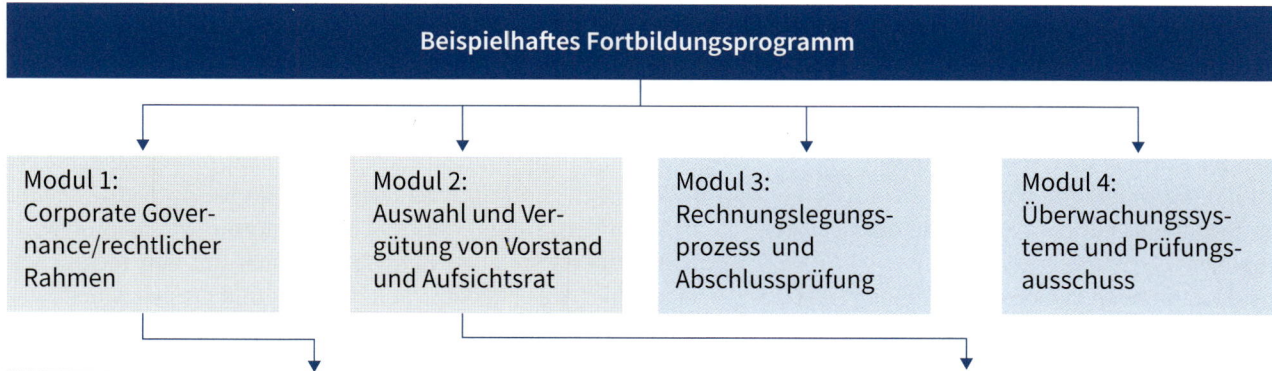

Beispielhaftes Fortbildungsprogramm

Modul 1: Corporate Governance/rechtlicher Rahmen

Modul 2: Auswahl und Vergütung von Vorstand und Aufsichtsrat

Modul 3: Rechnungslegungsprozess und Abschlussprüfung

Modul 4: Überwachungssysteme und Prüfungsausschuss

- Pflichten des Aufsichtsrats, Kompetenz, Rollen- und Funktionsverteilung
- Wahl der Aufsichtsratsmitglieder
- Rolle des Aufsichtsratsvorsitzenden
- Zusammenarbeit zwischen Vorstand und Aufsichtsrat sowie zwischen Vorstandsvorsitzendem und Aufsichtsratsvorsitzendem
- Aufsichtsrat im Konzern / Beirat im Mittelstand
- Interessenkonflikte und Unabhängigkeit
- Haftung und D&O-Versicherung
- Aufsichtsratsausschüsse
- Geschäftsordnungen, Kommunikationsstrukturen, Arbeitsabläufe und Beschlussfassung

- Auswahl und Bestellung des Vorstands
- Kriterien und Vorgaben für die Aufsichtsratszusammensetzung
- Nachfolgeplanung für Vorstand und Aufsichtsrat
- Vorstands- und Aufsichtsratsvergütung
- Rolle des Aufsichtsrats bei der strategischen Ausrichtung des Unternehmens
- Aufsichtsrat und Unternehmensstrategie
- Aufsichtsrat in Unternehmenskrise und -insolvenz
- Beratungs- und Überwachungspflichten
- Umgang mit gesteigerten Haftungsrisiken
- Insolvenzrechtliche Grundsachverhalte
- Handlungsmöglichkeiten bei fehlender Kooperation des Vorstands

7

Schadenersatzansprüchen auch Maßnahmen der BaFin auslösen und dazu führen, der Person, die die Pflichtverletzung begangen hat, die Ausübung der Tätigkeit zu untersagen.

Auf Schulungen für Aufsichtsräte sowie ein exemplarisches Fortbildungsprogramm wird auf den folgenden Seiten, beginnend mit dem Schaubild auf der nächsten Seite, eingegangen.

Die Bundesanstalt kann einer Person die Ausübung ihrer Tätigkeit untersagen, wenn

1. Tatsachen vorliegen, aus denen sich ergibt, dass die Person nicht zuverlässig ist;
2. Tatsachen vorliegen, aus denen sich ergibt, dass die Person nicht die erforderliche Sachkunde besitzt;
3. Tatsachen vorliegen, aus denen sich ergibt, dass die Person der Wahrnehmung ihrer Aufgaben nicht ausreichend Zeit widmet;
4. der Person wesentliche Verstöße des Unternehmens gegen die Grundsätze einer ordnungsgemäßen Geschäftsführung wegen sorgfaltswidriger Ausübung ihrer Überwachungs- und Kontrollfunktion verborgen geblieben sind und sie dieses sorgfaltswidrige Verhalten trotz Verwarnung durch die Bundesanstalt fortsetzt;
5. die Person nicht alles Erforderliche zur Beseitigung festgestellter Verstöße veranlasst hat und dies trotz Verwarnung durch die Bundesanstalt auch weiterhin unterlässt.

Einzel-Coachings haben den Vorteil, dass individuelle Qualifikationsdefizite nicht im Gesamtgremium publik gemacht werden.

Als Formate für Aufsichtsratsschulungen kommen offene Seminare, Inhouse-Schulungen und Einzel-Coachings in Betracht.

Während offene Seminare allgemeine Zusammenhänge aufzeigen, jedoch betriebsspezifische Einzelfragen verständlicherweise nicht behandeln können, kommt dieses Schulungsformat vor allem für Arbeitnehmervertreter in Betracht, die sich mit den rechtlichen Fragen der Aufsichtsratsarbeit befassen und diesbezüglich kundig machen wollen.

Inhouse-Schulungen sind als Update-Veranstaltungen bei neuen rechtlichen oder wirtschaftlichen Rahmenbedingungen sowie als fresh-up bzw. Einsteigerschulung für neuberufene Aufsichtsratsmitglieder beliebt.

Einzel-Coachings haben den Vorteil, dass individuelle Qualifikationsdefizite nicht im Gesamtgremium publik gemacht werden und insofern nach dem Einzel-Coaching ein Einstieg in die Aufsichtsratsarbeit auf hohem Qualifikationsniveau stattfinden soll. Auch wenn die aufsichtsrelevanten Neuerungen auf juristischem oder betriebswirtschaftlichem Gebiet im Rahmen von offenen Seminaren oder Inhouse-Schulungen nicht unmittelbar umgesetzt werden können, kann ein Einzel-Coaching spezifisch auf die Anforderungen des einzelnen Aufsichtsratsmitglieds abgestimmt werden.

In jedem Fall ist darauf zu achten, dass die Aufsichtsratsschulungen aller Formate einen hinreichenden Theorie-Praxis-Transfer beinhalten.

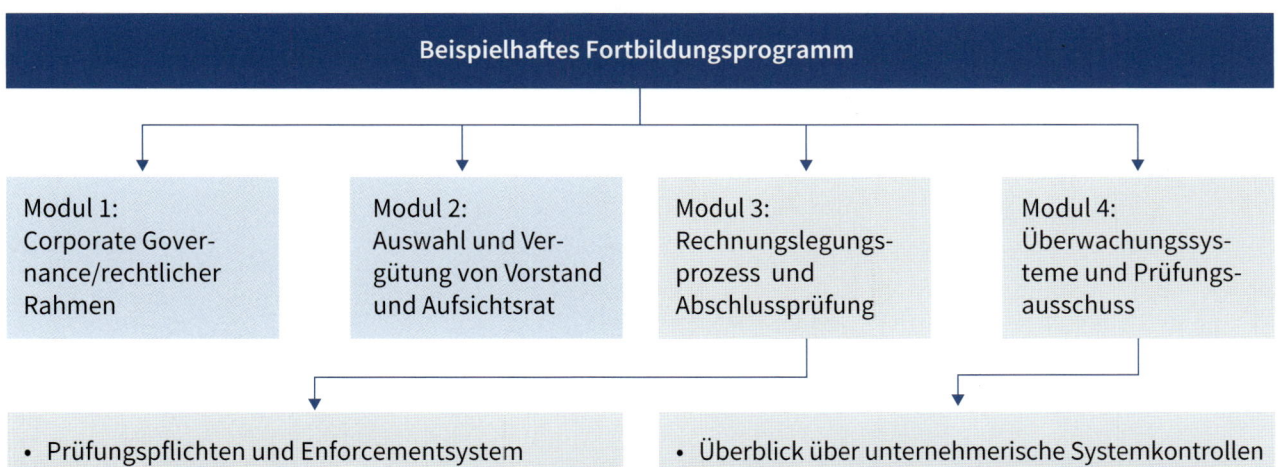

Beispielhaftes Fortbildungsprogramm

Modul 1:
Corporate Gover-
nance/rechtlicher
Rahmen

Modul 2:
Auswahl und Ver-
gütung von Vorstand
und Aufsichtsrat

Modul 3:
Rechnungslegungs-
prozess und
Abschlussprüfung

Modul 4:
Überwachungssys-
teme und Prüfungs-
ausschuss

- Prüfungspflichten und Enforcementsystem in Deutschland
- Bilanzierung und Jahresabschluss
- HGB- und IFRS-Rechnungslegung im Vergleich
- Bilanzpolitische Gestaltungsmöglichkeiten
- Bilanzanalytische Kennzahlen und Rating
- Prüfung des Jahresabschlusses durch den Aufsichtsrat und den Abschlussprüfer
- Zusammenarbeit von Aufsichtsrat und Abschluss- prüfer
- Bilanzsitzung

- Überblick über unternehmerische Systemkontrollen
- Unternehmensinterne und -externe Überwachung
- Controlling, Risikomanagement, Compliance- Management, Interne Revision, Abschlussprüfung
- Verantwortlichkeiten des Aufsichtsrats
- Funktionen und Aufgaben des Prüfungsausschusses
- Überwachung des Rechnungslegungsprozesses
- Überwachung der Wirksamkeit des Internen Kontrollsystems, des Risikomanagementsystems und des Internen Revisionssystems
- Überwachung der Abschlussprüfung, insbesondere der Unabhängigkeit und der Nichtprüfungsleis- tungen des Abschlussprüfers
- Informationsrechte und Berichtspflichten

7

Kapitel 8:

Effizienzprüfung

Inhaltsverzeichnis

Einführung

Der Deutsche Corporate Governance Kodex (DCGK) 2015 sieht unter Ziffer 5.6. vor, dass der Aufsichtsrat regelmäßig die Effizienz seiner Tätigkeit überprüfen soll. Gleiches gilt für Aufsichtsräte von Genossenschaften, die gemäß ihrem rechtsformspezifischen Kodex ebenfalls nach Ziffer 5.6. angehalten sind, ihre Tätigkeiten regelmäßig auf Effizienz zu überprüfen.

Vorstand und Aufsichtsrat börsennotierter Unternehmen haben die Einhaltung des DCGK jährlich im Rahmen der Entsprechenserklärung gemäß § 161 AktG zu bestätigen oder zu begründen, warum und inwiefern sie von der Regelung abweichen. Die Formulierung als »Soll-Vorschrift« hat in der Praxis die Konsequenz, dass alle börsennotierten Unternehmen sich im Rahmen der Entsprechenserklärung zum Corporate Governance Kodex jährlich zur Einhaltung dieser Empfehlung erklären müssen und dass kein Aufsichtsrat derartiger Unternehmen sich dem Thema verschließen kann.

In der Praxis stellt sich jedoch die Frage, wie eine Effizienzprüfung aussehen sollte und welche Schwerpunkte darin üblicherweise zu setzen sind:
- Aufgaben, Risikomanagement und Überwachungstätigkeit
- Vorbereitung und Ablauf der Sitzungen
- Ausschussarbeit
- Berichts- und Informationswesen/-wege

- Kultur der Zusammenarbeit und Selbstverständnis der Mitglieder
- Strukturierung des Aufsichtsrats und seiner Arbeitsweise
- Fachliche Kompetenz des Aufsichtsrats
- Persönliche Kompetenz des Aufsichtsrats.

Diese Aspekte werden auf den folgenden Seiten erläutert. Vorwegzunehmen ist jedoch, dass es einerseits um Wirtschaftlichkeit im Sinne eines angemessenen Aufwand-Nutzen-Verhältnisses geht. Andererseits geht es um die Wirksamkeit und Effizienz im Hinblick auf die notwendigen Kontrollen und Beratungsthemen.

Die Organisation und Durchführung einer Effizienzprüfung liegt in der Verantwortung des Aufsichtsrats, welcher Prüfungsinhalte und -verfahren derart festlegt, dass sie im Idealfall den Anforderungen entsprechen. Eine Standardlösung ist schwerlich möglich, da diese die Situation des Unternehmens, die Expertise der Mitglieder, Branchenerfordernisse etc. unberücksichtigt lässt. Die Unterstützung durch einen externen Berater kann daher sinnvoll sein und ist durchaus üblich. Der Abschlussprüfer gilt jedoch nicht als geeigneter externer Partner, da die Zusammenarbeit mit ihm sowie die Kontrolle des Rechnungslegungsprozesses regelmäßig Schwerpunkte einer Effizienzprüfung sind.

> **Unabhängig von Kann-/Soll-/Sollte-Bestimmungen ist die regelmäßige und umfassende Effizienzprüfung Ausdruck einer guten Unternehmensführung.**

Auszüge ausgewählter Normen bzw. Kodizes

- Ziffer 5.6. DCGK
  »Der Aufsichtsrat soll regelmäßig die Effizienz seiner Tätigkeit prüfen.«

- Ziffer 5.6. CG-Kodex für Genossenschaften
  »Der Aufsichtsrat soll regelmäßig die Effizienz seiner Tätigkeit prüfen.«

- Die Formulierung als »Soll-Vorschrift« hat zur Konsequenz, dass alle börsennotierten Unternehmen sich im Rahmen der Entsprechenserklärung zum Corporate Governance Kodex jährlich zur Einhaltung dieser Empfehlung erklären müssen, und dass kein Aufsichtsrat dieser Unternehmen sich dem Thema verschließen kann.

- § 25d KWG: Einmal jährlich ist der Aufsichtsrat und die Geschäftsleitung im Hinblick auf Eignung, Größe und Struktur individuell und kollektiv zu beurteilen.

Unabhängig von Kann-/Soll-/Sollte-Bestimmungen ist die regelmäßige und umfassende Effizienzprüfung Ausdruck einer guten Unternehmensführung.

8

Wie angeführt, soll die Effizienzprüfung regelmäßig stattfinden. Geeignet und im Sinne einer Best Practice scheint die jährliche Durchführung einer solchen Prüfung. Passend ist sicherlich eine Fertigstellung rechtzeitig zu der Aufsichtsratssitzung, die sich mit Themen der Corporate Governance oder der Entsprechenserklärung auseinandersetzt.

»Aufsichtsrat sein« ist spätestens seit der Finanzkrise ein Beruf geworden. Dies zeigt sich u. a. an der Notwendigkeit, Fortbildungen zu absolvieren, an der starken Zunahme an Seminarangeboten oder ähnlichem und nicht zuletzt an der Tatsache, dass Financial Experts oftmals über Head Hunter gesucht werden müssen.

Das persönliche Risiko sowie die damit zusammenhängende Haftungsgefahr sind derart angestiegen, dass Abwägungen bezüglich einer Mandatsübernahme oftmals zu ungunsten der Aufgabe ausfallen. Die Rechtssprechung formuliert immer konkretere Pflichten und die Ausübung des Amts ist ohne spezielle Versicherungen (D & O-Versicherung) nicht zu empfehlen.

Effizienzprüfungen unterliegen nicht einem einheitlichem Schema, sondern sind an der Situation des Unternehmens auszurichten und zu hinterfragen.

Die Effizienzprüfung ist eine als Selbstevaluation durchgeführte Einschätzung des Aufsichtsrats, die er mit Hilfe externer Unterstützung durchführen kann. Allein der Aufsichtsrat bestimmt anhand der gesetzlichen Erfordernisse die genauen Inhalte und Schwerpunkte (siehe Schaubild auf vorangegangener Seite). Dem Aufsichtsrat obliegt auch der Umgang mit den Ergebnissen der Prüfung; er trägt jedoch auch die Verantwortung dafür, wenn er nicht die richtigen Schlüsse aus den Resultaten zieht.

Die Aufsichtsräte sollten ihre Einschätzung an der individuellen Situation des Unternehmens ausrichten. Dies umfasst in der Regel auch die Einschätzung der Wirksamkeit des Internen Kontroll- und Risikomanagementsystems, der Internen Revision, der Rechnungslegungsprozesse sowie von Struktur und Zusammenarbeit der gebildeten Ausschüsse. In der Praxis sind zwei Verfahren gängig:

- Effizienzprüfung mit Standard-Checklisten (geringerer Aufwand)
- Effizienzprüfung mithilfe externer Berater und/oder individuell angepasster Fragenkataloge (besser auf das Unternehmen zugeschnitten, Vergleiche durch externen Berater möglich, neutrale Moderationsrolle durch Externen, Auswertung und Präsentation oftmals durch Externen und damit Entlastung des Gremiums).

Grundlage der Prüfung sind ebenfalls bereits vorhandene Dokumente wie z. B. Prüfungsberichte, Jahresabschlüsse etc. Zukünftige Prüfungen berücksichtigen die Ergebnisse in der Vergangenheit (Follow-up) und gehen daher i. d. R. mit einer geringeren zeitlichen Intensität einher. Notwendig ist hierfür jedoch ein stabiler Prozess, damit die Vergleichbarkeit sichergestellt ist.

Einige Erfahrungswerte im Überblick

Anforderungen an Gremien	• Anstieg der gesetzlichen und ggf. der regulatorischen Anforderungen • Anstieg der Anforderungen an Kompetenz und Sorgfalt • Erhöhte Haftungsrisiken
Effizienzprüfung »live«	• Konkrete Kriterien fehlen • Handlungsanweisungen zur Prüfung der Organe fehlen • Das Gremium muss selbst den geeigneten Ansatz bzw. Partner finden/wählen
Arbeitsweise der Gremien	• Die Arbeitsweise der Gremien soll regelmäßig überprüft werden • Dies sollte auch die individuelle Eignung der Mitglieder umfassen • Für Banken gelten strengere Kriterien. Ausstrahlungswirkung ist jedoch denkbar
Vorhandenes Nutzen	• Unternehmen und Institute dokumentieren bereits heute i.d.R. intensiv die Organisation und Zusammensetzung der Gremien • U.U. ist nur noch etwas »Feinschliff« notwendig

8

Effizienzprüfung in der Praxis

Erfolgsfaktoren

1. Durch ein **modulares Vorge-hen** können die Ausgangsitu-ation des Unternehmens ideal berücksichtigt und die Ziele mit der geeigneten Methode effizient erreicht werden. Nur das tun, was notwendig ist. Ein typischer modularer Ablauf einer Effizienzprüfung umfasst folgende Bausteine:
   - Dokumentenanalyse
   - Fragebogen
   - Interviews
   - Dokumentation und Präsentation

> **Die genannten Aspekte können als wesentliche Bausteine für Akzeptanz und Erfolg der Effizi-enzprüfung angesehen werden.**

Details zu den Inhalten sind auf der folgenden Seite dargestellt.

2. Für die **Weiterentwicklung** des Gremiums sowie **Synergi-en** für aktuelle Effizienzprüfungen werden auf der Grund-lage der **mehrjährigen Evaluierungsstrategie** die Ergeb-nisse der Vorjahre einbezogen.

3. Als **partnerschaftlicher Begleiter** sollten externe Berater Ihre Erfahrung und Vergleichsmöglichkeiten einbringen und nicht als »Prüfer« auftreten.

4. »**Customizing**« der angewendeten Methoden, Fragebögen etc. auf die Unternehmensbedürfnisse (Begriffe, Ausschüs-se etc.), damit Unklarheiten und Mehraufwand verhindert werden.

5. **Prozessuales** bzw. **gestuftes Vorgehen**, d. h. wesentliche bereits im Vorfeld zur Verfügung stehende Informationen fließen von Beginn an in die Effizienzprüfung ein.

Typischer Ablauf und Komponenten einer Effizienzprüfung			
1 Dokumentenanalyse	**2** Fragebogenanalyse (zur Arbeitsweise)	**3** Interviews	**4** Dokumentation
Analyse wesentlicher Dokumente wie z.B.:	Im Fokus stehen:	Vertiefen, Verstehen und gegenseitiger Austausch	Erstellen des Abschluss-berichts
Satzung	(Selbst-) Organisation	Inhaltliche Aufarbeitung offener Themen	Schlusspräsentation
Geschäftsordnungen	Arbeitsweise	Austausch zu Ergebnissen und zum Vorgehen	
Ggf. Sitzungsunterlagen	Informationsversorgung	Präsentation und Diskussion	
Prüfungsberichte	Zusammensetzung (auch der Ausschüsse)	Fachliche und persön-liche Kompetenz	
Ziel- und Vergütungs-vereinbarungen	Diskussionskultur		
	Einbindung relevanter Bereiche (z.B. Risiko)		

Bei Unternehmen, die dem § KWG 25d unterliegen, müsste zusätzlich die geforderte individuelle und kollektive Beurteilung des Aufsichtsrats sowie des Vorstands vorgenommen werden. Es wäre dann eher ein 5-stufiges Modell aufgrund dieser KWG-Anforderung.

8

Standortbestimmung

Kollektiventscheidungen müssen von jedem Mitglied des Aufsichtsrats auch individuell beurteilt werden können. Daher ist es wichtig, dass bei der Standortbestimmung des Gremiums auch auf die einzelnen Mitglieder des Aufsichtsrats abgestellt wird und folgende Aspekte in die Beurteilung einbezogen werden:

- Fachbezug:
  - Branchenspezifische Themen und Finanz-, Controlling- sowie Risikothemen
  - Allgemeine Themen wie Organisation, Personal etc.
- Persönlichkeitsbezug (Umgang mit Konflikten, Präsentation, Führung etc.)

Der Vorsitzende des Aufsichtsrats hat das Gremium zu führen und dafür Sorge zu tragen, dass die Kontroll- und Überwachungsfunktion ausgefüllt wird. Nach dem Corporate Governance Kodex sowie dem KWG hat der Aufsichtsrat nicht nur die Überwachungsfunktion, sondern er soll dem Vorstand auch beratend zur Seite stehen. Zu beachten ist dabei neben der individuellen Haftung bei (persönlichen) Versäumnissen auch die gesamtschuldnerische Haftung des Gremiums – auch bei Unterlassung. Es geht also um fachliche und persönliche Eignung im Rahmen der Mandatsausübung.

Die individuelle Kompetenz jedes einzelnen Mitglieds ist der Schlüssel für ein wirksames und erfolgreiches Gremium sowie für die Minderung des Haftungsrisikos.

Die wesentlichen mit der Standortbestimmung zu klärenden Fragen

- Sind alle notwendigen Kompetenzen im Gremium ausreichend vorhanden?
- Wurde eine solche Analyse bereits durchgeführt? ... und ist sie Basis für Schulungen, Neubesetzungen etc.
- Ist das Gremium bezüglich seiner Zusammensetzung und Kompetenzen »angreifbar«?
- Könnte es besser aufgestellt sein?
- Bestehen »blinde Flecken« oder sogar Haftungsrisiken?
- Sind Dokumentationen und Entscheidungen für Dritte nachvollziehbar?

Ziele der Standortbestimmung

1 Gremienentlastung und Sorgfaltsoptimierung

Themenbesetzung in allen relevanten Bereichen sicherstellen

Haftungsrisiken durch aktives Kompetenz-management reduzieren

Bei Prüfergesprächen durch schlüssiges Vorgehen überzeugen

2 Gremienbesetzung und -weiterbildung

Systematische und analytische Grundlage für Neubesetzungen schaffen

Basis für Weiterbildungs-planung erstellen

Gezielt aktuellen Bedarf für Schulungen erheben

3 Gremienentwicklung

Strategische Entwicklung des Gremiums ermöglichen

Proaktiv Verantwortung für eine gute Kontrolle über-nehmen und diese sicher-stellen

Aktuellen Diskussionen begegnen können (z.B. Diversity)

8

Besonderheiten bei Banken

Aufsichtsräte von Banken unterliegen in einigen Bereichen deutlich strengeren Vorgaben als andere Aufsichtsräte. Nachfolgend sind die wesentlichen Anforderungen gem. § 25d KWG angeführt:

- Ausgestaltung der Vergütungssysteme für die Geschäftsleitung
- Zielvereinbarung mit der Geschäftsleitung und Überprüfung der Zielerreichung
- Regelmäßige Erörterung von Strategien, Risiken, Geschäftsentwicklungen und Vergütungssystemen (für Geschäftsleiter und Mitarbeiter)
- Überwachung der Konditionen und Anlageentscheidungen sowie Prüfung der Übereinstimmung mit dem Geschäftsmodell und der Risikostruktur des Unternehmens
- **Jährliche Prüfung von Geschäftsleitung und Aufsichtsorgan (Effizienzprüfung)**
- **Gezielte und nachvollziehbare Weiterentwicklung des Gremiums**

Insbesondere die beiden letztgenannten Punkten gehen im Bankensektor erheblich weiter als außerhalb, da explizit sowohl die individuelle als auch kollektive Einschätzung nicht nur für den Aufsichtsrat, sondern auch für die Geschäftsleitung erforderlich ist.

Die Aufgaben des Aufsichtsrats, insbesondere des Vorsitzenden, werden noch umfangreicher und komplexer.

Folgende Zielgruppen stehen also im Fokus der durch den Aufsichtsrat durchzuführenden Effizienzprüfung:

- Aufsichtsrat: individuell und kollektiv
- Geschäftsleitung: individuell und kollektiv

Die Spannweite des angewendeten Vorgehens reicht von der anonymen Beurteilung durch die Mitglieder des Aufsichtsrats bis hin zu transparenten Workshops, in denen ein offener Austausch im Gremium stattfindet. Die gewählte Methode hängt im Wesentlichen von der Kultur innerhalb des Gremiums ab.

Effizienz

§ 25d Abs. 11 Nr. 3 KWG

- Das Verwaltungs- oder Aufsichtsorgan (AR) **muss mindestens einmal jährlich** seine Struktur, Größe, Zusammensetzung und Leistung bewerten.

Eignung

§ 25d Abs. 11 Nr. 4 KWG

- Der AR ist zudem verpflichtet, jährlich die Kenntnisse, Fähigkeiten und Erfahrungen der einzelnen Mitglieder des Gremiums sowie des Organs in seiner Gesamtheit zu bewerten.

Verwaltungs-/Aufsichtsorgan

Geschäftsleitung

§ 25d Abs. 11 Nr. 3 KWG

- Das Verwaltungs- oder Aufsichtsorgan (AR) muss mindestens einmal jährlich die Struktur, Größe, Zusammensetzung und Leistung der Geschäftsleitung bewerten.

§ 25d Abs. 11 Nr. 4 KWG

- Der AR ist zudem verpflichtet, jährlich die Kenntnisse, Fähigkeiten und Erfahrungen der Geschäftsleiter sowie des Organs in seiner Gesamtheit zu bewerten.

Bei der Durchführung der Effizienzprüfung kann das Verwaltungs-/Aufsichtsorgan durch einen Nominierungsausschuss und externe Berater unterstützt werden.

Selbsteinschätzung

Die Selbsteinschätzung des Aufsichtsrats soll dazu dienen, sich auf die Anforderungen und Fragen vorzubereiten, die dem Aufsichtsrat möglicherweise gestellt werden, wenn die Einhaltung der Sorgfaltspflicht überprüft wird:

Aufbauend auf der Effizienzprüfung sollte der Aufsichtsrat seine Zusammensetzung in persönlicher und fachlicher Hinsicht sowie in Bezug auf seine Arbeitsweise schrittweise weiterentwickeln.

- Decken wir die gesetzlichen Anforderungen sowie die des DCGK und ggf. des § 25d KWG ab:
  - individuell?
  - kollektiv?
- Konkrete Weiterentwicklung des Gremiums: Fahrplan, Umsetzung, Maßnahmen?
  → Achtung Sorgfaltspflicht und Haftung!
- Mehrjahresfokus bei der Entwicklung des Gremiums?
- Welche Regelungen sind für uns relevant und welche Anpassungen sollten wir darüber hinaus freiwillig/proaktiv angehen (GAP-Analyse).

- Wie kann (und zwar zeitnah) eine umfassende Evaluierung der Geschäftsleitung und des Leitungsorgans gem. § 25d KWG erfolgen? Standortbestimmung/Effizienzprüfung
- Kommen wir der individuellen und kollektiven Weiterbildungs/Fortbildungspflicht nach (inkl. Lernhistorie)?

Quellen, weiterführende Literatur

Beyer M./Gabius K. (2015): Die Zukunft des Aufsichtsrats – Die Rolle des Gremiums im Rahmen von Planung und Strategie, BOARD 5/2015, S. 197-201.

Beyer M./Wulfert I. (2015): Finanzinstrumente – Herausforderungen für Aufsichtsräte?, BOARD 4/2015, S. 157-161.

Beyer M./Heyd R. (2015): Die Überwachung des Rechnungslegungsprozesses – Vom Prozessverständnis bis zur Bilanzpressekonferenz, BOARD 1/2015, S. 6-10.

Hillebrand K.-P. (2013): Effizienzprüfung des Aufsichtsrats – vom Kontrolleur zum Kontrollierten?, Die Wohnungswirtschaft (DW), 8/2013, S. 54-55.

Effizienzprüfung als zentraler Baustein und wesentlicher Schutzschirm

Grundlage ist die umfassende und regelmäßig/jährlich durchzuführende Effizienzprüfung im Sinne einer Standortbestimmung.

8

Kapitel 9:

Betriebswirtschaftliche Grundlagen

Inhaltsverzeichnis

Einführung

Einordnung Jahresabschluss

Der Jahresabschluss gehört zum externen Rechnungswesen. Dieses ist

- an außenstehende Kapitalgeber gerichtet,
- gesetzlich normiert, um eine zwischenbetriebliche Vergleichbarkeit zu ermöglichen und
- dient der Entscheidungsfindung, ob das finanzielle Engagement der Kapitalgeber aufrechterhalten werden soll oder nicht.

Dies bedeutet: Antworten auf die Fragen, ob die Eigenkapitalgeber ihren Aktienbestand behalten, aufstocken oder reduzieren sollen und ob Fremdkapitalgeber ihren Kredit fällig stellen oder verlängern (prolongieren) sollen.

Die Buchführung selbst nimmt eine »Zwitterstellung« zwischen internem und externem Rechnungswesen ein. Sie wird nicht publiziert und gehört zu den »Betriebs- und Geschäftsgeheimnissen«, über die Mitarbeiter Dritten gegenüber Stillschweigen zu bewahren haben. Sie bildet die informatorische Basis für den Jahresabschluss, der die Buchführungsdaten in komprimierter und spezifisch aufbereiteter Form den Außenstehenden zur Verfügung stellt.

Der Jahresabschluss ist die wesentliche Informationsquelle für Außenstehende und Kapitalgeber.

Bilanzierungspflicht und Aufstellung des Jahresabschlusses: Gemäß § 238 Abs. 1 HGB ist jeder Kaufmann verpflichtet, Bücher zu führen und in diesen seine Handelsgeschäfte und die Lage seines Vermögens nach den Grundsätzen ordnungsmäßiger Buchführung ersichtlich zu machen. Er hat zu Beginn seines Handelsgewerbes und für den Schluss jeden Geschäftsjahres einen das Verhältnis seines Vermögens und seiner Schulden darstellenden Abschluss aufzustellen (§ 242 Abs. 1 HGB).

Die Buchführungspflicht resultiert einerseits aus einer Dokumentations- und Kontrollpflicht, Beweissicherung und Rechenschaftslegung, andererseits stellt sie die informationelle Basis für den Jahresabschluss dar. Dabei stellen die Handelsgeschäfte die Transaktionen mit Dritten, also die Geschäftsvorfälle dar, die nach den formellen und materiellen Grundsätzen ordnungsmäßiger Buchführung im Rahmen der Doppik nach zeitlichen und sachlichen Gliederungskriterien abzubilden sind (Grund- und Hauptbuchfunktion).

Die Darstellung der Lage des Kaufmannsvermögens zielt auf die Bilanz als Gegenüberstellung von Vermögen und Schulden ab, durch die den Kapitalgebern die Information vermittelt wird, ob das Vermögen ausreicht, um die Schulden abzudecken (Überschuldungskontrolle) und ob das Eigenkapital als Saldo aus Vermögen und Schulden im Lauf des Geschäftsjahres zu- oder abgenommen hat. Damit verbunden ist die Information, ob die Eigenkapitalgeber (Gesellschafter) am Ende des Geschäftsjahres »reicher« oder »ärmer« sind als am Anfang und ob die Wahrscheinlichkeit einer Überschuldung größer oder kleiner geworden ist.

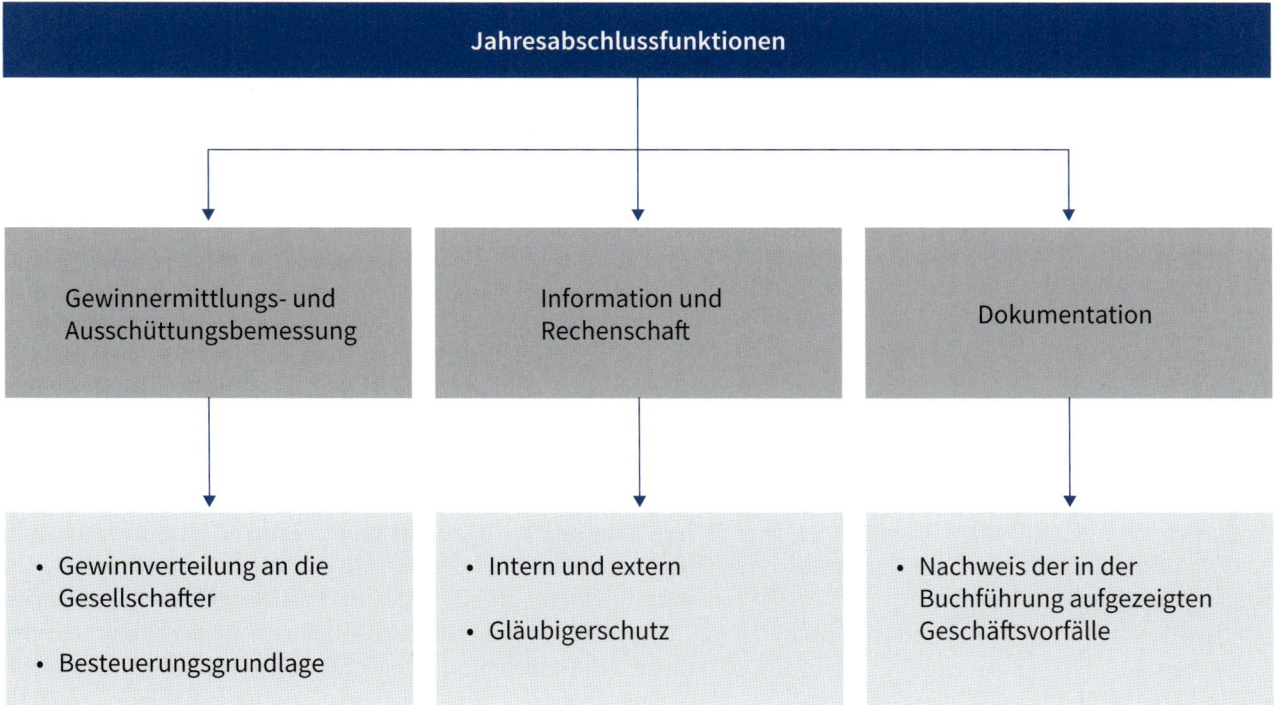

Da Eigenkapital vorrangig haftet, bedeutet eine Erhöhung des Eigenkapitals, dass die Wahrscheinlichkeit einer Überschuldung geringer geworden ist und umgekehrt.

Zum externen Rechnungswesen gehören:

- der Jahresabschluss, den jede rechtliche Einheit zum Ende eines Geschäftsjahres aufzustellen hat (§ 242 HGB)
- der Konzernabschluss, den das Mutterunternehmen eines Konzerns zum Ende des Konzerngeschäftsjahres aufzustellen hat und in den das Mutterunternehmen und alle Tochterunternehmen einzubeziehen sind (§ 290 HGB)
- bei kapitalmarktorientierten Unternehmen die Zwischenberichterstattung, d.h. der Halbjahresfinanzbericht und die Quartalangaben nach §§ 37v bis 37z WpHG

Der Begriff Jahresabschluss hängt hinsichtlich seiner Bestandteile ab von bestimmten Parametern, wie Rechtsform, Unternehmensgröße und Inanspruchnahme des Kapitalmarktes.

So besteht der Jahresabschluss

- bei Nichtkapitalgesellschaften aus Bilanz und GuV-Rechnung (§ 242 Abs. 3 HGB),
- bei Kapitalgesellschaften und eingetragenen Genossenschaften aus Bilanz, GuV-Rechnung und Anhang (§§ 264 Abs. 1 Satz 1, 336 Abs. 1 HGB),
- bei kapitalmarktorientierten Kapitalgesellschaften zusätzlich noch aus einem Eigenkapitalspiegel und einer Kapitalflussrechnung, wahlweise zusätzlich noch aus einer Segmentberichterstattung (§ 264 Abs. 1 Satz 2 HGB),

- große und mittelgroße Kapitalgesellschaften sowie Genossenschaften haben zusätzlich einen Lagebericht aufzustellen (§§ 264 Abs. 1 Satz 1 und 4, 336 Abs. 1 HGB).

Die Bilanz ist eine stichtagsbezogene Gegenüberstellung von Mittelverwendung (Vermögen) und Mittelherkunft (Eigen- und Fremdkapital). Das Vermögen lässt sich in Anlage- und Umlaufvermögen gliedern. Neben der Zweckbestimmung (Gebrauch für die betriebliche Leistungserstellung = Anlagevermögen, Verbrauch für die betriebliche Leistungserstellung = Umlaufvermögen) ist die in Aussicht genommene, **Die Inhalte des Jahresabschlusses hängen maßgeblich von der Unternehmensgröße, der Rechtsform sowie der Kapitalmarktorientierung ab.** beabsichtigte Verweildauer für die Zuordnung maßgebend. Anlagevermögen ist dazu bestimmt, dauernd dem Geschäftsbetrieb zu dienen (§ 247 Abs. 2 HGB). Die Passivseite beschreibt die Mittelherkunft nach der Rechtsstellung der Kapitalgeber.

Entsprechend der unterschiedlichen Rechtsstellung und der damit zusammenhängenden unterschiedlichen Interessenlage dienen folgende Größen als entscheidungsrelevante Kennzahlen:

- Eigenkapitalrentabilität
- Eigenkapitalquote

Die Eigenkapitalrentabilität beschreibt, wie viel Gewinn aus 100 EUR Eigenkapital entsteht. Dies ist ein Vorteilsmaß der

DEFINITION

Eigenkapital ist ein vorrangig haftender, einen substanziellen Anspruch begründender, regelmäßig unbefristeter, mit Mitsprache- und Mitwirkungsrechten versehener Residualanspruch der Gesellschafter als Saldo der Aktiva über die Schulden.

Unterscheidung Eigenkapital – Fremdkapital (Rückstellungen, Verbindlichkeiten)	
Eigenkapital	**Fremdkapital**
• Anspruch der Gesellschafter	• Anspruch der Gläubiger
• regelmäßig unbefristet	• regelmäßig befristet
• substanzieller Anspruch	• nomineller Anspruch
• Residualvergütung	• regelmäßig fester Zins oder referenzgrößen-abhängige Vergütung
• Mitspracherechte	• keine Mitspracherechte
• vorrangige Haftung	• keine Haftung
• Anteil am Liquidationserlös	• Nomineller Rückzahlungsanspruch

9

Gesellschafter im Hinblick auf ihr Eigenkapitalengagement am Unternehmen.

Die Eigenkapitalquote beschreibt den Quotient Eigenkapital zu Gesamtkapital und gibt an, wie viel Prozent des Vermögens durch Verluste »abschmelzen« können, bevor die Gläubiger ihre Ansprüche nicht mehr vollumfänglich befriedigen können. Sie ist als rating-relevante Kennzahl bekannt und beschreibt die Sicherheit von Fremdkapitalengagements in Bezug auf das vorrangig haftende Eigenkapital.

Vorjahresangaben, Gliederung

Die Pflicht zur Angabe von Vorjahresbeträgen zu jedem Bilanzposten (§ 265 Abs. 2 Satz 1 HGB) lässt die Nettoveränderungen erkennen. Bei drei Sachverhalten verlangt der Gesetzgeber allerdings unter bestimmten Voraussetzungen, die Bruttoentwicklung unsaldiert darzustellen:

1. Die Entwicklung des Eigenkapitals als Prediktor für den Insolvenztatbestand der Überschuldung (§ 19 InsO) wird – sofern es sich um die erfolgswirksamen Eigenkapitalveränderungen handelt, durch welche die Gesellschafter »reicher oder ärmer« geworden sind – in der GuV-Rechnung detailliert abgebildet durch Gegenüberstellung der Vorgänge, durch welche die Eigenkapitalgeber »reicher« geworden sind, also der Erträge und der Vorgänge, durch welche die Eigenkapitalgeber »ärmer« geworden sind, also der Aufwendungen. Der Eigenkapitalspiegel stellt die einzelnen Eigenkapitalposten mit ihren jeweiligen Beträgen zu Beginn und zum Ende des Geschäftsjahres sowie des Vorjahres dar und beschreibt die Veränderungen während des Geschäftsjahres (DRS 7).

> **Die Entwicklung des Eigenkapitals und des Eigenkapitalspiegels sind wesentliche Prediktoren für die möglicherweise drohende Insolvenz.**

2. Die Entwicklung des Zahlungsmittelbestandes als Prediktor für die Insolvenztatbestände der drohenden sowie der eingetretenen Zahlungsunfähigkeit (§§ 17, 18 InsO) wird mittels einer Kapitalflussrechnung in strukturierter Weise in den drei Zahlungsbereichen aus operativer, investiver und (Außen-)Finanzierungstätigkeit beschrieben.
3. Die Entwicklung des Anlagevermögens wird durch den Anlagespiegel (§ 284 Abs. 3 HGB) als Bruttoentwicklungsrechnung für jeden einzelnen Anlagevermögensposten abgebildet.

Die GuV-Rechnung stellt die Aufwendungen und Erträge einer Periode einander gegenüber (§ 242 Abs. 2 HGB). Die Struktur wird in § 275 HGB angeführt.

Die Gliederungsvorschriften für die Bilanzierung differenzieren nach Unternehmensgröße, Rechtsform und Geschäftszweig. Geschäftszweigspezifische Gliederungsvorschriften knüpfen an das Geschäftsmodell an. Sie sind in Rechtsverordnungen, z. B. der RechKredV geregelt.

Allgemeine Gliederungsprinzipien für die Bilanzierung (§ 265 HGB)

1. Darstellungsstetigkeit
2. Vorjahresbezug
3. Mitzugehörigkeit zu anderen Posten (»Davon-Vermerk«)
4. Gliederung bei mehreren Geschäftszweigen
5. Weitere Untergliederung und neue Posten
6. Abweichende Gliederung und Bezeichnung der mit arabischen Ziffern versehenen Posten
7. Zusammenfassung mehrerer mit arabischen Ziffern versehener Posten unter Materiality-Gesichtspunkten
8. Ausweis von Leerposten, wenn im Vorjahr ein von null verschiedener Betrag ausgewiesen wurde

Gliederung in Abhängigkeit von Unternehmensgröße, Rechtsform und Branche

9

Große und mittelgroße Kapitalgesellschaften → Bilanzschema nach § 266 Abs. 2 und 3 HGB	Kleine Kapitalgesellschaften → verkürztes Bilanzschema nach § 266 Abs. 1 Satz 3 HGB	Nicht-Kapitalgesellschaften → kein Bilanzschema vorgeschrieben

Sondervorschriften für spezielle Geschäftszweige
(Banken, Bausparkassen, Versicherungs- und Verkehrsunternehmen)

Rechtsformspezifische Gliederungsvorschriften beziehen sich primär auf die Eigenkapitalgliederung und die Ergebnisverwendung. Größenabhängige Gliederungsvorschriften ergeben sich in Abhängigkeit von Bilanzsumme, Umsatz und Zahl der durchschnittlich beschäftigten Arbeitnehmer. Die Grenzwerte beschreibt § 267 HGB. Für die Größenklassifizierung müssen zwei der drei Merkmale zutreffen. Eine Kapitalgesellschaft gilt stets als große, wenn sie einen organisierten Markt im Sinne des § 2 Abs. 5 WpHG durch von ihr ausgegebene Wertpapiere im Sinne des § 2 Abs. 1 Satz 1 WpHG in Anspruch nimmt oder die Zulassung zum Handel an einem organisierten Markt beantragt hat.

> **Die Gliederung der Bilanz ist ein Kompromiss, Informationsbedürfnisse zu befriedigen und gleichzeitig Unternehmensinteressen zu wahren.**

Gliederung

Die Bilanz (ital. bi lancia = Waage) stellt die Mittelherkunft und die Mittelverwendung gegenüber. Als Formen der Mittelherkunft (Außenfinanzierung) stehen das Eigen- und das Fremdkapital gegenüber. Die Mittelverwendung (Investition) erfolgt in Anlage- und Umlaufvermögen.

Die Gliederung ist ein Kompromiss zwischen den nahezu unbegrenzten Informationserwartungen der Außenstehenden und den Interessen der Insider, bestimmte Themen nicht nach außen dringen zu lassen. Da sich jeder an Informationen Interessierte zunächst selbst kümmern muss, die gewünsch-

ten Informationen zu bekommen, sieht der Gesetzgeber ein besonders starkes Schutzbedürfnis dann, wenn großen Gesellschaften eine Vielzahl von mit wenig Macht und Einfluss ausgestatteten Kapitalgebern gegenüber stehen. Da das Recht der Rechnungslegung Schutzrecht im Interesse der Außenstehenden ist, sind die Gliederungsvorschriften umso detaillierter, je größer das berichtspflichtige Unternehmen ist. Da kapitalmarktorientierte Unternehmen mit einer Vielzahl von nicht immer kaufmännisch vorgebildeten Personen kontrahieren, sind sie – unabhängig von ihrer tatsächlichen Größe – immer den strengsten, d. h. den für große Kapitalgesellschaften vorgeschriebenen Gliederungsnormen unterworfen. Das Gliederungsschema nach § 266 HGB ist für große Kapitalgesellschaften verbindlich vorgeschrieben. Es dürfen grundsätzlich weder neue Posten hinzugefügt noch willkürlich Posten zusammengefasst werden.

Dies dient der zwischenbetrieblichen Vergleichbarkeit. Begründete Ausnahmen von dieser Regelung sind allerdings zulässig (§ 265 Abs. 5 HGB).

Für Nicht-Kapitalgesellschaften ist formell-gesetzlich kein Gliederungsschema vorgeschrieben, allerdings ergibt sich aus § 247 Abs. 1 HGB die Verpflichtung, Anlage- und Umlaufvermögen, Eigenkapital und Schulden sowie die Rechnungsabgrenzungsposten gesondert auszuweisen und hinreichend aufzugliedern. Schließlich verlangt § 243 Abs. 2 HGB die Beachtung der Grundsätze von Klarheit und Übersichtlichkeit.

Aktiva		Aktiva/Passiva	Passiva	
Vermögens-gegenstände	Geschäfts- oder Firmen-wert (Goodwill) (§ 246 Abs. 1 Satz 4 HGB)	Rechnungs-abgrenzungsposten (§ 250 HGB)	Eigenkapital	Schulden
• Wirtschaftliche Werte, die für das Unternehmen einen zukünftigen Nutzen erwarten lassen • Selbstständige Bewertbarkeit (geeigneter Wertmaßstab, regelmäßig Vorliegen von Ausgaben) • Selbstständige Verkehrsfähigkeit, d.h. Einzel-veräußerbarkeit (→ Gläubiger-schutzinteresse)	• Überschuss, der für die Übernahme ei-nes Unternehmens bewirkten Gegen-leistung über das zum beizulegenden Zeitwert angesetzte Nettovermögen → gilt als zeitlich begrenzt nutzbarer immaterieller Vermögensgegen-stand	• Bilanzposten, die vorschüssige Zahlungen repräsentieren, welche sachlich einem bestimmten Zeitraum nach dem Bilanzstichtag zuzuordnen sind	• Vorrangig haftende Residualgröße als Überschuss der Aktiva über die Schulden	• Belastungen des Vermögens am Bilanzstichtag • Belastungen müs-sen auf am Bilanzstichtag bestehender, rechtlicher oder wirtschaftlicher Leistungsverpflich-tung des Unterneh-mens beruhen • Selbstständige Bewertbarkeit → sichere Schulden = Verbindlichkeiten → Unsichere Schulden = Rückstellungen

9

Rechtsformspezifische Gliederungsanforderungen ergeben sich insbesondere im Bereich der Eigenkapitaldarstellung und der Ergebnisverwendung.

Kleine Kapitalgesellschaften können nach § 266 Abs. 1 Satz 3 HGB eine verkürzte Bilanz aufstellen und bestimmte Posten zusammenfassen. Danach sind nur die in der Bilanzgliederung für große Kapitalgesellschaften mit Buchstaben und römischen Ziffern bezeichneten Posten gesondert und in der vorgeschriebenen Reihenfolge darzustellen.

Für die GuV-Rechnung sind nach § 275 HGB zwei Gliederungsschemata vorgesehen. Beiden gemeinsam ist die betriebswirtschaftliche Grobstruktur in
Ergebnis der eigentlichen Betriebstätigkeit
+ Finanzergebnis
+ Steuerpositionen
= Jahresüberschuss/Jahresfehlbetrag.
Beide Gliederungsschemata unterscheiden sich lediglich in der Darstellung des Ergebnisses der eigentlichen Betriebstätigkeit.

Gesamt- und Umsatzkostenverfahren

Das Gesamtkostenverfahren (§ 275 Abs. 2 HGB) stellt die Erträge und Aufwendungen der produzierten Mengen gegenüber. Dies schließt neben den Umsätzen die Bestandsveränderungen und aktivierten Eigenleistungen ein, denen die Aufwendungen der produzierten Mengen, gegliedert nach Aufwandsarten, gegenüber gestellt werden. Das Gesamtkostenverfahren ist einfach aus der Finanzbuchhaltung abzuleiten und findet in kontinentaleuropäischen Ländern eine hinreichende Verbreitung. Es zeigt die Aufwandsarten und lässt darauf bezogene Analysen zu. Eine Lagerbestandsveränderung kann nicht nur in der Bilanz (Veränderung der Vorratsvermögensbestände), sondern auch in der GuV-Rechnung (Bestandsveränderungen) erkannt werden.

Das Umsatzkostenverfahren (§ 275 Abs. 3 HGB) stellt die Erträge und Aufwendungen der verkauften Mengen gegenüber. So werden den Umsatzerlösen, d. h. den Erträgen der verkauften Mengen, die Herstellungskosten der zur Erzielung der Umsatzerlöse erbrachten Leistungen, d. h. die Aufwendungen der verkauften Mengen, gegenüber gestellt. Der Saldo ergibt das Bruttoergebnis vom Umsatz (engl. Gross Profit), welches eine wichtige Steuerungsgröße nach innen und Berichtsgröße nach außen darstellt. Aus dem Bruttoergebnis vom Umsatz sind die Funktionskosten, d. h. die Aufwendungen der Funktionsbereiche (Verwaltung, Vertrieb etc.) abzudecken. Die Aufwendungen sind somit nach Kostenstellen gegliedert. Das Umsatzkostenverfahren ist insbesondere in angelsächsischen Ländern verbreitet und findet demzufolge in der internationalen Rechnungslegung breite Anwendung. US-GAAP-Bilanzierern steht nur das Umsatzkostenverfahren als GuV-Gliederungsschema zur Verfügung.

Die Wahl des Verfahrens sollte nach dem Fokus des Geschäfts erfolgen: Aufwendungen der produzierten Mengen vs. Aufwendungen der verkauften Mengen.

Darstellung der GuV bei Kapitalgesellschaften gem. § 275 HGB

Gesamtkostenverfahren § 275 Abs. 2 HGB

1. Umsatzerlöse
2. Erhöhung oder Verminderung des Bestandes an fertigen u. unfertigen Erzeugnissen
3. andere aktivierte Eigenleistungen
4. sonstige betriebliche Erträge
5. Materialaufwand
   a) Aufwendungen für Roh-, Hilfs- und Betriebsstoffe und für bezogene Waren
   b) Aufwendungen für bezogene Leistungen
6. Personalaufwendungen
   a) Löhne und Gehälter
   b) soziale Abgaben und Aufwendungen für Altersversorgung und Unterstützung
7. Abschreibungen
   a) auf immaterielle Vermögensgegenstände des Anlagevermögens und Sachanlagen
   b) auf Vermögensgegenstände des Umlaufvermögens, soweit diese die in der Kapitalgesellschaft üblichen Abschreibungen überschreiten
8. sonstige betriebliche Aufwendungen

Umsatzkostenverfahren § 275 Abs. 3 HGB

1. Umsatzerlöse
2. Herstellungskosten der zur Erzielung der Umsatzerlöse erbrachten Leistungen
3. Bruttoergebnis vom Umsatz
4. Vertriebskosten
5. allgemeine Verwaltungskosten
6. sonstige betriebliche Erträge
7. sonstige betriebliche Aufwendungen

9. (8.) Erträge aus Beteiligungen (davon aus verbundenen Unternehmen)
10. (9.) Erträge aus anderen Wertpapieren und Ausleihungen des Finanzanlagevermögens (davon aus verbundenen Unternehmen)
11. (10.) sonstige Zinsen und ähnliche Erträge (davon aus verbundenen Unternehmen)
12. (11.) Abschreibungen auf Finanzanlagen und auf Wertpapiere des Umlaufvermögens
13. (12.) Zinsen und ähnliche Aufwendungen
14. (13.) Ergebnis der gewöhnlichen Geschäftstätigkeit
15. (14.) außerordentliche Erträge
16. (15.) außerordentliche Aufwendungen
17. (16.) außerordentliches Ergebnis
18. (17.) Steuern vom Einkommen und Ertrag
19. (18.) sonstige Steuern
20. (19.) Jahresüberschuss/Jahresfehlbetrag

Aktiva

Immaterielle Vermögensgegenstände

Im Folgenden werden die einzelnen Bilanzsachverhalte dargestellt und im Hinblick auf ihre Bedeutung für die Unternehmensanalyse gewürdigt.

Die Zugangsform immaterieller Vermögensgegenstände ist maßgeblich für die Anwendung der Regelungen (siehe Abbildung).

Die Aktivierung immaterieller Vermögensgegenstände setzt immer das Vorhandensein der Merkmale eines Vermögensgegenstandes voraus, nämlich

- dass ein zukünftiger wirtschaftlicher Nutzen vorliegt,
- dass dieser selbständig bewertbar und
- dass dieser selbständig verwertbar ist.

Die Ausübung des Wahlrechts zur Aktivierung von Entwicklungskosten (§ 248 Abs. 2 Satz 1 HGB) ist an den Grundsatz der Methodenstetigkeit gebunden (§ 246 Abs. 3 HGB). Die Erstbewertung aktivierungsfähiger immaterieller Vermögensgegenstände erfolgt bei entgeltlichem Einzel- oder Gruppenerwerb zu Anschaffungskosten, bei Selbsterstellung zu den Herstellungskosten in der Entwicklungsphase und bei Erwerb im Rahmen eines Unternehmenserwerbs zum beizulegenden Zeitwert. Lediglich der derivative Firmenwert ergibt sich als Residualgröße als der Betrag, um den die hingegebene Gegenleistung für den Erwerb des Unternehmens die Fair-Value-Differenz der erworbenen Aktiva und der übernommenen Schulden übersteigt (§ 246 Abs. 1 Satz 4 HGB). Die Zugangsform immaterieller Vermögensgegenstände ist maßgeblich für die Anwendung der Regelungen über die Bilanzierung dem Grunde nach:

- Ansatzverbot, -wahlrecht oder -pflicht
- die Bilanzierung der Höhe nach
- Anschaffungskosten bei erworbenen immateriellen Vermögensgegenständen
- Entwicklungskosten als Herstellungskosten in der Entwicklungsphase bei selbst erstellten immateriellen Vermögensgegenständen oder
- beizulegendem Zeitwert bei im Rahmen von Unternehmenserwerben zugegangenen immateriellen Vermögensgegenständen
- den Ausweis im Rahmen der Gliederung nach § 266 Abs. 2 A. I HGB als selbst geschaffene oder entgeltlich erworbene immaterielle Vermögensgegenstände bzw. Geschäfts- oder Firmenwert; er gilt als begrenzt nutzbarer immaterieller Vermögensgegenstand des Anlagevermögens (§ 246 Abs. 1 Satz 4 HGB)
- das Vorhandensein einer Ausschüttungssperre nach § 268 Abs. 8 HGB

> **Über der Möglichkeit der Ausübung eines Wahlrechts steht der Grundsatz der Methodenstetigkeit.**

DEFINITION

Immaterielle Vermögensgegenstände sind nichtmonetäre Vermögensgegenstände ohne physische Substanz, die dauerhaft bestimmt sind, dem Unternehmen zu dienen.

Zugangsformen					
Einzelerwerb, Gruppen-erwerb	Erwerb im Rahmen eines Unternehmenserwerbs	Erwerb durch Tausch	Selbst erstellte immaterielle Vermögens-gegenstände	Originärer Goodwill	Vermögensgegen-stände gemäß (§ 248 Abs. 2 Satz 2 HGB)
	Immaterielle Vermögens-gegenstände / Goodwill		Entwick-lungskosten / Forschungs-kosten		

Ansatz		
Aktivierungspflicht, wenn die Voraussetzungen eines Vermögensgegenstandes vorliegen • zukünftiger wirtschaftlicher Nutzen • selbständige Bewertbarkeit • selbständige Verwertbarkeit	Aktivierungs-wahlrecht, wenn die drei Vorausset-zungen eines Vermögens-gegenstandes vorliegen →	Aktivierungsverbot 1. zukünftiger wirtschaftlicher Nutzen 2. selbständige Bewertbarkeit 3. selbständige Verwertbarkeit

9

- ggf. Anhangangaben, nach § 285 Nr. 13 HGB über die Nutzungsdauer des Geschäfts- und Firmenwertes, nach § 285
Nr. 22 HGB über den Gesamtbetrag der Forschungs- und
Entwicklungskosten und den davon aktivierten Betrag,
nach § 285 Nr. 28 HGB über den aufgrund der Aktivierung
selbst geschaffener immaterieller Vermögensgegenstände
ausschüttungsgesperrten Betrag

Immaterielle Vermögensgegenstände/Sachanlagen

Auf aktivierte selbst erstellte immaterielle Vermögensgegenstände besteht nach § 268 Abs. 8 HGB eine Ausschüttungssperre unter Berücksichtigung der damit zusammenhängenden
passiven latenten Steuern. Dies schließt Anhangangabepflich-
ten nach § 285 Nr. 22 und Nr. 28 HGB ein. Für die Folgebewertung gelten grundsätzlich die allgemeinen Bewertungsnormen
des § 253 Abs. 3 HGB über das abnutzbare Anlagevermögen.
Das heißt, die immateriellen Vermögensgegenstände des Anlagevermögens sind planmäßig über die voraussichtliche Nutzungsdauer abzuschreiben. Es gilt das gemilderte Niederstwertprinzip, das besagt, dass bei voraussichtlich dauernder Wertminderung eine außerplan-
mäßige Abschreibung auf den niedrigeren beizulegenden Wert vorzunehmen ist. Ist die Bestimmung der voraussichtlichen Nutzungsdauer des derivativen Geschäfts- oder

**Zu beachten ist, dass es sich für die Aktivierung von Sachanlagen um einen Vermögensgegen-
stand handeln muss.**

Firmenwertes nicht zuverlässig möglich, so ist eine standardisierte Nutzungsdauer von zehn Jahren zugrunde zu legen
(§ 253 Abs. 3 Satz 4 HGB). Die Nutzungsdauer ist im Anhang
zu erläutern (§ 285 Nr. 13 HGB). Fallen die Gründe für außerplanmäßige Abschreibungen früherer Jahre weg, so hat bei
allen immateriellen Vermögensgegenständen eine Wertaufholung bis zu den fortgeführten Anschaffungs- oder Herstellungskosten zu erfolgen (§ 253 Abs. 5 Satz 1 HGB). Einzige Ausnahme ist der derivative Firmenwert. Bei ihm ist eine nachträgliche
Wertzuschreibung ausdrücklich untersagt (§ 253 Abs. 5 Satz 2
HGB). Der Bilanzausweis immaterieller Vermögensgegenstände des Anlagevermögens folgt den Vorschriften des § 266 Abs.
2 A I HGB in den dort vorgesehenen Kategorien.

Anhangangaben zu immateriellen Vermögensgegenständen
des Anlagevermögens beziehen sich auf den Anlagenspiegel
nach § 268 Abs. 2 HGB, die angenommene Nutzungsdauer
von mehr als fünf Jahren für den derivativen Firmenwert und
deren Begründung nach § 285 Nr. 13 HGB, die Angabe des
Gesamtbetrags der Forschungs- und Entwicklungskosten und
des davon aktivierten Betrags (§ 285 Nr. 22 HGB), sowie die
Angabe über die Einbeziehung von Fremdkapitalzinsen in die
Herstellungskosten selbst geschaffener immaterieller Vermögensgegenstände (§ 284 Abs. 2 Nr. 5 HGB), schließlich noch
auf den ausschüttungsgesperrten Betrag nach § 268 Abs. 8 Satz
1 HGB nach § 285 Nr. 28 HGB.

Der Zugang von **Sachanlagen** kann auf unterschiedliche Art
und Weise erfolgen. Eine Aktivierung kommt nur in Betracht,

Sachanlagen sind körperliche Gegenstände, die langfristig dem Unternehmen zu dienen bestimmt sind.

Zugangsformen			
Einzelerwerb, Gruppenerwerb	Herstellung, Erweiterung oder wesentliche Verbesserung	Erwerb im Rahmen eines Unternehmenserwerbs	Erwerb durch Tausch

Ansatz
Aktivierungspflicht, wenn die Vorsaussetzungen eines Vermögensgegenstandes vorliegen • zukünftiger wirtschaftlicher Nutzen • selbständige Bewertbarkeit • selbständige Verwertbarkeit, regelmäßige Einzelveräußerbarkeit

Zuordnung nach dem juristischen oder wirtschaftlichen Eigentum (§ 246 Abs. 1 Satz 2 HGB)

9

wenn es sich um einen Vermögensgegenstand handelt. Dies schließt die Merkmale ein,

- dass ein zukünftiger wirtschaftlicher Nutzen erwartet werden kann,
- dass dieser selbständig bewertbar und auch
- dass dieser selbständig verwertbar ist.

Auch unfertige Anlagen sind als »Anlagen im Bau« zu aktivieren. Die Zuordnung erfolgt grundsätzlich nach dem juristischen Eigentum. In Einzelfällen kann auch vorrangig eine Zuordnung nach dem wirtschaftlichen Eigentum erfolgen, z. B. bei bestimmten Formen des Leasing (Finance Lease), Eigentumsvorbehalt oder Sicherungseigentum.

Sachanlagen/Finanzanlagen

Bei der Folgebewertung unterscheidet man nicht abnutzbare Sachanlagen und abnutzbare Sachanlagen. Letztere sind planmäßig über ihre voraussichtliche Nutzungsdauer abzuschreiben.

Bei beiden Kategorien ist das gemilderte Niederstwertprinzip anzuwenden, das bei voraussichtlich dauernder Wertminderung eine außerplanmäßige Abschreibung auf den niedrigeren beizulegenden Wert verlangt. Vorübergehende Wertminderungen bleiben bilanziell dagegen außer Betracht (§ 253 Abs. 4 HGB). Fallen in nachfolgenden Jahren die Gründe für die au-

ßerplanmäßige Abschreibung weg, so ist eine Wertaufholung bis höchstens zu den fortgeführten Anschaffungs- oder Herstellungskosten geboten (§ 253 Abs. 5 Satz 1 HGB). Der Ausweis von Sachanlagen hat den Vorschriften des § 266 Abs. 2 A. II HGB in den dort vorgesehenen Kategorien zu folgen. Anhangangaben zu Sachanlagen beziehen sich auf den Anlagenspiegel nach § 284 Abs. 3 HGB sowie auf die Einbeziehung von Fremdkapitalzinsen in die Herstellungskosten nach § 284 Abs. 2 Nr. 5 HGB.

Finanzanlagen können einzeln oder in Gruppen erworben werden oder sie können Teil eines Unternehmenserwerbs sein. Originäre Finanzanlagen sind zu aktivieren, wenn sie die Merkmale eines Vermögensgegenstandes aufweisen und dem Unternehmen wirtschaftlich zuzurechnen sind. Derivative Finanzinstrumente werden als schwebende Geschäfte behandelt und als solche grundsätzlich bilanziell nicht erfasst, es sei denn es haben Erfüllungshandlungen stattgefunden (Lieferungen, Leistungen, Zahlungen), oder es droht ein Verlust. In diesem Fall ist eine Drohverlustrückstellung zu bilden.

Je nach Erwerbsform hat die Erstbewertung zu Anschaffungskosten oder beizulegendem Zeitwert zu erfolgen. Agien und Disagien können sofort erfolgswirksam berücksichtigt werden oder aktiviert und auf die Laufzeit der Fi-

> Derivative Finanzinstrumente werden als schwebende Geschäfte behandelt und als solche grundsätzlich bilanziell nicht erfasst, es sei denn es haben Erfüllungshandlungen stattgefunden.

Finanzanlagen sind finanzielle Vermögensgegenstände ohne den Charakter von Sach- oder immateriellen Anlagen, die langfristig dem Unternehmen zu dienen bestimmt sind.

Zugangsformen		
Einzelerwerb, Gruppenerwerb	Erwerb im Rahmen eines Unternehmenserwerbs	Erwerb durch Tausch

Ansatz

Aktivierungspflicht, wenn die Voraussetzungen eines Vermögensgegenstandes vorliegen
- zukünftiger wirtschaftlicher Nutzen
- selbständige Bewertbarkeit
- selbständige Verwertbarkeit

Sonderthema: Derivate (schwebende Geschäfte)

Zuordnung nach dem juristischen oder wirtschaftlichen Eigentum (§ 246 Abs. 1 Satz 2 HGB)

9

nanzanlage verteilt werden. Hierzu ist regelmäßig die Effektivzinsmethode anzuwenden.

Für die Folgebewertung von Finanzanlagen gilt i.S. von § 253 Abs. 3 HGB, dass bei einer voraussichtlich dauernden Wertminderung eine außerplanmäßige Abschreibung auf den niedrigeren beizulegenden Wert zwingend vorzunehmen ist, bei vorübergehender Wertminderung eine außerplanmäßige Abschreibung auf den niedrigeren beizulegenden Wert freigestellt ist. Wird sie vorgenommen, so hat im Folgejahr wieder eine Wertaufholung stattzufinden. Wird sie nicht vorgenommen, so sind die Anhangangaben nach § 285 Nr. 18 HGB zu machen. Fallen in nachfolgenden Jahren die Gründe für die außerplanmäßige Abschreibung weg, so ist eine Wertaufholung bis höchstens zu den Anschaffungs- oder Herstellungskosten geboten. Der Ausweis von Finanzanlagen hat den Vorschriften des § 266 Abs. 2 A. III HGB in den dort vorgesehenen Kategorien zu folgen.

Finanzanlagen/Vorräte

Für Rückbeteiligungen, d.h. Anteile an Komplementärgesellschaften oder an herrschenden oder mit Mehrheit beteiligten Unternehmen, sind auf der Aktivseite entsprechend benannte Sonderposten vorgesehen, in deren Höhe auf der Passivseite eine ausschüttungsgesperrte Rücklage zu bilden ist.

Anhangangaben zu Finanzanlagen beziehen sich auf den Anlagenspiegel nach § 284 Abs. 3 HGB. Bei Finanzanlagen, die wegen unterlassener außerplanmäßiger Abschreibung nach § 253 Abs. 3 S. 4 HGB über ihrem beizulegenden Zeitwert ausgewiesen werden, sind anzugeben der Buchwert und der beizulegende Zeitwert der einzelnen Finanzanlagen oder angemessener Gruppierungen sowie die Gründe für das Unterlassen der Abschreibung einschließlich der Anhaltspunkte, die darauf hindeuten, dass die Wertminderung voraussichtlich nicht von Dauer ist (§ 285 Nr. 18 HGB).

Vorräte sind sachliche Vermögensgegenstände des Umlaufvermögens. Sie werden zum Verkauf bzw. zur Verwertung im Rahmen des normalen Geschäftsgangs gehalten. Dabei können Vorräte (noch) unbearbeitet (Roh-, Hilfs- und Betriebsstoffe), bearbeitet (unfertige Erzeugnisse, unfertige Leistungen) oder verkaufsfertig (fertige Erzeugnisse und Waren) sein. Vorräte können durch Einzel- oder Gruppenerwerb, Eigenerstellung, Erwerb im Rahmen eines Unternehmenserwerbs erlangt oder durch Tausch erworben werden. Bei der Zuordnung nach dem juristischen bzw. wirtschaftlichen Eigentum sind Themen wie Eigentumsvorbehalt, Sicherungseigentum etc. zu beachten.

Die Erstbewertung erfolgt in Abhängigkeit von der Zugangsform zu Anschaffungskosten, Herstellungskosten oder beizulegendem Zeitwert. Hierbei sind die Regelungen des § 255 HGB zu beachten. Vorräte sind der hauptsächliche Anwendungs-

> Vorräte sind sachliche Vermögensgegenstände des Umlaufvermögens. Sie werden zum Verkauf bzw. zur Verwertung im Rahmen des normalen Geschäftsgangs gehalten

DEFINITION

Vorräte sind Vermögensgegenstände, die zum Verkauf/zur Verwertung im Rahmen des normalen Geschäftsgangs gehalten werden oder sich in der Herstellung für einen solchen Verkauf befinden.
Auch einzubeziehen sind: Roh-, Hilfs- und Betriebsstoffe, die bei der Herstellung oder der Erbringung von
Dienstleistungen verbraucht werden. Ferner: erbrachte Dienstleistungen, für die noch keine Erlösrealisierung
stattgefunden hat (unfertige Leistungen und geleistete Anzahlungen).

Zugangsformen			
Einzelerwerb, Gruppenerwerb	Herstellung, Erweiterung oder wesentliche Verbesserung	Erwerb im Rahmen eines Unternehmenserwerbs	Erwerb durch Tausch

Ansatz
Aktivierungspflicht, wenn die Voraussetzungen eines Vermögensgegenstandes vorliegen • zukünftiger wirtschaftlicher Nutzen • selbständige Bewertbarkeit • selbständige Verwertbarkeit

Zuordnung nach dem juristischen oder wirtschaftlichen Eigentum (§ 246 Abs. 1 Satz 2 HGB)

9

bereich der Bewertungsvereinfachungsverfahren. In Betracht kommen die Durchschnittswertmethode (§ 240 Abs. 4 HGB), die Festwertbildung (§ 240 Abs. 3 HGB), die Verbrauchsfolgeverfahren Lifo und Fifo (§ 256 HGB).

In Handelsunternehmen mit heterogenen Sortimenten werden zur Verwirklichung des strengen Niederstwertprinzips Gängigkeits- oder Reichweitenabschläge eingesetzt. Darunter versteht man eine standardisierte Niederstwertabschreibung in Abhängigkeit von der Lagerdauer. Die Lagerdauer als Zeitraum zwischen Einkaufs- und Bilanzstichtag wird als Maß für die (Un-)Verkäuflichkeit der Ware angesehen. Für vorgegebene Zeitintervalle werden standardisierte Abschläge von den Anschaffungs- oder Herstellungskosten vorgenommen, die für die gesamte Warengruppe verwendet werden. Fallen in nachfolgenden Jahren die Gründe für die außerplanmäßige Abschreibung weg, so ist eine Wertaufholung bis höchstens zu den Anschaffungs- oder Herstellungskosten geboten.

> **Forderungen sind einklagbare Ansprüche aus öffentlich-rechtlichen oder privatrechtlichen Schuldverhältnissen.**

Forderungen und sonstige Vermögensgegenstände

Der Ausweis von Vorräten hat den Vorschriften des § 266 Abs. 2 B I HGB in den dort vorgesehenen Kategorien zu folgen. Anhangangaben zu Vorräten beziehen sich auf die Angabe über die Einbeziehung von Fremdkapitalzinsen in die Herstellungskosten (§ 284 Abs. 2 Nr. 5 HGB). Bei Anwendung der Durchschnittswertmethode nach § 240 Abs. 4 HGB oder eines Verbrauchsfolgeverfahrens nach § 256 S. 1 HGB sind pauschal die Unterschiede für die jeweilige Gruppe anzugeben, wenn die Bewertung im Vergleich zu einer Bewertung auf der Grundlage des letzten vor dem Abschlussstichtag bekannten Börsenkurses oder Marktpreises einen erheblichen Unterschied aufweist (§ 284 Abs. 2 Nr. 4 HGB).

Forderungen sind einklagbare Ansprüche aus öffentlichrechtlichen oder privatrechtlichen Schuldverhältnissen. Sie können über das Entstehen solcher Schuldverhältnisse hinaus zugehen durch Einzel- oder Gruppenerwerb oder Erwerb im Rahmen eines Unternehmenserwerbs. Forderungen müssen soweit konkretisiert sein, dass sie rechtlich durchsetzbar, im Zweifel einklagbar sind. Bedingte Forderungen sind nicht bilanzierungsfähig.

Sonstige Vermögensgegenstände sind als Sammelposten für die Sachverhalte des Umlaufvermögens vorgesehen, die sich anderweitig nicht zurechnen lassen. Beispiele sind kurzfristige Kredite, kurzfristige Darlehen gegenüber Arbeitnehmern, Lohn- und Gehaltsvorschüsse, Kautionen mit einer Restlaufzeit bis zu einem Jahr, Ansprüche auf Steuererstattungen und Sozialversicherungsbeiträge, Schadenersatzansprüche etc. Forderungen werden grundsätzlich zu ihrem Nennwert eingebucht. Vereinbarte Agien oder Disagien werden entweder sofort erfolgswirksam behandelt oder nach der Effektivzinsmethode auf die Forderungslaufzeit verteilt. Je nach Zugangsform kommen Anschaffungskosten oder beizulegender Zeitwert im Erstbewertungszeitpunkt in Betracht.

DEFINITION

Forderungen: Rechtliche Entstehung eines einklagbaren Anspruchs und dessen wirtschaftliche Zuordnung

Sonstige Vermögensgegenstände: Alle Vermögensgegenstände des Umlaufvermögens, die nicht gesondert ausgewiesen werden müssen bzw. die sich nicht unter anderen Bilanzposten des Umlaufvermögens unterbringen lassen

Zugangsformen			
Entstehung durch Vertrag oder aufgrund sonstiger rechtlicher Grundlage (enger Zusammenhang zur Ertragsrealisierung bei Absatzgeschäften)	Einzelerwerb, Gruppenerwerb	Erwerb im Rahmen eines Unternehmenserwerbs	Erwerb durch Tausch

Ansatz
Aktivierungspflicht, wenn die Voraussetzungen eines Vermögensgegenstandes vorliegen • zukünftiger wirtschaftlicher Nutzen • selbständige Bewertbarkeit • selbständige Verwertbarkeit, regelmäßige Einzelveräußerbarkeit

Zuordnung nach dem juristischen oder wirtschaftlichen Eigentum (§ 246 Abs. 1 Satz 2 HGB)

Für die Folgebewertung von Forderungen gilt – wie für alle Vermögensgegenstände des Umlaufvermögens – das strenge Niederstwertprinzip nach § 253 Abs. 4 HGB. Das führt zu einer Pflicht zur außerplanmäßigen Abschreibung auf den niedrigeren Markt- und Börsenpreis bzw. beizulegenden Wert. Wichtigstes Indiz für Wertminderungen ist die Bonität des Vertragspartners. Je nach Art der Einschätzung der Einbringlichkeit der Forderung unterscheidet man Ausbuchungen, Einzel- oder Pauschalwertberichtigungen. Uneinbringliche Forderungen sind auszubuchen. Bei Einzelwertberichtigungen wird die Einbringlichkeit einer Forderung einzelfallbezogen beurteilt, bei Pauschalwertberichtigungen gibt es regelmäßig keinen Anhaltspunkt für den teilweisen oder gesamten Ausfall einzelner Forderungen, dennoch lässt sich aus der Erfahrung ein Prozentsatz für den Ausfall von nicht ausgebuchten und nicht einzelwertberichtigten Forderungen bestimmen. Dieser Prozentsatz wird – ggf. nach Risikogruppen (Cluster) gegliedert – als Pauschalwertberichtigung in Ansatz gebracht.

Wertpapiere des Umlaufvermögens sind verbriefte Eigen- oder Fremdkapitalpositionen, mit denen weder eine langfristige Haltedauer noch die Realisierung strategischer Ziele verfolgt wird.

Wertpapiere des Umlaufvermögens

Fallen die Gründe für die Einzel- oder Pauschalwertberichtigungen in nachfolgenden Jahren weg, so sind diese Wertbe-

richtigungen aufzulösen. Dies kommt einer Wertaufholung nach § 253 Abs. 5 Satz 1 HGB gleich. Obergrenze der Wertaufholung ist der Nennwert der Forderung bzw. deren Anschaffungskosten.

Der Ausweis von Forderungen hat den Vorschriften des § 266 Abs. 2 B II HGB in den dort vorgesehenen Kategorien zu folgen.

Über dieses Gliederungsschema hinaus kann der Ausweis von Sonderposten erforderlich sein. Sie betreffen Ansprüche der Gesellschaft gegenüber ihren Gesellschaftern.

Anhangangaben zu Forderungen beziehen sich auf die Restlaufzeiten (Restlaufzeitenspiegel, § 268 Abs. 4 Satz 1 HGB).

Zum Bilanzposten Sonstige Vermögensgegenstände sind Erläuterungen der Beträge angezeigt, die erst nach dem Abschlussstichtag rechtlich entstehen, sofern sie einen größeren Umfang haben (§ 268 Abs. 4 Satz 2 HGB). § 42 Abs. 3 GmbHG verlangt die Angabe der Forderungen der GmbH gegenüber den GmbH-Gesellschaftern.

Wertpapiere des Umlaufvermögens sind verbriefte Eigen- oder Fremdkapitalpositionen, mit denen – im Gegensatz zu den Wertpapieren des Anlagevermögens – weder eine langfristige Haltedauer noch die Realisierung strategischer Ziele verfolgt wird. Sie können einzeln oder in Gruppen erworben werden, im Rahmen eines Unternehmenserwerbs oder durch Tausch zugehen. Die Aktivierungspflicht knüpft an das juristische oder wirtschaftliche Eigentum an.

Die Erstbewertung erfolgt je nach Zugangsform zu den Anschaffungskosten bzw. zum beizulegenden Zeitwert. Anschaf-

Wertpapiere des Umlaufvermögens sind Urkunden, die die Möglichkeit zur Ausübung von Rechten aus dem Besitz der Urkunde verbriefen. Die Zuordnung zum Umlaufvermögen unterstellt einen vorübergehenden Verbleib im Unternehmen.

Zugangsformen		
Einzelerwerb, Gruppenerwerb	Erwerb im Rahmen eines Unternehmenserwerb	Erwerb durch Tausch

Ansatz
Aktivierungspflicht

Zuordnung nach dem juristischen oder wirtschaftlichen Eigentum (§ 246 Abs. 1 Satz 2 HGB)

9

fungsnebenkosten sind ebenfalls zu aktivieren. Agien oder Disagien sind entweder erfolgswirksam zu behandeln oder abzugrenzen und über die Laufzeit des Wertpapiers zu verteilen. Für die Folgebewertung von Wertpapieren des Umlaufvermögens gilt – wie für alle Vermögensgegenstände des Umlaufvermögens – das strenge Niederstwertprinzip. Dies bedeutet eine Pflicht zu außerplanmäßigen Abschreibungen im Falle von Wertminderungen auf den niedrigeren Markt- oder Börsenpreis bzw. beizulegenden Wert. Eine Fair-Value-Bewertung ist – auch bei Handelsabsicht – nicht zulässig. Eine Ausnahme bilden Handelsbestände bei Finanzdienstleistern nach § 340e Abs. 3 HGB.

Fallen die Gründe für die außerplanmäßige Abschreibung in nachfolgenden Jahren weg, ist eine Wertaufholung bis höchstens zu den Anschaffungskosten verpflichtend vorgeschrieben.

Der Ausweis von Forderungen hat den Vorschriften des § 266 Abs. 2 B III HGB in den dort vorgesehenen Kategorien zu folgen. Über dieses Gliederungsschema hinaus kann der Ausweis des Sonderpostens »Anteile an einem herrschenden oder mit Mehrheit beteiligten Unternehmen« erforderlich sein. Werden solche Rückbeteiligungen gehalten, so ist in gleicher Höhe eine ausschüttungsgesperrte »Rücklage für Anteile an einem herrschenden oder mit Mehrheit beteiligten Unternehmen« zu bilden (§ 272 Abs. 4 HGB).

Da aus Derivaten aufgrund der ihnen innewohnenden Hebelwirkung erhebliche Chancen und Risiken erwachsen können, sind Anhangangaben notwendig.

Sonderthema Derivate

Derivate können aus Spekulations- oder Arbitragemotiven oder zu Hedgingzwecken gehalten werden. Derivate werden im HGB als schwebende Geschäfte behandelt. Sie werden deshalb grundsätzlich bilanziell nicht erfasst, es sei denn, es haben Erfüllungshandlungen stattgefunden (Lieferungen, Leistungen, Zahlungen) oder es droht ein Verlust. In diesem Fall ist eine Drohverlustrückstellung zu bilden. Somit sind Derivate in der Handelsbilanz regelmäßig bilanziell nicht erfasst, Ausnahmen sind Rechnungsabgrenzungsposten für abgegrenzte Derivategebühren oder Drohverlustrückstellungen.

Da allerdings aus Derivaten aufgrund der ihnen innewohnenden Hebelwirkung Chancen und Risiken erwachsen können, sind Anhangangaben nach § 285 Abs. 19 HGB erforderlich für jede Kategorie von nicht zum beizulegenden Zeitwert bilanzierten Derivaten über

- deren Art und Umfang,
- deren nach § 255 Abs. 4 HGB verlässlich ermittelten beizulegenden Zeitwert unter Angabe der angewandten Bewertungsmethode,
- deren Buchwert und der Bilanzposten, in welchem der Buchwert, soweit vorhanden, erfasst ist,
- und ggf. die Gründe, warum der beizulegende Zeitwert nicht bestimmt werden kann.

DEFINITION

Derivate sind Finanzinstrumente,
- deren Wert von einem Basisinstrument abhängt,
- die keine oder keine nennenswerte Anfangsausgabe erfordern,
- die in der Zukunft erfüllt werden.

Ansatz

Derivate gelten als schwebende Geschäfte, Ansatz nur, wenn Erfüllungshandlungen stattgefunden haben oder ein Verlust droht (Bildung einer Drohverlustrückstellung)

Sondervorschriften

Wenn Derivate Bestandteil einer Bewertungseinheit (Hedge-Beziehung) nach § 254 HGB sind

Ausweis

Rechnungsabgrenzungsposten für eine abgegrenzte Derivategebühr (z.B. Optionsprämie) Drohverlustrückstellung

Anhang

Angabe für jede Kategorie von nicht zum beizulegenden Zeitwert bilanzierte Derivaten über
- deren Art und Umfang
- deren nach § 255 Abs. 4 HGB verlässlich ermittelten beizulegenden Zeitwert unter Angabe der angewandten Bewertungsmethode
- deren Buchwert und den Bilanzposten, in welchem der Buchwert, soweit vorhanden, erfasst ist
- die Gründe, warum der beizulegende Zeitwert nicht bestimmt werden kann

9

Weitere Positionen im Überblick

Rechnungsabgrenzungsposten sind Ausdruck vorschüssiger Zahlungen, deren Erfolgswirksamkeit ganz oder teilweise einen bestimmten Zeitraum in nachfolgenden Geschäftsjahren betrifft. Sie sind sowohl auf der Aktiv- wie auch auf der Passivseite denkbar und sind auch jeweils in gesonderten Posten auf der ersten Gliederungsebene auszuweisen. Sondervorschriften bestehen für die wahlweise zu aktivierenden Disagiobeträge von aufgenommenen Darlehen (§ 250 Abs. 3 HGB). Für sie besteht auch die Pflicht des gesonderten Ausweises oder der Angabe im Anhang (§ 268 Abs. 6 HGB).

Aktive latente Steuern entstehen durch temporäre oder quasipermanente Bilanzstandsdifferenzen zwischen handelsrechtlichen Wertansätzen von Vermögensgegenständen, Schulden und Rechnungsabgrenzungsposten und ihren steuerlichen Wertansätzen, die zu einer künftigen steuerlichen Entlastung führen werden, sowie durch steuerliche Verlustvorträge, deren Verrechnung innerhalb der nächsten fünf Jahre erwartet werden kann, multipliziert mit dem unternehmensindividuellen Steuersatz im Zeitpunkt des Abbaus der Differenzen bzw. der Verrechnung der Verlustvorträge, sofern dieser hinreichend sicher ist. Es bestehen ein nicht weiter eingeschränktes Saldierungswahlrecht sowie ein Ausweis-

> Rechnungsabgrenzungsposten sind Ausdruck vorschüssiger Zahlungen, deren Erfolgswirksamkeit ganz oder teilweise einen bestimmten Zeitraum in nachfolgenden Geschäftsjahren betrifft.

wahlrecht für den aktiven Latenzüberhang nach Saldierung mit den passiven latenten Steuern. Anhangangaben neutralisieren die mit der Saldierung und dem Verzicht auf den Ausweis eines aktiven Latenzüberhangs einhergehende Informationseinbuße (§ 285 Nr. 29 HGB). Im Anhang sind anzugeben auf welchen Differenzen oder steuerlichen Verlustvorträgen die latenten Steuern beruhen und mit welchen Steuersätzen die Bewertung erfolgt ist (§ 285 Nr. 29 HGB). Diese Angabe ist unabhängig davon vorzunehmen, ob in der Bilanz latente Steuern ausgewiesen werden oder nicht. Nach DRS 18.64 sind sowohl die latenten Steuern, die im Rahmen der Saldierung verrechnet wurden als auch die in Ausübung des Aktivierungswahlrechts (Aktivüberhang) nicht angesetzten latenten Steuern im Anhang zu erläutern. Lediglich die dem Ansatzverbot unterliegenden latenten Steuern bedürfen nach DRS 18.64 keiner Erläuterung. Nach § 285 Nr. 30 HGB sind die latenten Steuersalden am Ende des Geschäftsjahres und die im Laufe des Geschäftsjahres erfolgten Änderungen dieser Salden anzugeben, sofern latente Steuerschulden in der Bilanz angesetzt werden.

Aktiver Unterschiedsbetrag aus der Vermögensverrechnung: § 246 Abs. 2 Satz 2 HGB schreibt vor, Vermögensgegenstände, die dem Zugriff aller übrigen Gläubiger entzogen sind und ausschließlich der Erfüllung von Schulden aus Altersversorgungsverpflichtungen oder vergleichbaren langfristig fälligen Verpflichtungen dienen, mit diesen Schulden zu verrechnen.

Die Bewertung der **Pensionsverpflichtung** erfolgt nach dem Anwartschaftsdeckungsverfahren (analog § 6a EStG) oder dem

Verrechnungsgründe sind juristischer und betriebswirtschaftlicher Natur

Wenn das Unternehmen auf dieses Vermögen keinen Zugriff hat, ist es ihm wirtschaftlich nicht zuzurechnen und deshalb nicht zu bilanzieren und wenn das Pensionsvermögen ausschließlich zur Erfüllung von Altersversorgungsverpflichtungen oder vergleichbaren langfristig fälligen Verpflichtungen dienen soll, bestehen in dieser Höhe auch keine Verpflichtungen und daher sind auch diese aus der Bilanz zu entfernen.

Wenn das Unternehmen das Pensionsvermögen so anlegt, dass es dem Zugriff aller übrigen Gläubiger entzogen ist und ausschließlich der Erfüllung von Schulden aus Altersversorgungsverpflichtungen oder vergleichbaren langfristig fälligen Verpflichtungen dienen soll, dann soll dies mit einem »Anreiz« verbunden werden, der darin besteht, dass durch das »Wegsaldieren« die Bilanzsumme kürzer und die Eigenkapitalquote höher wird.

Daher ist juristisch zu prüfen, ob die Voraussetzungen für eine Saldierung gegeben sind. Typische Formen von saldierungsfähigem Pensionsvermögen sind
- zugunsten der Mitarbeiter verpfändete Rückdeckungsversicherungen,
- Vermögen von Unterstützungskassen, Pensionsfonds, Pensionskassen, wenn bestimmte Kriterien erfüllt sind oder
- Contractual Trust Arrangements (CTA-Modelle), wenn die Insolvenzsicherheit gesondert geprüft und festgestellt ist.

9

Anwartschaftsbarwertverfahren (Projected Unit Credit Method, analog IAS 19). Die Bewertung des Pensionsvermögens erfolgt zum beizulegenden Zeitwert (§ 253 Abs. 1 Satz 4 HGB) unter Außerkraftsetzung der Anschaffungskostenrestriktion.

Pensionsverpflichtungen/Fehlbetrag/Verlustanteil

Daraus ergeben sich drei Problemfelder:

1. Übersteigt der beizulegende Zeitwert die Anschaffungskosten, dann handelt es sich bei der im HGB-Rechnungswesen nachvollzogenen Wertsteigerung um einen unrealisierten Gewinn. Da das gesamte Pensionsvermögen ausschließlich der Erfüllung von Schulden aus Altersversorgungsverpflichtungen oder vergleichbaren langfristig fälligen Verpflichtungen dienen soll, muss dieser unrealisierte Gewinn einer Ausschüttungssperre unterliegen (§ 268 Abs. 8 HGB).
2. Da in der Steuerbilanz die Anschaffungskosten für die Bewertung des Pensionsvermögens die Obergrenze bilden, führt eine über die Anschaffungskosten hinausgehende Wertsteigerung zu einer Bilanzstandsdifferenz zwischen Handels- und Steuerbilanz mit der Folge, passive latente Steuern ansetzen zu müssen. Diese sind auch bei der Quantifizierung der Ausschüttungssperre zu berücksichtigen.
3. Da die Wertentwicklung des Pensionsvermögens unabhängig von der Entwicklung der Pensionsverpflichtung verläuft, kann es dazu kommen, dass der beizulegende Zeitwert des

Pensionsvermögens den Erfüllungsbetrag der Pensionsrückstellung übersteigt. Diese Tatsache steht der Saldierung nicht im Wege. Das dadurch entstehende Nettoaktivum ist unter einem gesonderten Posten auf der 1. Gliederungsebene der Bilanz auszuweisen unter der Bezeichnung »Aktiver Unterschiedsbetrag aus der Vermögensverrechnung« (§§ 246 Abs. 2 Satz 3, 266 Abs. 2 E HGB).

Nicht durch Eigenkapital gedeckter Fehlbetrag: Ein nicht durch Eigenkapital gedeckter Fehlbetrag kann entstehen, wenn die Summe aus Einlagen und Gewinnen geringer ist als die Summe aus Entnahmen und Verlusten. Dies führt nicht zwingend zu dem Insolvenztatbestand der Überschuldung, da zur Bestimmung der insolvenzrechtlichen Überschuldung von Fortführungswerten abzuweichen und auf Zeitwerte (Einzelveräußerungswerte) überzugehen wäre. Bei Nicht-Kapitalgesellschaften (& Co) ist eine Überschuldung ohnehin nur unter Einbeziehung des Privatvermögens der Komplementäre festzustellen.

> Die Bewertung der Pensionsverpflichtung erfolgt nach dem Anwartschaftsdeckungsverfahren (analog § 6a EStG) oder dem Anwartschaftsbarwertverfahren (Projected Unit Credit Method, analog IAS 19).

Nicht durch Vermögenseinlagen gedeckter Verlustanteil persönlich haftender Gesellschafter bzw. Kommanditisten: Der auf der Aktivseite auszuweisende Sonderposten »Nicht durch Vermögenseinlagen gedeckter Verlustanteil persönlich haftender Gesellschafter (bzw. Kommanditisten)« entsteht, wenn der auf den Kapitalanteil eines persönlich haftenden Gesellschafters (oder Kommanditisten) einer Kapitalgesellschaft & Co entfallende Verlust dessen Kapitalanteil übersteigt und keine Einzahlungsverpflichtung des Gesellschafters besteht. Würde eine Einzahlungsverpflichtung bestehen, wäre sie unter Forderungen und Sonstigen Vermögensgegenständen auszuweisen.

Im Zusammenhang mit ggf. verrechneten Pensionsverpflichtungen und Pensionsvermögen sind folgende Anhangangaben vorgeschrieben (§ 285 Ziff. 24 und 25 HGB):

- das angewandte versicherungsmathematische Berechnungsverfahren

- die grundlegenden Annahmen der Berechnung, wie Zinssatz, die erwarteten Lohn- und Gehaltssteigerungen und die zugrunde gelegten Sterbetafeln

- die Anschaffungskosten und der beizulegende Zeitwert der verrechneten Vermögensgegenstände, der Erfüllungsbetrag der verrechneten Schulden sowie die verrechneten Aufwendungen und Erträge

- die grundlegenden Annahmen, die der Bestimmung des beizulegenden Zeitwertes mit Hilfe allgemein anerkannter Bewertungsmethoden zugrunde gelegt wurden

9

Passiva

Eigenkapital

Eigenkapital ist grundsätzlich der erste Block von Bilanzposten auf der Passivseite der Bilanz. Er repräsentiert den buchmäßigen Saldo der Aktiva über die Schulden. Wegen seiner Langfristigkeit und der vorrangigen Haftung des Eigenkapitals hat die Eigenkapitalquote eine besondere Bedeutung als rating-relevante Kennzahl. Das Eigenkapital ist in verschiedene Einzelposten aufgeteilt; diese hängen von der Rechtsform ab.

Bei der **GmbH** wird das gezeichnete Kapital Stammkapital genannt (Summe der Stammeinlagen § 5 GmbHG), bei der AG Grundkapital. Evtl. Nachschüsse sind als Aktivposten bei den Forderungen als eingeforderte Nachschüsse auszuweisen. Forderungen und Verbindlichkeiten gegenüber Gesellschaftern sind gesondert auszuweisen. Nicht eingezahlte Stammeinlagen sind als ausstehende Einlagen auf das gezeichnete Kapital kenntlich zu machen. Die Ergebnisverwendung erfolgt folgendermaßen: Die Aufstellung des Entwurfs zum Jahresabschluss ist eine Aufgabe der Geschäftsführer; die Feststellung des Jahresabschlusses obliegt der Gesellschafterversammlung. Eine abweichende Kompetenzverteilung ist möglich. Die Jahresabschlussfeststellung ist ohne bzw. bei ganz oder teilweise erfolgter Gewinnverwen-

> **Wegen seiner Langfristigkeit und der vorrangigen Haftung des Eigenkapitals hat die Eigenkapitalquote eine besondere Bedeutung als rating-relevante Kennzahl.**

dung möglich. Die Ausschüttungen erfolgen im Verhältnis der Geschäftsanteile.

Rechte und Pflichten der **AG-Organe** im Zusammenhang mit der Rechnungslegung sind wie folgt geregelt. Die Aufstellung des Jahresabschlusses und des Lageberichts sowie eines (Bilanz-)Gewinnverwendungsvorschlags erfolgt durch den Vorstand. Bei prüfungspflichtigen AGs sind diese Unterlagen dem Abschlussprüfer vorzulegen, der zuvor von der Hauptversammlung gewählt und vom Aufsichtsrat bestellt wurde. Er prüft und erstellt den Prüfungsbericht sowie den Bestätigungsvermerk. Anschließend werden der Jahresabschluss, der Lagebericht, der Gewinnverwendungsvorschlag und der Prüfungsbericht an den Aufsichtsrat weitergeleitet. Dieser prüft ebenfalls und wenn er ihn billigt, so ist er festgestellt. Bei der AG ist somit die Hauptversammlung nicht an der Feststellung des Jahresabschlusses beteiligt. Eine Ausnahme liegt vor, wenn der Aufsichtsrat den Jahresabschluss nicht billigt, so ist er der Hauptversammlung zur Feststellung vorzulegen.

Außenfinanzierte Eigenkapitalposten werden im Rahmen der Gründung oder einer Kapitalerhöhung von außen durch die Gesellschafter eingebracht. Diese Maßnahmen führen zu einer Bilanzverlängerung, indem die eingebrachten Vermögensgegenstände auf der Aktivseite und eine Eigenkapitalerhöhung auf der Passivseite gebucht werden. Innenfinanzierte Eigenkapitalposten entstehen durch Gewinnerzielung und Gewinneinbe-

Rechtsformspezifische Gliederung des Eigenkapitals

Eigenkapital bei Kapitalgesellschaften	Eigenkapital bei Kapital- gesellschaften & Co.	Eigenkapital bei Personengesellschaften	Eigenkapital bei Einzelunternehmen
• Gezeichnetes Kapital • Kapitalrücklage • Gewinnrücklagen • Gewinnvortrag/ Verlustvortrag • Jahresüberschuss/ Bilanzgewinn • §§ 266 Abs. 3 A., 268 Abs. 1, 272 HGB	• Komplementär- und Kommanditanteile • Gewinnvortrag/ Verlustvortrag • Jahresüberschuss/ Bilanzgewinn • §§ 264a, 264c Abs. 2, 266 Abs. 3 A., 268 Abs. 1, 272 HGB	• Komplementär- und Kommanditanteile • §§ 120–122, 167–169 HGB	• Kapitalkonto

9

Ausschüttungsgesperrte Eigenkapitalposten können nicht im Rahmen von Ausschüttungen/ Entnahmen an die Gesellschafter aufgelöst werden; sie stehen ausschließlich für einen Ausgleich von Verlusten zur Verfügung.

haltung. Sie entstehen durch Übertrag des Jahresüberschusses an das Eigenkapital und durch eine Gewinnverwendungsentscheidung, die auf die Einbehaltung (Thesaurierung) dieser Mittel gerichtet ist.

Ausschüttungsoffene Eigenkapitalposten können im Rahmen von Ausschüttungen/ Entnahmen an die Gesellschafter aufgelöst werden; ihnen kommt eine verminderte Bedeutung in gläubigerschutzbezogener Hinsicht zu.

Ausschüttungsgesperrte Eigenkapitalposten können nicht im Rahmen von Ausschüttungen/Entnahmen an die Gesellschafter aufgelöst werden; sie stehen ausschließlich für einen Ausgleich von Verlusten zur Verfügung.

Angabepflichten zu Kapitalrücklagen:
- Betrag, der während des Geschäftsjahres eingestellt wurde
- Betrag, der für das Geschäftsjahr entnommen wurde
- Angabepflichten zu Gewinnrücklagen
- Beträge, die aus dem Jahresüberschuss des Geschäftsjahres eingestellt wurden
- Beträge, die für das Geschäftsjahr entnommen wurden
- Beträge, die die Hauptversammlung aus dem Bilanzgewinn des Vorjahres eingestellt hat

Genossenschaften haben, da sie keine Kapitalgesellschaften sind, Sondervorschriften zur Eigenkapitaldarstellung (§ 337

HGB). An Stelle des gezeichneten Kapitals ist der Betrag der Geschäftsguthaben der Mitglieder auszuweisen. Der Betrag der Geschäftsguthaben, der mit Ablauf des Geschäftsjahrs ausgeschiedenen Mitglieder ist gesondert anzugeben. Rückständige fällige Einzahlungen auf Geschäftsanteile sind als Korrekturposten zu den Geschäftsguthaben auf der Aktivseite unter der Bezeichnung »Rückständige fällige Einzahlungen auf Geschäftsanteile« darzustellen. Sie können auch offen von den Geschäftsguthaben in der Vorspalte auf der Passivseite abgesetzt werden. Die Bewertung erfolgt jeweils zum Nennwert. Ein satzungsmäßig bestimmtes Mindestkapital ist gesondert anzugeben.

Gewinnrücklagen heißen bei Genossenschaften Ergebnisrücklagen. Sie sind mindestens zu gliedern in:
- Gesetzliche Rücklage
- Andere Ergebnisrücklagen, wobei die Ergebnisrücklage (§ 73 Abs. 3 GenG) und die Beträge, die aus dieser Ergebnisrücklage an ausgeschiedene Mitglieder auszuzahlen sind, gesondert vermerkt werden müssen. Gesondert anzugeben sind:
  - die Beträge, die die Generalversammlung aus dem Bilanzgewinn des Vorjahres eingestellt hat
  - die Beträge, die aus dem Jahresüberschuss des Geschäftsjahres eingestellt werden
  - die Beträge, die für das Geschäftsjahr aufgelöst wurden (§ 337 Abs. 2 HGB)

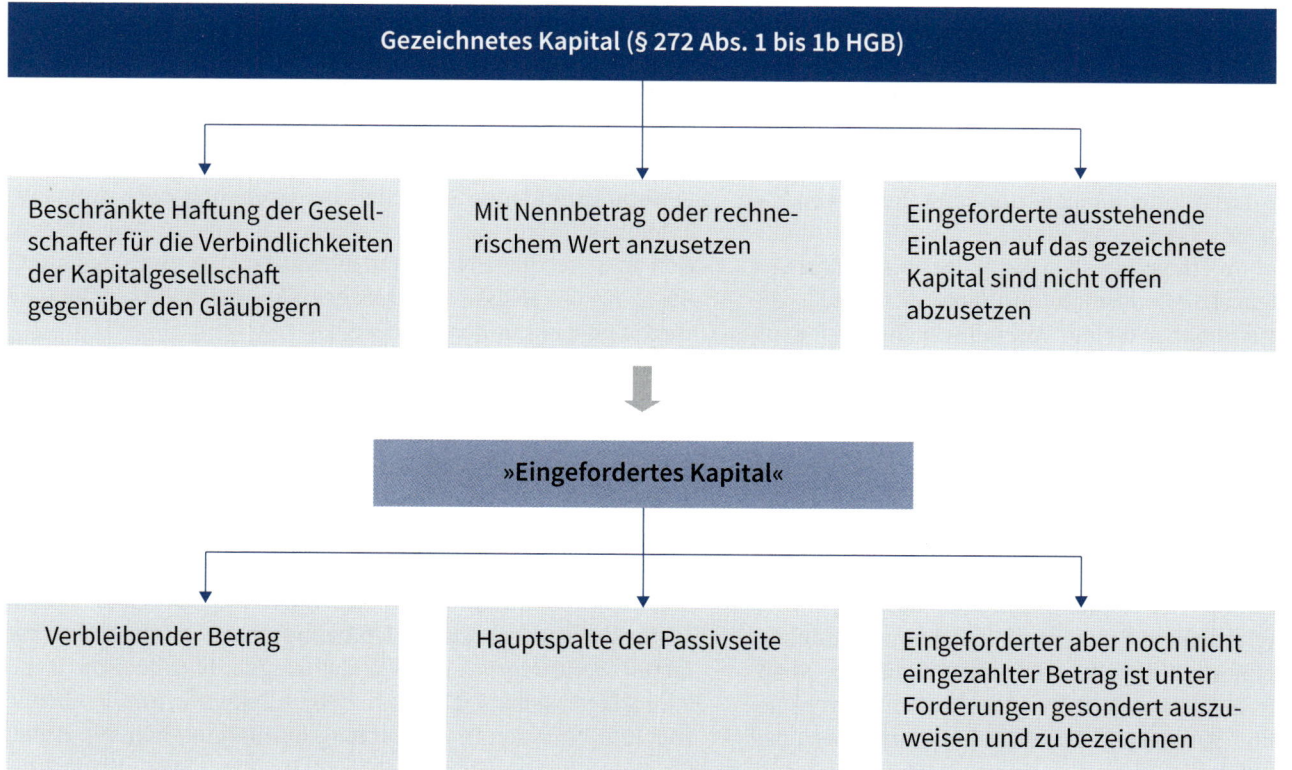

Im Konzernabschluss ist das Konzerneigenkapital einschließlich der »nicht-beherrschenden Anteile« auszuweisen. Das gezeichnete Kapital ist die Summe der Nennwerte bzw. rechnerischen Werte der Anteile. Es entsteht regelmäßig durch Außenfinanzierung bei Gründung und Kapitalerhöhungen, ausnahmsweise durch Innenfinanzierung im Rahmen von Kapitalerhöhungen aus Gesellschaftsmitteln (§§ 207-221 AktG). Das Eigenkapital unterliegt bei allen Kapitalgesellschaften und Genossenschaften als Mindesthaftungspotenzial, auf das die Haftung der Gesellschafter für die Verbindlichkeiten der Kapitalgesellschaft gegenüber den Gläubigern beschränkt ist, einer Ausschüttungssperre.

Rücklagen

Da das gezeichnete Kapital im Handelsregister vermerkt ist und eine über die Bonität der Kapitalgesellschaft aussagt, führen nicht vollständig erbrachte Einlagen nicht zu einer Modifizierung des gezeichneten Kapitals, wohl aber zu offenen Abzügen. So sind die nicht eingeforderten Einlagen offen vom gezeichneten Kapital abzusetzen. Die eingeforderten, aber noch nicht eingezahlten Einlagen sind in einem gesonderten Posten auf der Aktivseite unter den »Forderungen und Sonstigen Vermögensgegenständen« auszuweisen.

Sind bei einer Kapitalgesellschaft die Einlagen noch nicht voll erbracht, so sind die nicht eingeforderten Einlagen offen vom gezeichneten Kapital abzusetzen. Die eingeforderten, aber noch nicht eingezahlten Einlagen sind in einem gesonderten Posten auf der Aktivseite unter den »Forderungen und Sonstigen Vermögensgegenständen« auszuweisen (§ 272 Abs. 1 HGB).

Kapitalrücklagen entstehen bei Gründung oder Kapitalerhöhungen, wenn der Ausgabekurs der Anteile deren Nennwert bzw. rechnerischen Wert übersteigt. Sie sind nach § 272 Abs. 2 Nr. 1-4 HGB in verschiedene Kategorien aufzuteilen, die allerdings nicht in der Mindestgliederung nach § 266 HGB jeweils gesondert auszuweisen sind. Bei AGs bilden die Kapitalrücklagen nach § 272 Abs. 2 Nr. 1-3 HGB zusammen mit der Gesetzlichen Rücklage einen ausschüttungsgesperrten Rücklagenblock (§ 150 AktG).

Sind bei einer Kapitalgesellschaft die Einlagen noch nicht voll erbracht, so sind die nicht eingeforderten Einlagen offen vom gezeichneten Kapital abzusetzen.

Diese können nur zum Ausgleich von Verlusten in den Formen »aktueller Verlust« (Jahresfehlbetrag) oder »Verlust früherer Jahre« (Verlustvortrag) verwendet werden. Nur über die Kapitalrücklagen nach § 272 Abs. 2 Nr. 1-3 HGB kann die Grenze von 10% oder den in der Satzung bestimmten höheren Anteil für diesen Rücklagenblock nach § 150 Abs. 4 AktG überschritten werden. Veränderungen der Kapitalrücklagen sind im Anhang anzugeben.

Im Gegensatz zur Kapitalrücklage sind die vier vorgesehenen Kategorien von **Gewinnrücklagen** gemäß der Mindestglie-

DEFINITION

Die **Kapitalrücklage** entsteht als Außenfinanzierung durch Zuzahlungen der Gesellschafter (Agio).
Sie bezeichnet den Teil des außenfinanzierten Eigenkapitals, der den Nennbetrag übersteigt.

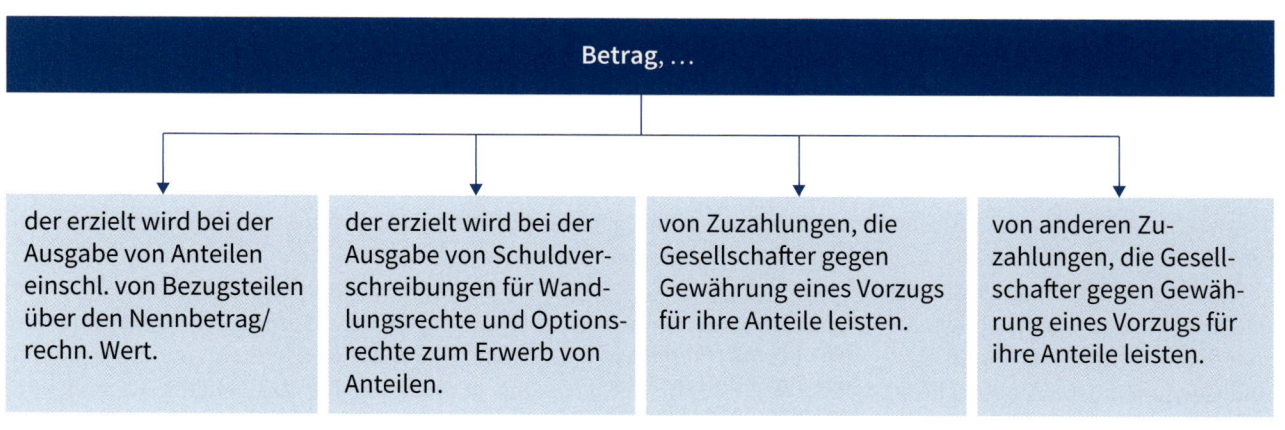

Betrag, …

| der erzielt wird bei der Ausgabe von Anteilen einschl. von Bezugsteilen über den Nennbetrag/rechn. Wert. | der erzielt wird bei der Ausgabe von Schuldverschreibungen für Wandlungsrechte und Optionsrechte zum Erwerb von Anteilen. | von Zuzahlungen, die Gesellschafter gegen Gewährung eines Vorzugs für ihre Anteile leisten. | von anderen Zuzahlungen, die Gesellschafter gegen Gewährung eines Vorzugs für ihre Anteile leisten. |

Angabepflicht bei AGs:
- Betrag, der während des Geschäftsjahrs eingestellt wurde
- Betrag, der für das Geschäftsjahr entnommen wurde (§ 152 Abs. 2 AktG)

9

derung von § 266 Abs. 3 A. III HGB gesondert auszuweisen. Ferner sind die Veränderungen dieser Gewinnrücklagenposten gesondert anzugeben (§ 152 Abs. 3 AktG). Dies schafft Transparenz über Bildung und Auflösung von Gewinnrücklagen und damit die Veränderung der Eigenkapitalquote als rating-relevante Kennzahl. Bei der Beurteilung von Gewinnrücklagen als Eigenkapitalbestandteile ist im Einzelnen darauf zu achten, ob es sich um ausschüttungsgesperrte oder ausschüttungsoffene Posten handelt.

Eine **gesetzliche Rücklage** ist nur bei Aktiengesellschaften und Unternehmergesellschaften (haftungsbeschränkt) vorgeschrieben. Die Normen zur Bildung und Auflösung finden sich in formellen Gesetzen. Ziel ist es, zusätzlich zu ausschüttungsgesperrten außenfinanzierten Eigenkapitalposten wie dem Gezeichneten Kapital vorzuschreiben, dass aus der Innenfinanzierung, d.h. durch Gewinnerzielung und Gewinneinbehaltung, weitere ausschüttungsgesperrte Eigenkapitalposten geschaffen werden.

Anteile an einem herrschenden oder mit Mehrheit beteiligten Unternehmen (sogenannte Rückbeteiligungen) liegen vor, wenn die Tochtergesellschaft einzelne Anteile an der Muttergesellschaft besitzt. Da diese Konstruktion aus Konzernsicht für Gläubiger problematisch ist, muss in der Höhe, in der Anteile an einem herrschenden oder mit Mehrheit beteiligten Unternehmen gehalten werden, eine ausschüttungsgesperrte Rücklage gebildet werden.

> **Anteile an einem herrschenden oder mit Mehrheit beteiligten Unternehmen (sogenannte Rückbeteiligungen) liegen vor, wenn die Tochtergesellschaft einzelne Anteile an der Muttergesellschaft besitzt.**

Ziel ist die Reduzierung von ausschüttungsoffenem Eigenkapital in Höhe dieses aus Gläubigersicht problematischen Postens.

Die Rücklage ist aufzulösen, soweit die Anteile an dem herrschenden oder mit Mehrheit beteiligten Unternehmen veräußert, ausgegeben oder eingezogen werden oder auf der Aktivseite ein niedrigerer Betrag angesetzt wird (§ 272 Abs. 4 Satz 4 HGB).

Satzungsmäßige Rücklagen sind Gewinnrücklagen, deren Bildung in der Satzung bestimmt ist. Ziel ist, eine offene Selbstfinanzierung zu betreiben ohne in jeder Hauptversammlung über die Bildung der Gewinnrücklage dem Grunde und der Höhe nach diskutieren und abstimmen zu müssen. Bekannte Beispiele sind Erweiterungsrücklagen.

Andere Gewinnrücklagen sind eine ausschüttungsoffene Form der Selbstfinanzierung, um die Eigenkapitalquote zu erhöhen. Sie können bei der AG gebildet werden vom Vorstand im Einvernehmen mit dem Aufsichtsrat (§ 58 Abs. 2 und 2a AktG) oder von der Hauptversammlung (§ 58 Abs. 3 AktG).

Werden allerdings Beträge eingestellt, die nach vernünftiger kaufmännischer Beurteilung für die Lebens- und Widerstandsfähigkeit der Gesellschaft nicht notwendig sind, und kann dadurch nicht eine Mindestdividende von 4% des Grundkapitals ausgeschüttet werden, gibt es ein Anfechtungsrecht gegen den Gewinnverwendungsbeschluss nach § 254 AktG.

Gewinnrücklagen sind innenfinanziertes Eigenkapital, das durch Nichtausschütten von Gewinnen früherer Jahre entsteht.

Gliederung der Gewinnrücklagen nach § 266 HGB:

1. Gesetzliche Rücklage
2. Rücklage für Anteile an einem herrschenden oder mit Mehrheit beteiligten Unternehmen
3. Satzungsmäßige Rücklage
4. Andere Gewinnrücklagen

Angabepflicht für jede Kategorie von Gewinnrücklagen:

- Beträge, die die Hauptversammlung aus dem Bilanzgewinn des Vorjahres eingestellt hat
- Beträge, die aus dem Jahresüberschuss des Geschäftsjahres eingestellt wurden
- Beträge, die für das Geschäftsjahr entnommen wurden (§ 152 Abs. 3 AktG)

9

Die Auflösung Anderer Gewinnrücklagen als Zuführung zum Bilanzgewinn und damit zur Freigabe für Ausschüttungen ist bei der AG dem Vorstand im Einvernehmen mit dem Aufsichtsrat vorbehalten.

Sollen für Zwecke der Dividendenkontinuität oder zur vorübergehenden Einbehaltung von Bestandteilen des Bilanzgewinns Beträge thesauriert werden, so steht der Vortrag des Gewinns (ins neue Jahr) zur Verfügung. Im Gegensatz zu einer Zuweisung von Thesaurierungsbeträgen in die Gewinnrücklagen steht ein Gewinnvortrag der Hauptversammlung im nächsten Jahr wieder zur Verfügung.

Beträge, die den Gewinnrücklagen zugewiesen werden (z. B. nach § 58 Abs. 2, 2a und 3 AktG), können nur vom Vorstand im Einvernehmen mit dem Aufsichtsrat aufgelöst werden. Verlustvorträge in der Handelsbilanz sind Verluste früherer Jahre, die nicht mit anderen Eigenkapitalposten verrechnet, d. h. von diesen abgezogen wurden. Sie können mit Jahresüberschüssen nachfolgender Jahre saldiert werden, um Zeitreihenanalysen der Eigenkapitalposten von temporären Verlusten »freizuhalten«.

Eigenkapital

Während der Jahresüberschuss/-fehlbetrag das Ergebnis der Erfolgsermittlung und damit den Saldo der GuV-Rechnung vor allen Maßnahmen der Erfolgsverwendung darstellt, beinhaltet der Bilanzgewinn/-verlust bereits Veränderungen von Eigenkapitalpositionen im Rahmen der Erfolgsverwendung. Sofern diese vor Abschlussfeststellung entweder gesetzlich normiert oder (durch Vorstand und Aufsichtsrat vorgenommen) gebucht werden, führen sie zu einer Abweichung von Jahresüberschuss/-fehlbetrag einerseits und Bilanzgewinn/-verlust andererseits.

Die Veränderungen der einzelnen Eigenkapitalposten sind durch Anhangangaben transparent zu machen und im Konzernabschluss im Rahmen eines Eigenkapitalspiegels darzustellen (DRS 29).

Neben der Nennung und Quantifizierung der einzelnen Aktiengattungen sind Angaben zum bedingten Kapital zu machen. Darunter versteht man eine beschlossene Kapitalerhöhung, die an Bedingungen geknüpft ist, wie z. B.: Wandelschuld- und Optionsanleihegläubiger müssen wandeln bzw. optieren; Manager müssen Stock Option-Pläne erfüllen.

Der Erwerb eigener Anteile ist wie eine Kapitalrückzahlung zu verbuchen, die Veräußerung eigener Anteile wie eine Kapitalerhöhung. Um die Veränderungen der einzelnen Eigenkapitalposten nicht nur in verbalen Angaben des (Konzern-)Anhangs transparent zu machen, schreiben § 297 Abs. 1 und § 264 Abs. 1 Satz 2 HGB für HGB-Konzernabschlüsse bzw. Jahresabschlüsse kapitalmarktorientierter Unternehmen, die keinen Konzernabschluss aufstellen müssen, vor, einen Eigen-

Der Erwerb eigener Anteile ist wie eine Kapitalrückzahlung zu verbuchen, die Veräußerung eigener Anteile wie eine Kapitalerhöhung.

1. Gewinnermittlung	Kompetenzabgrenzung bei der AG
Periodenerträge – Periodenaufwendungen = Jahresüberschuss	Kompetenz von Vorstand und Aufsichtsrat vor Jahresabschlussfeststellung

2. Gewinnverwendung	
Jahresüberschuss +/– Gewinnvortrag bzw. Verlustvortrag aus dem Vorjahr – Einstellungen in Gewinnrücklagen aufgrund Gesetz und Satzung (§ 150 Abs. 2 AktG, Satzung)	Gesetzlich oder satzungsmäßig bestimmte Beträge
+ Entnahmen aus Kapitalrücklagen (§ 272 Abs. 2 Nr. 4 HGB) + Entnahmen aus Gewinnrücklagen (§ 266 Abs. 3 A.III.4) – Einstellungen in Gewinnrücklagen (§ 58 Abs. 2 und 2a AktG) = Bilanzgewinn	Kompetenz von Vorstand und Aufsichtsrat vor Jahresabschlussfeststellung
Bilanzgewinn – Einstellungen in Gewinnrücklagen (§ 58 Abs. 3 AktG) – Gewinnvortrag ins neue Jahr (§ 58 Abs. 3 AktG) = Ausschüttung	Kompetenz der Hauptversammlung nach Jahresabschlussfeststellung

9

kapitalspiegel als Pflichtbestandteil zum (Konzern-)Abschluss beizufügen. Die inhaltliche und formale Ausgestaltung ergibt sich aus DRS 29.

Um die Qualität der einzelnen Eigenkapitalposten im Hinblick auf den Gläubigerschutz einschätzen zu können, kann man diese Posten danach sortieren, ob sie einer Ausschüttungssperre unterliegen oder nicht. Ausschüttungsgesperrte Eigenkapitalposten stehen nur zum Ausgleich von Verlusten zur Verfügung.

Ausschüttungsoffene Eigenkapitalposten können im Rahmen der Ergebnisverwendung für Ausschüttungszwecke aufgelöst werden. Ihre Qualität für Gläubigerschutzzwecke ist daher beschränkt.

Über die formellen, auf einzelne Eigenkapitalposten bezogene, Ausschüttungssperren hinaus, existieren weitere Ausschüttungssperren, die im Zusammenhang mit bestimmten Aktivposten stehen, welche unter Gläubigerschutzgesichtspunkten als problematisch angesehen werden (§ 268 Abs. 8 HGB). Diese Ausschüttungssperren sind nicht zu buchen, somit im Eigenkapital nicht erkennbar, wohl aber in eine Anhangangabe nach § 285 Nr. 28 HGB aufzunehmen und zu quantifizieren. Einer Ausschüttungssperre im Jahresabschluss entspricht eine Abführungssperre im Konzernabschluss (§ 301 AktG, analog anwendbar auch für andere Rechtsformen).

> **Rückstellungen sind Ausdruck ungewisser Verpflichtungen, deren Höhe und/oder Fälligkeit am Bilanzstichtag nicht bekannt sind.**

Rückstellungen

Rückstellungen sind Ausdruck ungewisser Verpflichtungen, deren Höhe und/oder Fälligkeit am Bilanzstichtag nicht bekannt sind. Sie können auf einer Rechtspflicht oder einer faktischen Verpflichtung beruhen oder zur Periodenabgrenzung dienen. § 249 HGB enthält einen abschließenden Katalog zulässiger Rückstellungsarten, deren Bildung, wenn die Voraussetzungen erfüllt sind, auch verpflichtend vorgeschrieben ist. Für andere Zwecke allerdings dürfen Rückstellungen nicht gebildet werden (§ 249 Abs. 2 Satz 1 HGB). Rückstellungen sind aufzulösen, wenn der Grund dafür entfallen ist.

Für bestimmte Pensionsrückstellungen gibt es ein Passivierungswahlrecht, so für sogenannte Altzusagen, die vor dem 1.1.1987 gewährt wurden (einschl. Erhöhungen) gem. Art. 28 Abs. 1 Satz 1 EGHGB und Unterdeckungen bei mittelbaren Verpflichtungen gem. Art. 28 Abs. 1 Satz 2 EGHGB (z. B. Unterdeckungen von Unterstützungskassen).

Wird für diese Zwecke auf den Ansatz einer Rückstellung verzichtet, ist die Angabe des Fehlbetrags im Anhang vorgeschrieben.

Rückstellungen sind aufzulösen, wenn der Grund dafür entfallen ist (§ 249 Abs. 2 Satz 2 HGB). Dies kann sein, wenn die Rückstellung »verbraucht« ist, d. h. die mit ihr zusammenhängende Zahlung erfolgt ist, oder die Verpflichtung wegfällt, d. h. feststeht, dass keine Zahlung im Zusammenhang mit der Rückstellung zu leisten sein wird.

Ziele einer Rückstellungsbildung

Der vollständige Ausweis aller Verpflichtungen, unabhängig davon, ob dieser bereits juristisch formuliert oder nur dem Grunde nach entstanden ist oder auf einer nur faktischen Verpflichtung beruht	Die Abgrenzung der Erfolgswirksamkeit von Zahlungsvorgängen nach sachlichen Kriterien, z.B. einen Aufwand zu buchen	Einen Finanzierungseffekt (stille Selbstfinanzierung) zu erwirken, indem antizipativ, d.h. zeitlich der Auszahlung vorgelagert, ein Aufwand gebucht wird und damit der Gewinn und die erfolgsabhängigen Zahlungen (z.B. Dividenden, Ertragsteuerzahlungen) reduziert werden, wodurch Mittel an den Betrieb gebunden werden, die ohne die Rückstellung, d.h. bei entsprechend höherem Gewinnausweis, das Unternehmen verlassen hätten
wenn der Grund für eine Zahlung gelegt wird (Prozessrückstellungen, Drohverlustrückstellungen)	in der Periode, wenn zurechenbare Erträge erfasst werden (Pensionsrückstellungen)	um dem Prinzip der kaufmännischen Vorsicht zur Geltung zu verhelfen (§ 252 Abs. 1 Nr. 4 HGB)

9

Die Bewertung der Rückstellungen hat nach § 253 Abs. 1 Satz 2 HGB mit dem nach vernünftiger kaufmännischer Beurteilung notwendigen Erfüllungsbetrag zu erfolgen. Dies bedeutet die Einbeziehung künftiger Kostensteigerungen, sowie eine Abzinsungspflicht, sofern der Zinseffekt wesentlich ist. Die Diskontierung hat mit dem laufzeitkongruenten durchschnittlichen Marktzinssatz der vergangenen sieben Jahre zu erfolgen, welcher monatlich durch die Deutsche Bundesbank bekannt gegeben wird, bei Pensionsrückstellungen kann eine fiktive Restlaufzeit von 15 Jahren unterstellt werden; der Referenzzeitraum für die Ermittlung des Durchschnittszinssatzes beträgt hier zehn Jahre (§ 253 Abs. 6 HGB). Vgl. § 253 Abs. 2 HGB.

Verbindlichkeiten sind am Bilanzstichtag dem Grunde, der Höhe und der Fälligkeit nach feststehende Verpflichtungen des Unternehmens.

Sondervorschriften bestehen nach § 253 Abs. 1 Satz 3 HGB für Altersversorgungsverpflichtungen, deren Höhe sich am beizulegenden Zeitwert von Wertpapieren des Anlagevermögens bestimmt, sie sind zum beizulegenden Zeitwert der Wertpapiere anzusetzen, soweit er einen garantierten Mindestbetrag übersteigt.

§ 264 Abs. 2 Satz 1 HGB verlangt die Berechnung der Altersversorgungsverpflichtungen nach einem versicherungsmathematischen Verfahren, das den GoB entspricht; hierfür stehen zur Verfügung:

• das Anwartschaftsdeckungsverfahren analog § 6a EStG oder
• das Anwartschaftsbarwertverfahren analog IAS 19.

Finanzierung aus Rückstellungen bedeutet also nicht einen Mittelzufluss, sondern einen aufgrund der antizipativen Aufwandsverrechnung bewirkten reduzierten Mittelabfluss.

Nach § 246 Abs. 2 Satz 2 i. V. m. § 253 Abs. 1 Satz 4 HGB sind Pensionsrückstellungen mit dem Fair Value bewerteten Pensionsvermögen zu saldieren, wenn dieses dem Zugriff aller übrigen Gläubiger entzogen ist und ausschließlich der Erfüllung von Schulden aus Altersversorgungsverpflichtungen oder vergleichbaren langfristig fälligen Verpflichtungen dient, die gegenüber Arbeitnehmern eingegangen wurden; entsprechend ist mit den zugehörigen Aufwendungen und Erträgen aus der Abzinsung und aus dem zu verrechnenden Vermögen zu verfahren.

Der bilanzielle Ausweis von Rückstellungen auf der Passivseite der Bilanz hat nach den Gliederungsvorschriften des § 266 Abs. 3 B zu erfolgen. Anhangangaben im Zusammenhang mit Rückstellungen ergeben sich wie folgt:

Nach § 285 Nr. 12 HGB sind die Sonstigen Rückstellungen zu erläutern, sofern sie nicht unerheblich sind.

• § 285 Nr. 24 HGB verlangt bei Pensionsrückstellungen die Angabe des angewandten versicherungsmathematischen Bewertungsverfahrens, sowie der grundlegenden Annahmen für die Berechnung wie z. B. Zinssatz, erwartete Lohn- und Gehaltssteigerungen, zugrunde liegende Sterbetafeln.
• § 285 Nr. 25 HGB gebietet bei Verrechnung der Pensionsrückstellungen mit dem Pensionsvermögen die Angabe der

DEFINITION

Rückstellungen sind In der Vergangenheit begründete Verpflichtungen, welche in der Zukunft zu erfüllen sind und deren Höhe und/oder Fälligkeit noch nicht endgültig feststeht.

Merkmale	• Grundlegung in der Vergangenheit • Erfüllung in der Zukunft • Unsicherheit hinsichtlich Höhe und/oder Fälligkeit

Einteilung	• **Rechtspflichten** mit Unsicherheitsgehalt
	  – Pensionsrückstellungen
	  – Prozess- und Prozesskostenrückstellungen
	  – Drohverlustrückstellungen
	• **Wirtschaftliche Verpflichtungen** mit Unsicherheitsgehalt
	  – Kulanzrückstellungen
	• **Aufwandsrückstellungen** ohne Außenverpflichtung
	  – Unterlassene Aufwendungen für Instandhaltung oder Abraumbeseitigung

Ziele der Rückstellungsbildung	• vollständiger Schuldenausweis • Periodenabgrenzung • Finanzierung aus Rückstellungen

9

durch die Saldierung in der Bilanz nicht mehr ersichtlichen Anschaffungskosten und den Fair Value des Pensionsvermögens sowie den Erfüllungsbetrag der Pensionsverpflichtungen.

Ferner ist die Fair-Value-Ermittlung des Pensionsvermögens im Einzelnen zu erläutern.

Verbindlichkeiten sind am Bilanzstichtag dem Grunde, der Höhe und der Fälligkeit nach feststehende Verpflichtungen des Unternehmens. Verbindlichkeiten besitzen folgende Begriffsmerkmale:
- Sie stellen Belastungen des Vermögens am Bilanzstichtag dar.
- Die Belastungen müssen auf am Bilanzstichtag bestehender, rechtlicher oder wirtschaftlicher Leistungsverpflichtung des Unternehmens beruhen, die juristisch einklagbar ist.
- Die Verpflichtungen stehen dem Grunde, der Höhe und der Fälligkeit nach fest.
- Die Verpflichtung ist selbständig bewertbar, d. h. nicht bloßer Ausdruck des allgemeinen Unternehmerrisikos.

Für die Bewertung gilt grundsätzlich das Höchstwertprinzip, d. h., der Wert einer Verbindlichkeit bei Erstverbuchung bildet die Untergrenze der Bewertung:
- Wertsteigerungen über den Wert bei Erstverbuchung hinaus sind zu berücksichtigen.

- Wertminderungen unter den Wert bei Erstverbuchung dürfen nicht berücksichtigt werden.

Verbindlichkeiten

Ausnahmen gelten für:
- Währungsumrechnungen nach § 256a Satz 2 HGB
- Verbindlichkeiten als Bestandteil von Bewertungseinheiten (§ 254 HGB)

Im Regelfall sind Verbindlichkeiten mit ihrem Erfüllungsbetrag anzusetzen, d. h. dem Betrag, der zur Erfüllung der Verpflichtung aufgewendet werden muss (§ 253 Abs. 1 Satz 2 HGB). Sondervorschriften bestehen z. B. für:
- Rentenverpflichtungen, für die eine Gegenleistung nicht mehr zur erwarten ist, sie sind mit ihrem versicherungsmathematischen Barwert (Rentenbarwert, § 253 Abs. 2 Satz 3 HGB) anzusetzen. Die Abzinsung erfolgt mit dem laufzeitkongruenten durchschnittlichen Marktzinssatz der vergangenen sieben Jahre. Dieser wird monatlich von der Deutschen Bundesbank bekanntgegeben (§ 253 Abs. 2 Satz 4 und 5 HGB, Rückstellungsdiskontierungsverordnung).

> **Im Regelfall sind Verbindlichkeiten mit ihrem Erfüllungsbetrag anzusetzen, d. h. dem Betrag, der zur Erfüllung der Verpflichtung aufgewendet werden muss.**

DEFINITION

Verbindlichkeiten sind am Bilanzstichtag dem Grunde, der Höhe und der Fälligkeit nach feststehende Verpflichtungen (Schulden) des Unternehmens.

Ansatz

Ansatzpflicht, wenn die Voraussetzungen einer Verbindlichkeit gegeben sind.
- Belastungen des Vermögens am Bilanzstichtag
- Belastungen müssen auf am Bilanzstichtag bestehender, rechtlicher oder wirtschaftlicher Leistungsverpflichtung des Unternehmens beruhen, die juristisch einklagbar ist.
- Dem Grunde, der Höhe und der Fälligkeit nach feststehende Verpflichtungen (Schulden) des Unternehmens
- Selbständige Bewertbarkeit

Bewertung

Grundsatz:
Höchstwertprinzip: Wert einer Verbindlichkeit bei Erstverbuchung bildet die Untergrenze der Bewertung.
- Wertsteigerungen über den Wert bei Erstverbuchung hinaus sind zu berücksichtigen.
- Wertminderungen unter den Wert bei Erstverbuchung dürfen nicht berücksichtigt werden.

Ausnahmen:
- Währungsumrechnungen nach § 256a Satz 2 HGB
- Verbindlichkeiten als Bestandteil von Bewertungseinheiten (§ 254 HGB)

Regelfall:
Erfüllungsbetrag, d.h. der Betrag, der zur Erfüllung der Verpflichtung aufgewendet werden muss (§ 253 Abs. 1 Satz 2 HGB)

9

- Ratenverpflichtungen sind mit dem Barwert der einzelnen Raten anzusetzen.

Sonderthemen der Bewertung von Verbindlichkeiten sind:
- Ein Disagio (§ 250 Abs. 3 HGB). Hierfür besteht ein Aktivierungswahlrecht. Die Alternative zum Ausweis im Rahmen des aktiven Rechnungsabgrenzungspostens ist der Sofortaufwand.
- Für überverzinsliche Verbindlichkeiten ist die zusätzliche Bildung einer Drohverlustrückstellung angezeigt.
- Zerobonds sind bei der Ausgabe zum Ausgabebetrag zu bewerten. Die Aufzinsung über die Laufzeit erfolgt nach der Effektivzinsmethode.

Verbindlichkeiten sind in den nach § 266 Abs. 3 C. HGB vorgesehenen Kategorien auszuweisen.

Folgende Anhangangaben sind für Verbindlichkeiten zu machen:

Bei jedem ausgewiesenen Verbindlichkeitsposten ist der Betrag mit einer Restlaufzeit bis zu einem Jahr anzugeben (§ 268 Abs. 5 Satz 1 HGB) Verbindlichkeitsspiegel.

Der Gesamtbetrag der Verbindlichkeiten mit einer Restlaufzeit von mehr als fünf Jahren (§ 285 Nr. 1a) HGB) ist gesondert für jeden ausgewiesenen Verbindlichkeitsposten anzugeben (§ 285 Nr. 2 HGB).

Verbindlichkeiten, die erst nach dem Abschlussstichtag rechtlich entstehen, sind, wenn die Beträge einen größeren Umfang haben, zu erläutern (§ 268 Abs. 5 Satz 2 HGB). Der Gesamtbetrag der Verbindlichkeiten, die durch Pfandrechte oder ähnliche Rechte gesichert sind, sind unter Angabe von Art und Form der Sicherheiten anzugeben (§ 285 Nr. 1b) HGB), gesondert für jeden ausgewiesenen Verbindlichkeitsposten (§ 285 Nr. 2 HGB). Verbindlichkeiten gegenüber GmbH-Gesellschaftern sind gesondert darzustellen (§ 42 Abs. 3 GmbH). Die Zahl der Wandelschuldverschreibungen und vergleichbarer Wertpapiere ist anzugeben unter Angabe der Rechte, die sie verbriefen (§ 160 Abs. 1 Nr. 5 AktG). Genussrechte, Rechte aus Besserungsscheinen und ähnliche Rechte unter Angabe der Art und Zahl der jeweiligen Rechte sowie der im Geschäftsjahr neu entstandenen Rechte sind im Anhang anzugeben (§ 160 Abs. 1 Nr. 6 AktG).

Verbindlichkeiten / RAP

Passive Rechnungsabgrenzungsposten sind Ausdruck vorschüssiger Einzahlungen, deren Erfolgswirksamkeit ganz oder teilweise einen bestimmten Zeitraum in nachfolgenden Geschäftsjahren betrifft. Sie sind jeweils in gesonderten Posten auf der ersten Gliederungsebene auszuweisen.

Passive latente Steuern sind Ausdruck künftiger steuerlicher Belastungen aufgrund von temporären oder quasi-permanenten Bilanzstandsdifferenzen zwischen handelsrechtlichen

DEFINITION

Passive Rechnungsabgrenzungsposten sind Einnahmen vor dem Bilanzstichtag, soweit sie Ertrag für eine bestimmte Zeit nach diesem Tag darstellen (§ 250 Abs. 2 HGB).

Ansatz

Ansatzpflicht

Bewertung

zeitanteilige Abgrenzung (des Teils) der Entnahme, der nicht dem abzuschließenden Geschäftsjahr zuzuordnen ist

Ausweis

Rechnungsabgrenzungsposten als gesonderter Bilanzposten der ersten Gliederungsebene auf der Passivseite der Bilanz (§ 266 Abs. 3 D HGB)

9

Wertansätzen von Vermögensgegenständen, Schulden und Rechnungsabgrenzungsposten und ihren steuerlichen Wertansätzen. Aktive und passive latente Steuern können saldiert oder unsaldiert dargestellt werden. Es besteht eine Ansatzpflicht für den passiven Latenzüberhang (§ 274 Abs. 1 Satz 1 HGB), d. h. den Überhang der passiven latenten Steuern über die aktiven latenten Steuern. Passive latente Steuern sind aufzulösen, sobald die Steuerbelastung eintritt oder mit ihr nicht mehr zu rechnen ist (§ 274 Abs. 2 Satz 2 HGB). Die Darstellung erfolgt in einem eigenen Posten auf der 1. Gliederungsebene der Passivseite der Bilanz. Die Bewertung erfolgt mit dem Produkt aus Bilanzstandsdifferenz mal dem unternehmensindividuellen Ertragsteuersatz, der sich im Zeitpunkt der Umkehrung der Bilanzstandsdifferenzen ergibt. Steuersatzprognosen kommen allerdings grundsätzlich nicht in Betracht, es sei denn, die Steuersatzänderung ist durch die wesentlichen

Gesetzgebungskörperschaften bereits beschlossen. Genau wie bei aktiven Steuerlatenzen kommt auch bei passiven latenten Steuern eine Abzinsung nicht in Betracht. Sondervorschriften bestehen für kleine Kapitalgesellschaften. Sie sind nach § 274a Nr. 5 HGB von der Anwendung der Vorschriften zu latenten Steuern befreit. Allerdings besteht auch für sie eine Pflicht zur Passivierung passiver latenter Steuerabgrenzungen als Verpflichtungsrückstellung gemäß § 249 Abs. 1 HGB. Im Anhang ist anzugeben, auf welchen Differenzen oder steuerlichen Verlustvorträgen die latenten Steuern beruhen und mit welchen Steuersätzen die Bewertung erfolgt ist (§ 285 Nr. 29 HGB). Gemäß § 285 Nr. 30 HGB sind latente Steuersalden am Ende des Geschäftsjahres und die im Laufe des Geschäftsjahres erfolgten Änderungen dieser Salden anzugeben, sofern latente Steuerschulden in der Bilanz angesetzt werden.

DEFINITION

Passive latente Steuern sind Ausdruck künftiger steuerlicher Belastungen aufgrund von temporären oder quasi-permanenten Bilanzstandsdifferenzen zwischen handelsrechtlichen Wertansätzen von Vermögensgegenständen, Schulden und Rechnungsabgrenzungsposten und ihren steuerlichen Wertansätzen.

Ansatz

- Ansatzpflicht für den passiven Latenzüberhang (§ 274 Abs. 1 Satz 1 HGB)
- Auflösung, sobald die Steuerbelastung eintritt oder mit ihr nicht mehr zu rechnen ist (§ 274 Abs. 2 Satz 2 HGB)

Bewertung

- Temporäre oder quasi-permanente Bilanzstandsdifferenzen zwischen handelsrechtlichen Wertansätzen von Vermögensgegenständen, Schulden und Rechnungsabgrenzungsposten und ihren steuerlichen Wertansätzen, die zu einer künftigen steuerlichen Belastung führen werden, multipliziert mit dem unternehmensindividuellen Steuersatz im Zeitpunkt des Abbaus der Differenzen bzw. Verrechnung der Verlustvorträge, sofern dieser hinreichend sicher ist
- Abzinsungsverbot, Bewertung zum Nennwert, nicht zum Barwert

Ausweis

- Ausweis passiver latenter Steuern saldiert oder unsaldiert mit aktiven latenten Steuern (§ 274 Abs. 1 Satz 3 HGB)

9

Kennzahlen zur Abschlussanalyse

Aufsichtsräte müssen nicht nur die Rechtsvorschriften zur Gestaltung des Jahresabschlusses kennen einschließlich der Gestaltungsfreiräume zur optimierten Außendarstellung gegenüber den Kapitalgebern. Aufsichtsräte müssen auch die Aussagekraft von Kennzahlen beurteilen im Hinblick auf die finanzielle Befindlichkeit des betrachteten Unternehmens. Dabei werden vier Analysebereiche unterschieden, für welche jeweils Kennzahlen mit unterschiedlichem Aussagegehalt entwickelt und für die Beurteilung herangezogen werden. Es handelt sich um

- Ertragskraft und Wachstum,
- Finanzstruktur zur Beurteilung der Liquidität in den Formen Stichtagsliquidität und Periodenliquidität,
- Kapitalstruktur und
- Vermögensstruktur.

Kennzahlen zur Ergebnisentwicklung sind der GuV-Rechnung entnommen und machen Aussagen über die Chancen und Risiken der Ergebniskomponenten sowie über deren Nachhaltigkeit, Prognosefähigkeit und Dauerhaftigkeit.

    Kennzahlen zur Aufwands- und Ertragsentwicklung beschreiben die Einflussfaktoren, welche das Periodenergebnis bestimmen und lassen Rückschlüsse zu auf die Chancen- und Risikoprofile, welche von diesen Einflussfaktoren (Aufwendungen und Erträgen) ausgehen.

Hohe Materialintensität bedeutet:
- geringe Fertigungstiefe der Produktion
- Abhängigkeit von Zulieferern
- Abhängigkeit von Preisentwicklungen an den Rohstoffmärkten
- Personalintensität (Anteil des Personalaufwands an der Gesamtleistung)

Aufsichtsräte müssen auch die Aussagekraft von Kennzahlen beurteilen im Hinblick auf die finanzielle Befindlichkeit des betrachteten Unternehmens.

Hohe Personalintensität bedeutet:
- geringer Rationalisierungsgrad, eher handwerkliche Fertigung
- Abhängigkeit von Tarifverträgen und Lohnentwicklungen
- gleichzeitig steigende Material- und sinkende Personalintensität bedeutet Auslagerung und Ausgliederung von Fertigungsprozessen (Outsourcing).

Hohe Abschreibungsintensität bedeutet:
- hoher Mechanisierungsgrad
- große Bedeutung von Fixkosten und Fixkosteneffekten (Degression und Remanenz)
- Beschäftigungsgradschwankungen haben großen Einfluss auf das Periodenergebnis

Kennzahlen zur Rentabilitätsentwicklung stellen das Periodenergebnis ins Verhältnis zu einer Referenzgröße mit dem Ziel, eine zwischenbetriebliche Vergleichbarkeit zu ermöglichen.

Kennzahlen zur Ertragskraft und zum Wachstum

Kennzahlen zur Ergebnisentwicklung

z.B.
- prozentuale Änderung des Jahresergebnisses im Berichtsjahr
- gegenüber dem Vorjahr
- Anteil des Ergebnisses aus
- gewöhnlicher Geschäftstätigkeit am Gesamtergebnis
- Anteil des Betriebsergebnisses am Gesamtergebnis
- Anteil des Finanzergebnisses am Gesamtergebnis
- Anteil des außerordentlichen Ergebnisses am Gesamtergebnis

Kennzahlen zur Aufwands- und Ertragsentwicklung

- Materialintensität (Anteil des Materialaufwands an der Gesamtleistung)
- Personalintensität (Anteil des Personalaufwands an der Gesamtleistung)
- Abschreibungsintensität (Anteil der Abschreibungen an der Gesamtleistung)
- Umsatzentwicklung im Berichtsjahr gegenüber dem Vorjahr
- Umsatzanteil der Produktgruppe A am Gesamtumsatz
- Umsatzanteil des Verkaufsgebietes I am Gesamtumsatz

Kennzahlen zur Rentabilitätsentwicklung

- Eigenkapitalrentabilität als Quotient Gewinn/Eigenkapital
- Gesamtkapitalrentabilität als Quotient Gewinn zuzüglich Fremdkapitalzins im Verhältnis zum Gesamtkapital (Eigen- und Fremdkapital)
- Umsatzrentabilität als Quotient Betriebsergebnis/Umsatz

9

Eigenkapitalrentabilität ist ein Vorteilsmaß für das Eigenkapitalengagement der Gesellschafter.

Die Gesamtkapitalrentabilität gibt an, wie viel Prozent insgesamt auf das überlassene Kapital vergütet werden kann. Sie sagt weder aus, welche Rentabilität die Gesellschafter (Eigenkapitalgeber) bekommen, ihr Vorteilsmaß ist die Eigenkapitalrentabilität, noch welche prozentuale Vergütung die Gläubiger (Fremdkapitalgeber) bekommen, sie bekommen ihren vereinbarten Fremdkapitalzins lt. Kreditvertrag. Die Gesamtkapitalrentabilität sollte aber geringer sein als die Eigenkapitalrentabilität. Wäre dies nicht so, würden die Gläubiger eine höhere prozentuale Vergütung bekommen als die Eigenkapitalgeber. Dies wäre mit dem Anspruch, dass Risiko und Rendite korrelieren, nicht konform.

> **Kennzahlen zur Finanzstruktur betreffen Sicherheitsaspekte der Finanzierung, die Einhaltung der Fristenkongruenzanforderung sowie Deckungsverhältnisse zwischen Aktiv- und Passivposten.**

Umsatzrentabilität gibt an, wie viel Betriebsergebnis aus 100 EUR Umsatz entstehen. Wachstumsindices beschreiben die Veränderung einer Größe im Verhältnis zum Vorjahresbetrag dieser Größe. Beispiele sind:

- Umsatzwachstum (Umsatzänderung im Verhältnis zum Umsatz des Vorjahres)
- Betriebsergebniswachstum (Zunahme des Betriebsergebnisses im Verhältnis zum Betriebsergebnis des Vorjahres)
- Cashflow-Wachstum (Cashflow-Änderung im Verhältnis zum Cashflow des Vorjahres)

- Produktivitätskennzahlen stellen operative Kennzahlen dar, die die Anwendung des ökonomischen Prinzips beschreiben
- Pro-Kopf-Umsatz (Umsatz bezogen auf die Anzahl der Mitarbeiter)
- Pro-Kopf-Leistung (Gesamtleistung bezogen auf die Anzahl der Mitarbeiter)
- Materialproduktivität (Gesamtleistung bezogen auf den Materialeinsatz)
- Arbeitsproduktivität (Gesamtleistung bezogen auf den Personalaufwand)
- Wachstumselastizitäten beschreiben die Veränderung einer Größe im Verhältnis zur Veränderung derselben Größe im Vorjahr oder im Branchendurchschnitt
- Kapitalwachstumselastizität (Gesamtkapitalwachstum des Unternehmens im Verhältnis zum Gesamtkapitalwachstum der Branche)
- Eigenkapitalwachstumselastizität (Eigenkapitalwachstum des Unternehmens im Verhältnis zum Eigenkapitalwachstum der Branche)
- Umsatzwachstumselastizität (Umsatzwachstum des Unternehmens im Verhältnis zum Umsatzwachstum der Branche)

Kennzahlen zur Finanzstruktur betreffen Sicherheitsaspekte der Finanzierung, die Einhaltung der Fristenkongruenzanforderung sowie Deckungsverhältnisse zwischen Aktiv- und Passivposten.

Kennzahlen zu ...

Anlagendeckung =
Eigenkapital – Anlagevermögen

Liquiditätsgrad 1. Ordnung =
sofort verfügbare Mittel – sofort fällige
Verbindlichkeiten

Anlagendeckung II =
Eigenkapital + langfr. Fremdkapital-
Anlagevermögen

Liquiditätsgrad 2. Ordnung =
sofort und kurzfristig verfügbare liquide
Mittel – sofort und kurzfristig fällige
Verbindlichkeiten

Reinvestitionsgrad =
Investitionen – Abschreibungen

Liquiditätsgrad 3. Ordnung =
sofort, kurz- und mittelfristig verfügbare
liquide Mittel – sofort und kurzfristig fällige
Verbindlichkeiten

9

Horizontale Bilanzkennzahlen betreffen die Fristenüberein-stimmung von Aktiva und Passiva. So soll nach diesem Grund-satz langfristiges Vermögen langfristig finanziert sein, kurz-fristiges Vermögen kann auch kurzfristig finanziert sein. Der Anlagendeckungsgrad I gibt an, wie viel Prozent des Anlage-vermögens eigenfinanziert bzw. eigen- und langfristig fremd-finanziert ist (Anlagendeckungsgrad II). Anzustreben ist ein Quotient von mindestens 100 %.

Ein Reinvestitionsgrad > 1 besagt, dass die Investitionen höher sind als die Abschreibungen. Dies lässt auf eine star-ke Investitionstätigkeit (Nachwuchssegment) und Vertrauen des Managements in die Zukunft dieses Segments schließen, bedeutet aber auch, dass zur Deckung der Investitionssumme zusätzlicher Kapitalbedarf entsteht über die Innenfinanzierung aus Abschreibungsgegenwerten hinaus.

Ein Reinvestitionsgrad < 1 besagt, dass die Investitionen ge-ringer sind als die Abschreibungen, somit eine Desinvestitions-tätigkeit vorliegt (Cash-Cow-Segment), dass das Management offenbar keine positiven Erwartungen in die Zukunft dieses Segments hat und damit Kapital freisetzt für andere Segmente.

Liquiditätsgrade 1., 2. und 3. Ordnung

Hier werden liquide Mittel einer bestimmten Fristigkeit ins Ver-hältnis gesetzt zu Verbindlichkeiten derselben Fälligkeit. Die Kennzahlen unterscheiden sich nur in der Länge des Betrach-tungshorizontes. Die Differenzierung in die drei Liquiditätsgra-de setzt Kenntnisse über die Restlaufzeiten voraus.

Kennzahlen über das Finanzierungspotenzial

Der dynamische Verschuldungsgrad gibt an, wie lange es dau-ert, bis das Netto-Fremdkapital durch die Innenfinanzierung abgedeckt ist. Dabei kommt es weniger auf die absolute Größe als vielmehr auf ihre Entwicklung im Zeitablauf an. Erhöht sich der dynamische Verschuldungsgrad, so liegt dies an einer stei-genden Verschuldung und/oder einem geringeren operativen Cashflow. Beide Entwicklungen sind möglich.

Der **dynamische Selbstfinanzierungsgrad** gibt an, inwie-weit die Investitionen durch die Innenfinanzierungskraft des Unternehmens zu finanzieren sind. Die **Cashflowrate** gibt an, wie viel Prozent des Umsatzes im Unternehmen als innenfi-nanzierte Mittel verbleiben. Die **Umsatz-Gewinn-Rate** gibt an, wie viel Jahresüberschuss aus 100 EUR Umsatz erzielt wird. Dabei ist zu bedenken, dass es Er-gebniskomponenten gibt, die nicht umsatzabhängig sind, z. B. die Er-träge aus spekulativen Wertpapier-depots. Die **Dividendenquote** gibt an, wie viel Prozent des Jahres-überschusses als Dividende ausge-schüttet werden. Die **Dividenden-rate** gibt an, wie viel Prozent des Umsatzes ausgeschüttet werden. Die **Steuerquote** gibt an, wie viel Prozent des Umsatzes an Steuern abzuführen sind. Sie ist ein Maß für die Qualität des Tax Accountings.

> **Erhöht sich der dynami-sche Verschuldungsgrad, so liegt dies an einer steigenden Verschuldung und/oder einem geringe-ren operativen Cashflow. Beide Entwicklungen sind denkbar.**

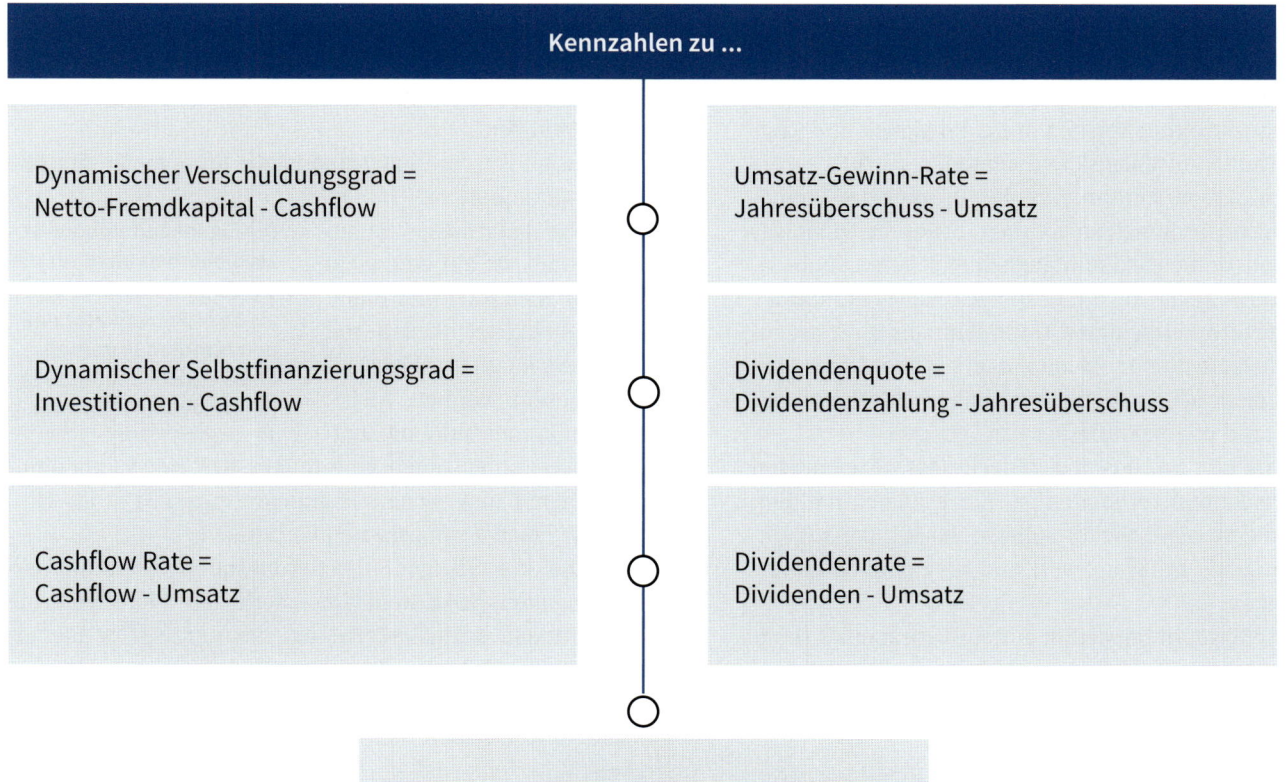

Kennzahlen zur Kapitalstruktur betreffen den Aufbau der Passivseite der Bilanz, das Verhältnis zwischen den einzelnen Passiva, deren Entwicklung, darauf bezogene Schlussfolgerungen hinsichtlich Finanzstruktur, Verschuldung, Fristigkeit und Restlaufzeit sowie Kapitalumschlagskoeffizienten.

Die Eigenkapitalquote gibt an, wie viel Prozent des Vermögens durch Verluste abschmelzen könnten, bevor die Gläubiger ihre Ansprüche nicht mehr vollumfänglich realisieren könnten. Sie ist als Sicherheitsmaß für die Gläubigeransprüche und als Bonitätsindikator des betrachteten Unternehmens eine bedeutende rating-relevante Kennzahl und damit sowohl was den Zähler (Eigenkapital) als auch was den Nenner (Bilanzsumme) betrifft, Gegenstand bilanzpolitischer Erwägungen.

Der Bilanzkurs gibt an, das Wievielfache des gezeichneten Kapitals als Eigenkapital vorhanden ist. Ein Vergleich mit dem Börsenkurs lässt erkennen, wie die Anleger die Summe aus stillen Reserven, originärem Firmenwert und spekulativen Erwartungen einschätzen.

Eine hohe Rücklagenquote deutet auf ein Vertrauensverhältnis zwischen Gesellschaftern und Management hin sowie auf gute Erfolgsaussichten auch in der Zukunft:

- Kapitalrücklagen als Vertrauensvorschuss
- Gewinnrücklagen als eingelöstes Vertrauen in die Geschäftsleitung

Ein hoher Selbstfinanzierungsgrad lässt erkennen, dass die Gesellschafter zugunsten der Eigenkapitalausstattung und damit

auch der Eigenkapitalquote auf Ausschüttungen verzichten. Dies lässt einerseits auf eine gute Ertragslage, andererseits auf ein Vertrauensverhältnis zwischen Management und Gesellschaftern schließen.

Der statische Verschuldungsgrad ist die Komplementärgröße zur Eigenkapitalquote.

Eine hohe langfristige Finanzierungsquote lässt auf eine langfristige Refinanzierung und damit auf die Möglichkeit schließen, mit diesen Mitteln langfristige Investitionen tätigen zu können. Meist, jedoch nicht immer, sind mit langfristigen Investitionen auch eine langfristige Konditionenbindung und damit eine sichere Kalkulationsgrundlage im Hinblick auf die Finanzierungskosten verbunden.

Die Eigenkapitalquote ist als Sicherheitsmaß für die Gläubigeransprüche und als Bonitätsindikator des betrachteten Unternehmens eine bedeutende rating-relevante Kennzahl.

Eine hohe kurzfristige Finanzierungsquote lässt auf ein Nichtprolongationsrisiko und Unsicherheiten betreffend die Kreditkonditionen schließen. Besteht das kurzfristige Fremdkapital zu großen Teilen aus Lieferantenkrediten, so reduzieren diese die Kapitalbindung im Working Capital.

Rückstellungen haben bilanzanalytisch einen ambivalenten Charakter: Einerseits sind sie Ausdruck von Risiken und künftigen Auszahlungsnotwendigkeiten, andererseits stellen sie unverzinsliches und damit kostenlos zur Verfügung gestelltes Kapital dar, auf das kein Gläubiger einen Verzinsungsanspruch hat.

Kennzahlen zur Kapitalstruktur

Eigenkapitalquote =
Eigenkapital - Gesamtkapital

Selbstfinanzierungsgrad =
Gewinnrücklagen – Eigenkapital

Bilanzkurs =
Eigenkapital – Gezeichnetes Kapital

Langfristige Finanzierungsquote =
Langfristiges Fremdkapital – Gesamtkapital

Rücklagenquote =
Rücklagen – Eigenkapital

Kurzfristige Finanzierungsquote =
Kurzfristiges Fremdkapital – Gesamtkapital

Rückstellungsquote =
Rückstellungen – Gesamtkapital

Statistischer Verschuldensgrad =
Fremdkapitalquote =
Fremdkapital – Gesamtkapital

9

Eine hohe Pensionsrückstellungsquote deutet auf einen hohen Betrag bzw. Prozentsatz langfristig zur Verfügung stehenden und kostenlosen, d.h. unverzinslichen Kapitals hin. Damit können langfristige Investitionen getätigt werden, allerdings nur unter der Voraussetzung, dass die Pensionsrückstellungen langfristig im ausgewiesenen Umfang bestehen. Sinkende Belegschaften und zurückhaltende Pensionszusagen führen mittelfristig zu einem Abbau der Pensionsrückstellungen und damit zu einer zeitlichen Begrenzung des dargestellten positiven Finanzierungseffekts.

Die Vorfinanzierungsquote gibt an, welcher Anteil des Gesamtkapitals durch Kundenanzahlungen gedeckt ist. Eine hohe Vorfinanzierungsquote deutet auf eine starke Marktposition hin, Kundenanzahlungen stehen dem Unternehmen normalerweise zinsfrei und damit kostenlos zur Verfügung. Allerdings kann eine hohe Vorfinanzierungsquote auch auf Bonitätsschwierigkeiten der Kunden und damit auf Kreditrisiken in den (übrigen) Forderungen hindeuten.

Hohe Umschlagskoeffizienten deuten auf einen hohen Umsatz und eine niedrige Kapitalbindung hin und sind somit grundsätzlich positiv zu bewerten. Geringer werdende Umschlagskoeffizienten deuten auf sinkende Umsätze und/oder (ungeplant) höhere Kapitalbindungen hin.

Leverage-Effekt: Dieses traditionelle betriebswirtschaftliche Theorem besagt: Solange die Fremdkapitalzinsen unter der Gesamtkapitalrentabilität liegen, trägt eine Erhöhung der Verschuldung zu einer Erhöhung der Eigenkapitalrentabilität bei.

Die Probleme dieser Aussage liegen darin, dass es sich um eine statische, zeitpunktbezogene Aussage mit zeitraumbezogenen Auswirkungen handelt. Sie unterstellt, sowohl eine konstante Gesamtkapital-Rentabilität vor und nach der zusätzlichen Kreditaufnahme wie auch im Zeitablauf konstante Fremdkapitalkosten für die Zukunft. Alleine schon die im Zeitablauf steigende Verschuldung und die damit zusammenhängende Verschlechterung des Ratings lassen diese Annahme nur ausnahmsweise als realistisch erscheinen. Auch nimmt mit steigender Verschuldung der Einfluss der Fremdkapitalgeber auf die Unternehmenspolitik zu und die Autonomie der Unternehmensleitung ab.

Leverage Effekt: Die Probleme dieser Aussage liegen darin, dass es sich um eine statische, zeitpunktbezogene Aussage mit zeitraumbezogenen Auswirkungen handelt.

Kennzahlen zur Kapitalstruktur

Pensionsrückstellungsquote =
Pensionsrückstellungen – Gesamtkapital

Gesamtkapitalumschlag =
Umsatz – durchschnittlich investiertes
Gesamtkapital

Vorfinanzierungsquote =
Erhaltene Kundenanzahlungen –
Gesamtkapital

Eigenkapitalumschlag =
Umsatz – durchschnittlich investiertes
Eigenkapital

9

Kennzahlen zur Vermögensstruktur betreffen den Aufbau der Aktivseite der Bilanz und ermöglichen Schlussfolgerungen hinsichtlich:

- Liquidität
- Bindungsdauer
- Eignung als Haftungspotenzial (Sicherheit für Gläubiger)
- Investitions- und Desinvestitionsvorgängen

Eine hohe Anlagenintensität bedeutet:

- hohe Fixkosten
- schwierige Liquidierbarkeit
- geringe Flexibilität in Bezug auf Nachfrageschwankungen
- neuere Anlagen
- höhere Erfolgspotenziale
- Generierung liquider Mittel über die Abschreibungsverrechnung

Eine hohe Umlaufvermögensintensität bedeutet:

- geringe Fixkosten
- einfache Liquidierbarkeit
- Generierung liquider Mittel über den Verkauf von Erzeugnissen und nicht über Abschreibungsverrechnungen
- hohe Flexibilität in Bezug auf Nachfrageschwankungen

Eine hohe Vorratsbindung bedeutet:

- hohe Lagerhaltungs- und Kapitalbindungskosten
- Gefahr modischer und technischer Veralterung
- regelmäßig ungeplant hohe Bestände durch schleppenden Abverkauf bzw. Produktion auf Lager

Eine hohe Forderungsintensität bedeutet:

- Bonitätsrisiken im Forderungsbestand
- hohe Kapitalbindungskosten
- schwieriges Marktumfeld, sodass nur über verlängerte Zahlungsziele Umsätze generiert werden können

Umschlagskoeffizienten

Umschlagshäufigkeiten und Vorrats- bzw. Forderungsbestände stehen in reziprokem Verhältnis zueinander. Ziel ist es, die Umschlagshäufigkeiten zu erhöhen und die Mittelbindung im Working Capital

+ Vorratsvermögen,

+ Forderungsbestand aus Lieferungen und Leistungen,

– Verbindlichkeiten aus Lieferungen und Leistungen sowie

– Kundenanzahlungen

zu reduzieren.

Kennzahlen zur Vermögensstruktur betreffen den Aufbau der Aktivseite der Bilanz.

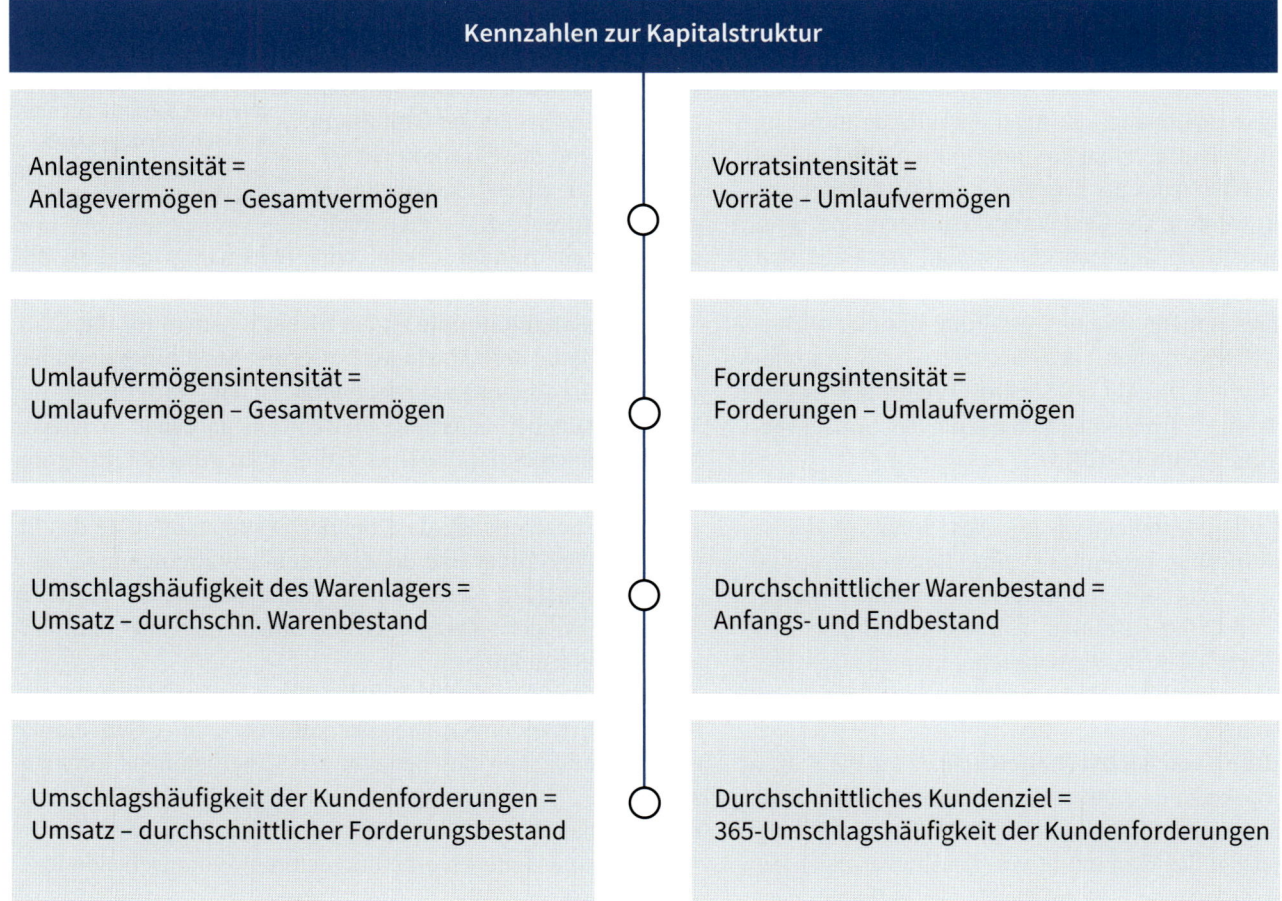

Kennzahlen zur Kapitalstruktur

Anlagenintensität =
Anlagevermögen – Gesamtvermögen

Vorratsintensität =
Vorräte – Umlaufvermögen

Umlaufvermögensintensität =
Umlaufvermögen – Gesamtvermögen

Forderungsintensität =
Forderungen – Umlaufvermögen

Umschlagshäufigkeit des Warenlagers =
Umsatz – durchschn. Warenbestand

Durchschnittlicher Warenbestand =
Anfangs- und Endbestand

Umschlagshäufigkeit der Kundenforderungen =
Umsatz – durchschnittlicher Forderungsbestand

Durchschnittliches Kundenziel =
365-Umschlagshäufigkeit der Kundenforderungen

Jahresabschlusspolitik

Um die Wirkungsweise bilanzpolitischer Aktivitäten in Bezug auf die Kennzahlen beurteilen zu können, sollte deren Einfluss auf Eigenkapital, Bilanzsumme, Ergebnis und Ergebniskomponenten analysiert werden. Die Gestaltungsinstrumente der strategischen und operativen Jahresabschlusspolitik beziehen sich auf folgende Maßnahmen:

Wahlrechte lassen mehr als eine Gestaltungsoption zur Darstellung eines wirtschaftlichen Sachverhalts zu, z. B. Aktivierungswahlrecht für ein Disagio (§ 250 Abs. 3 HGB) oder selbst erstellte immaterielle Vermögensgegenstände des Anlagevermögens (§ 248 Abs. 2 Satz 1 HGB).

Abschreibungswahlrecht bei vorübergehender Wertminderung im Finanzanlagevermögen (§ 253 Abs. 3 Satz 4 HGB).
Beurteilungsspielräume lassen nur eine Darstellung eines wirtschaftlichen Sachverhalts zu, dieser ist allerdings beurteilungsabhängig und damit gestaltbar, z. B. die Einbringlichkeit von Forderungen, die Höhe der Inanspruchnahme aus Gewährleistungsverpflichtungen, die Nutzungsdauer von Sach- und immateriellen Anlagen.

Bei der **Gestaltung von Sachverhalten** geht es um die Frage, wie Gestaltungsoptionen im Jahresabschluss auszuweisen sind und welche bilanziellen Effekte sie in der Außendarstellung entfalten, z. B. ist bei der Gestaltung von Leasingverträgen zu prüfen, ob diese als operate oder finance lease im Rechnungswesen auszuweisen sind mit der Folge, dass sich dadurch die Bilanzsumme und damit die Eigenkapitalquote verändert. Bei der Gestaltung von sale-and-lease-back-Konstruktionen sind deren Auswirkungen auf den Jahresabschluss zu berücksichtigen, ein Aktienrückkauf wird regelmäßig mit dem Ziel vollzogen, die Eigenkapitalrentabilität zu verbessern.

> Aufsichtsräte sollten sich der Möglichkeiten der Jahresabschlusspolitik bewusst sein, damit sie kritisch würdigen und bei Bedarf Möglichkeiten empfehlen können.

Die **Eigenkapitalquote** ist ein Sicherheitsmaß für die Gläubiger und sollte deshalb zur Verbesserung des Ratings optimiert werden. Die Eigenkapitalrentabilität ist ein Vorteilsmaß der Eigenkapitalgeber. Allerdings besteht ein partieller Gegensatz bei der bilanzpolitischen Umsetzung, d. h. eine Erhöhung der Eigenkapitalrentabilität kann zu Lasten der Eigenkapitalquote gehen. Zu beachten ist, dass bei der Eigenkapitalquote das Eigenkapital im Zähler und bei der Eigenkapitalrentabilität das

Eigenkapital im Nenner steht. Daher besteht ein partieller Gegensatz bei der bilanzpolitischen Umsetzung einer optimierten Außendarstellung.

Neben den genannten Schlüsselkennzahlen sind folgende Analyseobjekte der Kapitalgeber zur Beurteilung der finanziellen Befindlichkeit des betrachteten Unternehmens heranzuziehen:
- Ergebnishöhe und -zusammensetzung
- Risikopotenziale (interne und externe), vorauseilende Indikatoren

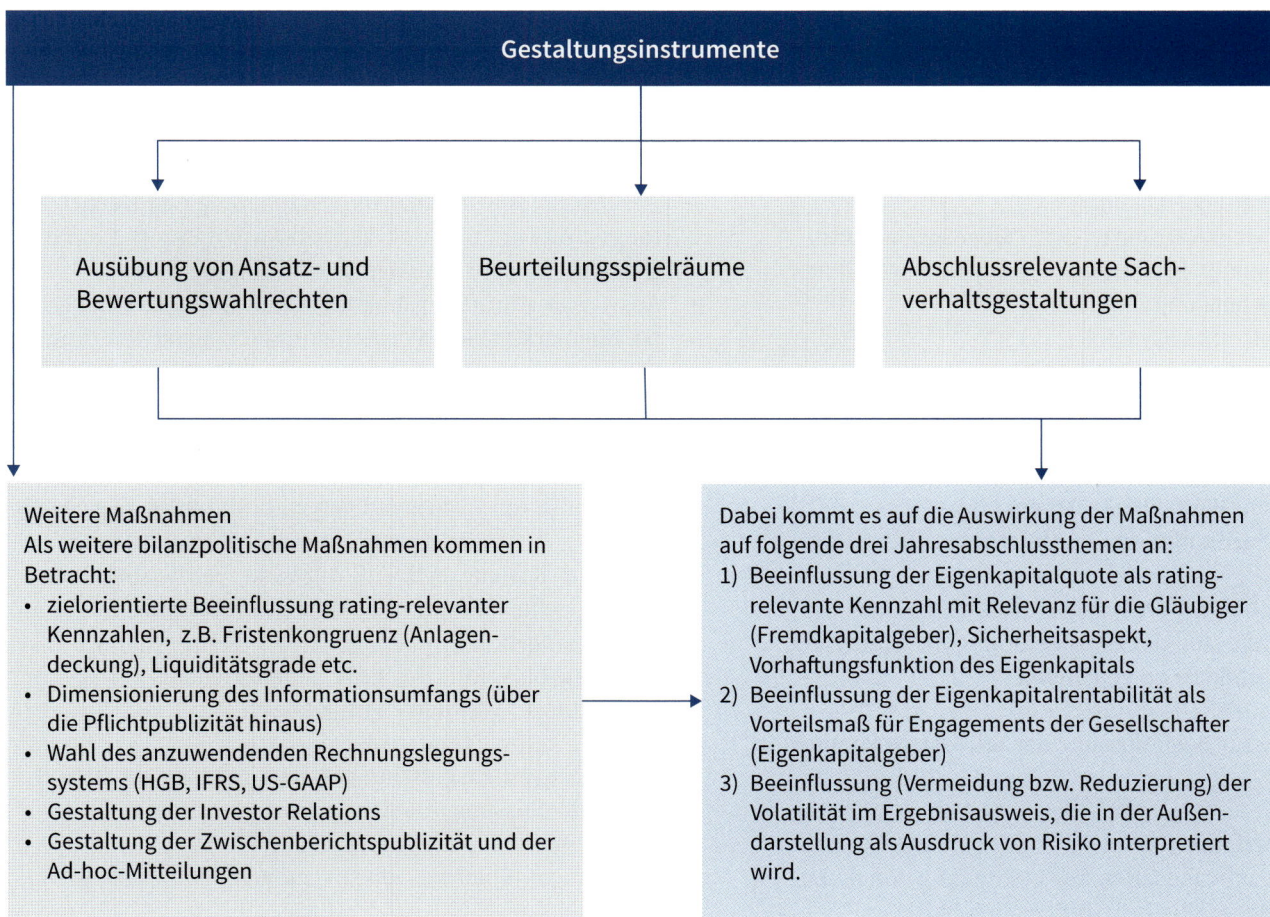

Gestaltungsinstrumente

Ausübung von Ansatz- und Bewertungswahlrechten

Beurteilungsspielräume

Abschlussrelevante Sach-verhaltsgestaltungen

Weitere Maßnahmen
Als weitere bilanzpolitische Maßnahmen kommen in Betracht:
- zielorientierte Beeinflussung rating-relevanter Kennzahlen, z.B. Fristenkongruenz (Anlagen-deckung), Liquiditätsgrade etc.
- Dimensionierung des Informationsumfangs (über die Pflichtpublizität hinaus)
- Wahl des anzuwendenden Rechnungslegungs-systems (HGB, IFRS, US-GAAP)
- Gestaltung der Investor Relations
- Gestaltung der Zwischenberichtspublizität und der Ad-hoc-Mitteilungen

Dabei kommt es auf die Auswirkung der Maßnahmen auf folgende drei Jahresabschlussthemen an:
1) Beeinflussung der Eigenkapitalquote als rating-relevante Kennzahl mit Relevanz für die Gläubiger (Fremdkapitalgeber), Sicherheitsaspekt, Vorhaftungsfunktion des Eigenkapitals
2) Beeinflussung der Eigenkapitalrentabilität als Vorteilsmaß für Engagements der Gesellschafter (Eigenkapitalgeber)
3) Beeinflussung (Vermeidung bzw. Reduzierung) der Volatilität im Ergebnisausweis, die in der Außen-darstellung als Ausdruck von Risiko interpretiert wird.

9

- außerplanmäßige Abschreibungen, Rückstellungen
- verbale Angaben in Anhang und Lagebericht
- Cashflows durch Analyse der Kapitalflussrechnung: optimierte Darstellung des operativen Cashflows zulasten des Investitions- oder Finanzierungscashflows
- finanzwirtschaftliche Qualitätsaspekte (Fristenkongruenz, Fixkostenthematik, Einflussfaktoren auf Ergebnis und Liquidität, Sicherheits- und Rentabilitätsaspekte)

> Über Sachverhaltsgestaltungen können Kennzahlen erheblich beeinflusst werden.

- operative Qualitätskriterien, z. B. Umschlagshäufigkeiten, Bindungsdauer
- Bestand an Haftungspotenzial (Ausweis dem Grunde und der Höhe nach, Werthaltigkeitsthematik)
- strategische Positionierung des Unternehmens, strategischer Fit
    - zwischen den Anforderungen der Umwelt und
    - dem Bestand und der Entwicklung seiner Potenziale, daraus Cashflows zu generieren

Als Maßnahmen zur Beeinflussung der Ertragslage kommen in Betracht:

Gesamtkostenverfahren

- Ausweis der Aufwandsarten zur Beurteilung von deren Einfluss (Chancen/Risiken) auf das Ergebnis
- Ausweis von Bestandsveränderungen als Hinweis auf (ungeplante) Lagerbestandserhöhungen

Umsatzkostenverfahren

- Ausweis der Aufwendungen gegliedert nach Kostenstellen zur Beurteilung der relativen Veränderung von Herstellungs-, Verwaltungs- und Vertriebskosten bezogen auf die Umsatzveränderung in der Betrachtungsperiode
- Ausweis des Bruttoergebnisses vom Umsatz als Hinweis auf die marktmäßige Positionierung im operativen Umfeld
- Berechnung der Bruttoergebnismarge (Bruttoergebnis/Umsatz) zur Beurteilung der marktmäßigen Positionierung im zwischenbetrieblichen Vergleich
- Gewinnrealisierung
- Zuordnung von Aufwendungen zu bestimmten Kostenstellen
    - »gute« Kosten«, z. B. FuE-Aufwand, Vertriebskosten
    - »schlechte« Kosten, z. B. Verwaltungskosten
- Abgrenzungen
- Bruttoergebnis, EBITDA, EBIT, Finanzergebnis
- Verwaltungs-, Vertriebs-, FuE-Kosten

Folgende Sachverhaltsgestaltungen sind in Bezug auf ihren Beitrag zur Beeinflussung von Kennzahlen zu würdigen:
- Pensionsgeschäfte (unechte)
- Verkauf von (Finanz-)Anlagevermögen mit anschließendem Rückkauf:

Gestaltungssätze

Erhöhung der Eigenkapitalquote
- Erhöhung des Eigenkapitals
- außenfinanziert, z.B. durch Kapitalerhöhungen, Einlagen etc.
- innenfinanziert, z.B. durch Gewinnerzielung und Gewinneinbehalt (Bildung von Gewinnrücklagen)
- hohe Aktiva (z.B. Aktivierung von Entwicklungskosten, wenig Abschreibungen etc.)
- Reduzierung der Bilanzsumme (Bilanzverkürzung), z.B. Operate Lease, Aufrechnung von Pensionsvermögen und Pensionsrückstellungen etc.

Erhöhung der Eigenkapitalrentabilität
- hoher Erfolgsausweis
- geringe Abschreibungen durch lange Nutzungsdauern
- Sale and lease back
- gemildertes Niederstwertprinzip durch Vermeidung außerplanmäßiger Abschreibungen bei vorübergehender Wertminderung
- niedriger Eigenkapitalausweis
- keine Aktivierung von Entwicklungskosten
- keine Aktivierung von latenten Steuern

Positive Beeinflussung z.B. durch ...
- einen erhöhten Eigenkapitalausweis
- Bilanzverkürzung, z.B. durch Aufrechnung von Pensionsvermögen und Pensionsrückstellungen nach § 246 Abs. 2 Satz 2 HGB
- Auflösung stiller Rücklagen zugunsten des Eigenkapitalausweises durch sale and lease back oder Pensionsgeschäfte
- hoher Eigenkapital- und niedriger Schuldenausweis, z.B. durch die Anwendung von Mezzanine-Finanzierungen
- wenig Entnahmen

Positive Beeinflussung z.B. durch ...
- einen hohen Gewinn- und einen geringen Eigenkapitalausweis
- frühe und hohe Erträge (Ertragsrealisierung)
- späte und geringe Aufwendungen (Rückstellungen)
- niedriges Eigenkapital
- wenig stille Reserven aufdecken
- Eigenkapitalrückzahlung durch Rückkauf eigener Anteile etc.

9

- – Auflösung stiller Reserven
- – bei Rückkauf ggf. höhere Anschaffungskosten
- – Umgehung des Anschaffungskostenprinzips
- Sale-and-Lease-Back Verkauf und anschließende Rückmiete:
  - – Auflösung stiller Reserven
  - – Erhöhung der Liquidität
  - – ggf. Nutzung des Vermögensgegenstandes ohne dessen Bilanzierung (operate lease)
  - – Schmälerung des Jahresüberschusses durch Leasing-Raten während der anschließenden Nutzung

- Factoring (echtes):
  - – Zufluss von Liquidität vor Fälligkeit der Kundenforderung
  - – Bilanzverkürzung bei vorzeitiger Tilgung von Verbindlichkeiten
  - – Gestaltung von Leasingverträgen
  - – Vermeidung einer Bilanzverlängerung durch Operating Leases

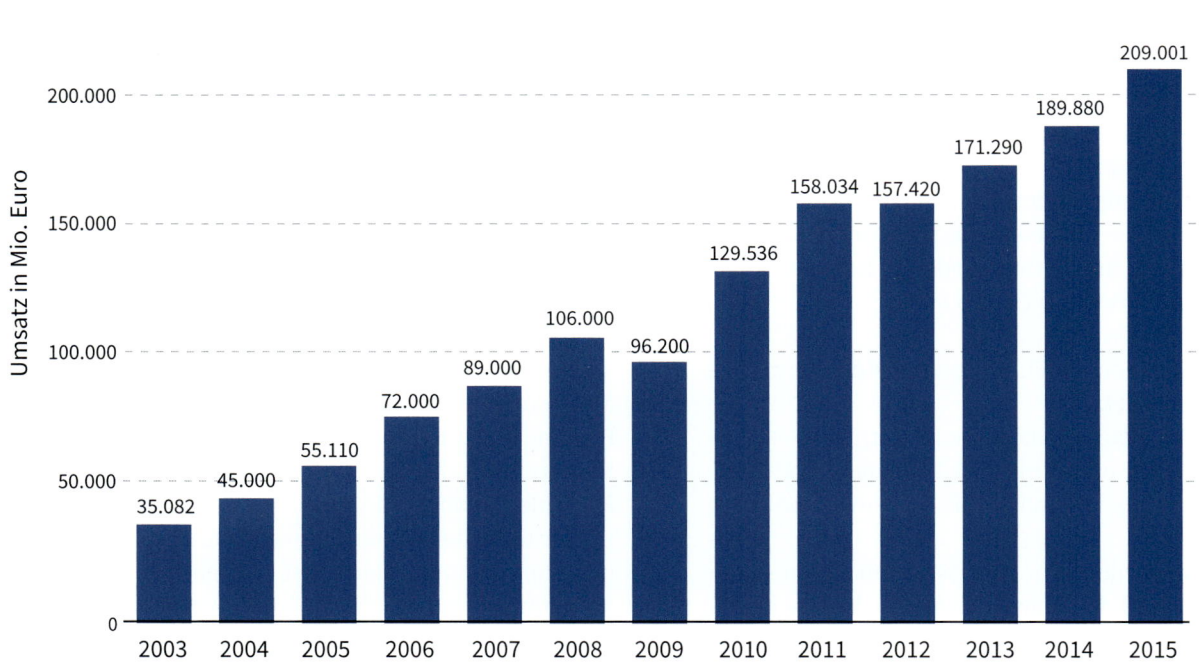

Entwicklung des Factoring in Deutschland

Umsatzvolumen der deutschen Factoring-Branche von 2003 bis 2015 (in Millionen Euro)

Quelle: Statista, abgerufen am 12. April 2017.

Controlling

Unter Controlling versteht man ein Subsystem der Führung, das Planung und Kontrolle sowie Informationsversorgung ergebnisorientiert unterstützt. Somit werden dem Controlling folgende drei Begriffsmerkmale zugeschrieben:

- Subsystem der Führung – Bestandteil des dispositiven Faktors, Führungsunterstützungsfunktion des Controllings
- Zielorientierung, Planung und Kontrolle – Aktionsseite des Controlling, Bezug zum Management-Regelkreis
- Informationsversorgung – Informationsseite des Controllings, Berichtswesen als übergreifender Funktionsbereich, Systembildung und Systemkopplung: Koordinations- und Integrationsfunktion des Controllings

Bei der Controllingfunktion der Führungsunterstützung geht es um folgende drei Teilaspekte:

- Bereitstellung geeigneter Methoden und Instrumente, um dem Führungssystem bzw. dessen Teilsystemen zweckmäßige Informationen und Verfahren für koordiniertes Handeln zu liefern
- Informationsbereitstellung zur Anpassung und Beeinflussung (Innovation) der Umwelt sowie der Märkte des Unternehmens; Kontrolle des Anpassungs- und Innovationsverhaltens
- Koordination der Ergebniszielorientierung des Unternehmens (Verknüpfung verschiedener Ergebniszielausprägungen, Messkriterien für Ergebnisziele, Abstimmung der verschiedenen Teilziele)

> **Unter Controlling versteht man ein Subsystem der Führung, das Planung und Kontrolle sowie Informationsversorgung ergebnisorientiert unterstützt.**

Die Grundfunktionen des Controllings sind:

- Controlling als Servicestelle der Unternehmensleitung
- Entwicklung, Einsatz und Pflege von Management-Instrumenten für Planung, Steuerung und Kontrolle
- Informationsversorgung des Managements auf unterschiedlichen hierarchischen Ebenen
- Koordination zwischen den Teilfunktionen (Prozesse) sowie Funktionsträgern im Unternehmen

Die Aufgaben des strategischen Controllings betreffen:

- Mitwirkung bei der Schaffung und Weiterentwicklung des Planungs- und Kontrollsystems (Metaplanung)
- Konzeption
- Implementierung und
- Entwicklung des Planungs- und Kontrollsystems, das Planung und Kontrolle selbst erst ermöglicht
- Mitwirkung bei der Schaffung und Weiterentwicklung des inner- und zwischenbetrieblichen Informationssystems
- Mitwirkung bei der Schaffung und Weiterentwicklung des Koordinationssystems zur Führungsunterstützung

Übliche Abgrenzung Rechnungswesen und Controlling

Rechnungswesen

- Zahlen bereitstellen über alle abgelaufenen wirtschaftlichen Vorgänge (Ist-Werte) in auswertbarer Form

Management Accounting
- Interne Berichterstattung:
- Betriebsabrechnung mit Kostenarten-, Kostenstellen- und Kostenträgerrechnung
- nicht an gesetzliche Auflagen gebunden

Financial Accounting
- Externe Berichterstattung:
- Buchführung
- Inventar
- Jahresabschluss
- an gesetzliche Auflagen gebunden

Dateninput

Controlling

- Beschaffung, Aufbereitung und Analyse von Daten zur Vorbereitung und Unterstützung zielgerichteter Entscheidungen des Managements
- Planung (Forecast, SBP)
- Berichtswesen/Reporting
- Informationssystem
- Steuerung/Führung (z.B. über Ziele, Kennzahlen etc.)
- Koordination
- Strategieberatung

Management

9

Die Aufgaben des strategischen Controllings bestehen in der Unterstützung des strategischen Managements bei seinen Aufgaben:

- Strategische Planung: Strategischer Fit zwischen den Anforderungen der Umwelt und den Potenzialen der Unternehmung
- Strategische Kontrolle
- Strategisches Informationswesen
- Organisation und Unternehmenskultur

Aufsichtsräte sind im Rahmen ihrer antizipativen Kontrolle befasst mit der Unternehmensplanung einschließlich einer Follow-up-Berichterstattung. Dies erfordert ein kritisches Lesen der Vorstandsberichte, ein verständiges Nachfragen bezüglich kritischer Themen unabhängig davon, ob sie im Einzelnen ausgeführt sind oder nicht, sowie eine sachkundige Beurteilung der Projektthemen aus den Vorstandsberichten und den Tagesordnungspunkten der Aufsichtsratssitzungen.

Für Aufsichtsräte ist es in diesem Zusammenhang wichtig, die Planungs- und Kontrollinstrumente in ihrer Funktionsweise zu kennen und mit ihren Möglichkeiten und Grenzen zu beurteilen, andererseits die Informationsrechte zu kennen, um daraus zusammen mit dem Vorstand ein optimiertes Aufsichtsratsreporting zu konzipieren.

Ein Budget ist der zahlenmäßige Ausdruck der Unternehmensplanung. Es stellt die zu realisierenden Ziele einer Budgetperiode hinsichtlich der Verantwortlichkeiten, der Auswirkungen auf die Ressourcen sowie der zeitlichen Dimension (Budgetperiode) dar. Um die Zielerreichung nach dem Ende der Budgetperiode kontrollieren zu können, bedarf es nachvollziehbarer quantitativer Plandaten. Dabei besteht eine horizontale, vertikale und zeitliche Verzahnung mit anderen Budgets.

Die Beurteilung des Realitätsbezug und der Risikoorientierung der zugrunde liegenden Annahmen ist eine originäre Aufgabe der antizipativen Überwachung des Aufsichtsrats. Dabei sind die Budgetplanungen für einzelne Projekte, einzelne Unternehmensbereiche (Abteilungen, Zweigwerke) und einzelne Perioden mit ihren jeweiligen Interdependenzen zu beachten. Auch sollten für besonders risikoanfällige Planungen Alternativszenarien und Sensitivitätsanalysen eingefordert werden. Auch sollten Aufsichtsräte crosschecks durchführen, um die Konsistenz der Planannahmen zu verifizieren. Beispiele sind

- Investitionen, Abschreibungen, Verschuldung, Zinsen
- Finanzanlagen, Zinserträge
- Umsatz, umsatzabhängige Aufwendungen (Wareneinsatz, Materialaufwand) etc.

> **Aufsichtsräte sind im Rahmen ihrer antizipativen Kontrolle befasst mit der Unternehmensplanung einschließlich einer Follow-up-Berichterstattung.**

Für Aufsichtsräte ist die Abweichungsanalyse bei mehrjährigen Projekten besonders wichtig. Daher ist die Follow-up-Berichter-

Übliches Ergebnis des Budgetierungsprozesses

Planbilanz
zur Abschätzung der
Auswirkungen des Planes
auf rating-relevante Kennzahlen (Eigenkapitalquote
etc.)

Plan-GuV-Rechnung
zur Antizipation der Erfolgswirkungen des Planes
einschließlich der Auswirkungen auf Eigenkapital
und Ausschüttung

Plan-Kapitalflussrechnung
zur Vorwegnahme der
Liquiditätswirkungen
einschließlich der Frage
nach der Höhe des Finanz-
bedarfs und dessen Deckung
aus der Innen- bzw. Außenfinanzierung

9

stattung mit der zugehörigen Ursachenforschung bezüglich der Abweichungen für Aufsichtsräte von besonderer Bedeutung.

Das Ergebnis eines Budgetierungsprozesses ist eine Planbilanz zur Abschätzung der Auswirkungen des Planes auf ratingrelevante Kennzahlen (Eigenkapitalquote etc.), eine Plan-GuV-Rechnung zur Antizipation der Erfolgswirkungen des Planes einschließlich der Auswirkungen auf Eigenkapital und Ausschüttung, eine Plan-Kapitalflussrechnung zur Vorwegnahme der Liquiditätswirkungen einschließlich der Frage nach der Höhe des Finanzbedarfs und dessen Deckung aus der Innen- bzw. Außenfinanzierung.

> **Die Budgetplanung ist Teil der Unternehmensplanung. Daher ist auf konsistente Prämissen zu achten.**

Die Qualität der Budgetplanung hängt von der Erfüllung der Anforderungen ab, die an den Budgetierungsprozess gestellt werden. Die Anforderungen an die Budgetierung sind in einem Planungs- und Budgetierungshandbuch niedergelegt.

- Das Budget soll motivierend wirken.
- Das Budget soll Handlungen auslösen.
- Die Verantwortungsbereiche sollen unabhängig sein.
- Die Budgets müssen klar und exakt formuliert sein.
- Qualitative Vorgaben müssen berücksichtigt werden.
- Die Entscheidungsträger müssen an der Budgeterstellung und -auswertung beteiligt werden.
- Das Budget soll die Flexibilität des Unternehmens nicht einschränken.
- Das Budget soll zeitlich abgestimmt sein.

- Das Budget soll zukunftsbezogen sein.
- Dem Entscheidungsträger ist ein Soll-Ist-Vergleich vorzulegen.

Die Budgetkontrolle soll aufklärenden und nur in Ausnahmefällen sanktionierenden Charakter haben. Sie besteht aus den Einzelschritten

- Abweichungsmessung
- Ursachenforschung
- Suche nach Verantwortlichkeiten
- Suche nach Möglichkeiten, die Abweichung zu reduzieren oder zu schließen

Die Controllingfunktionen im Rahmen der Budgetierung bestehen darin

- das Budgetmanagement zu gestalten und zu überwachen,
- die Budgetkontrolle durchzuführen,
- den Zeitrahmen mitzugestalten und zu überwachen,
- Ist-Vorjahr-, Soll-Ist-, Soll-Wird-Vergleiche durchzuführen und Konsequenzen aufzuzeigen bei Abweichungen,
- wesentliche Erfolgsfaktoren zu identifizieren,
- Informationen für die Budgetverantwortlichen zusammenstellen und
- Toleranzgrenzen zu ermitteln.

Da die Budgetplanung Teil der allgemeinen Unternehmensplanung ist, sind die Prämissen, die in die Budgetierung einfließen, mit den allgemeinen Plandeterminanten abzustimmen.

Aufsichtsratsfunktion	Klassische Budgetierung	Better Budgeting	Beyond Budgeting
Antizipative Kontrolle durch den Aufsichtsrat	Grundsätzlich geeignet; Achtung bei Innovation und Aktualität der Annahmen	Grundsätzlich geeignet; häufig aktueller als die klassische Budgetierung	Achtung: Bietet oftmals wenig Details, die zur sorgfältigen Beurteilung notwendig wären.
Angemessene Informationsversorgung des Aufsichtsrats	Grundsätzlich für finanzielle Größen gegeben	Sinnvolle Ergänzung im Hinblick auf »soft facts/ nicht finanzielle Größen«	Sinnvolle Ergänzung im Hinblick auf »soft facts/ nicht finanzielle Größen«
Follow-up-Berichterstattung an den Aufsichtsrat	Geeignet, da in der Regel sturkturtreu und somit Wiedererkennung und Vergleiche möglich	Kennzahlen und Schlüsselgrößen weniger geeignet, da • Veränderungen schwer zu erkennen, • Fortschreibung z.T. nicht sinnvoll, • umfassende Kenntnisse über das Geschäft und die Aussage der Kennzahl erforderlich	

Details siehe: Beyer/Heyd (2014): Der Aufsichtsrat, Heft 6/2014, S. 84.

9

Die Umsatzplanung kann ergänzt werden durch Analysen
- der Verkaufspreise und -mengen,
- des Umsatzes nach Absatzsegment,
- der Deckungsbeiträge nach Absatzsegmenten,
- der Entwicklung der Verkaufsmengen und Umsatzerlöse im Zeitablauf.

Ferner wären in Form einer Alternativrechnung zu analysieren die Auswirkungen
- von Maßnahmen zur Umsatzförderung,
- der Preis- und Konditionenpolitik nach Absatzsegmenten,
- der Vertriebskosten,
- der Verbraucher und Abnehmer.

Bei der Kostenplanung sind zu berücksichtigen: direkte Kosteneinflussgrößen, Faktorpreise, Faktormengen, Beschäftigungsgrad, indirekte Kosteneinflussgrößen, Programm- und Sortimentkosten, Verfahrenskosten.

Eine Analyse der Kostenstruktur zeigt die Entwicklung der Kosten in Abhängigkeit von der Kostenart auf:
- Abschreibungsintensität
- Personalintensität
- Materialintensität

Die Informationsbasis lässt die Repräsentativität der Plangrößen erkennen: Ist-Kosten, Normalkosten/Standardkosten oder Plankosten.

Die Präsentation von Investitionsprojekten erfolgt meist unter Rückgriff auf Investitionsrechenverfahren. Dabei gibt es einerseits qualitative Unterschiede zwischen statischen und dynamischen Verfahren. Andererseits ist zu prüfen, ob die Anwendbarkeitsvoraussetzungen für das jeweilige Verfahren erfüllt sind. So ist die Kostenvergleichsmethode nur aussagefähig, wenn der Output und damit die mit der Anlage zu erzielenden Erlöse und der Kapitaleinsatz der betrachteten Anlagen gleich oder vergleichbar sind. Die Gewinnvergleichsmethode setzt vergleichbare Kapitaleinsätze voraus und die Amortisationsdauer zielt nicht

Bei der Vorstellung von Investitionsprojekten ist die Eignung des Verfahrens zu prüfen sowie das Vorliegen der Anwendbarkeitsvoraussetzungen des Verfahrens.

auf die Rentabilität, sondern auf den Sicherheitsaspekt einer möglichst kurzen Zeitdauer ab, bis der Kapitaleinsatz über die Einzahlungen wieder zugeflossen ist. Auch die Aussagen der dynamischen Investitionsrechenverfahren müssen den Aufsichtsratsmitgliedern bekannt sein. Die Kapitalwertmethode vergleicht die Vorteilhaftigkeit eines Investitionsprojektes mit einer impliziten Alternativinvestition, deren Rentabilität sich im Kalkulationszinssatz widerspiegelt. Die interne Zinsfuß-Methode berechnet die Verzinsung des betrachteten Investitionsobjektes, welche zu vergleichen ist mit einer realistischen Alternativanlage vergleichbaren Risikogehaltes. Wird das Finanzmanagement vom Aufsichtsrat begleitend überwacht, so sind folgende Themen relevant:

		Klassische Budgetierung	Better Budgeting	Beyond Bugeting
Finanzplan	Flexibilität			●●●
	Genauigkeit	●●●	●●	●
Zielsetzung	Steuerung	●●●	●●	●
	Aktualitätsgrad	●	●●	●●●
Kosten-management	Reaktionsfähigkeit	●●●	●●	●
	Effizienzfördernd	●	●●	●●●

●●●   Geeignet   ●   Ungeeignet

9

- Kapitalbedarfsanalyse für einzelne Projekte und Planungszeiträume
- Eigen-/Fremdkapitalrelation (Eigenkapitalquote/Verschuldungsgrad)
- Fristigkeitsanalyse (Fristenkongruenz von Anlagevermögen und Eigen- bzw. langfristiger Fremdfinanzierung), Deckungsgrade
- Finanzplanung nach Planungszeiträumen zur Aufdeckung temporärer Unterdeckungen
- Innen- und Außenfinanzierung
- Antizipation von Rating-Wirkungen geplanter Finanzierungsprogramme
- Maßnahmen zur Stärkung der Eigenkapitalausstattung (Außenoder Innenfinanzierung, Private Equity-Finanzierungen, Venture Capital-Beteiligungen)

- Nutzung von Mezzanine-Finanzierungen
- Ausgestaltung von Fremdfinanzierungsmaßnahmen (Hausbank- oder Mehr-Banken-Prinzip, Anleihen, Schuldscheindarlehen, Darlehen) hinsichtlich Kosten, Fristigkeit, Besicherung, Verfügungsbeschränkungen (Financial Covenants) etc.
- Anwendung von Sonderformen der Finanzierung (Leasing versus kreditfinanzierter Kauf, Sale and lease back, Pensionsgeschäfte, Factoring, ABS-Transaktionen),
- Verbindungen zwischen Finanz- und Bilanzplanung (Maßnahmen zur Bilanzverkürzung (Aktienrückkaufprogramme, Outsourcing, Operate Lease-Verträge, Reduzierung der Kapitalbindung im Working Capital)

Kernthemen der Überwachung

Konkretisierung der Überwachung gem. § 38 GenG, § 107 AktG, § 111 AktG, DCGK etc.

- Rechnungslegungsprozess
- Wirksamkeit des internen Kontrollsystems und des internen Risikomanagementsystems
- Wirksamkeit der Internen Revision und der Abschlussprüfung
- Bücher sowie Wertpapier- und Ware bestände einsehen
- Externe Gutachter beauftragen
- etc.

... daraus ableitbare im Fokus stehende Themengebiete der Überwachung

- Controlling
- Bilanzierung
- Finanzen
- Strategie
- Planung
- Risikomanagement
- Branchenkenntnisse

9

Aufsichtsratsreporting

Neben der inhaltlichen Durchdringung der durch das Controlling aufbereiteten Entscheidungsgrundlagen gehört es zu den Aufgaben des Aufsichtsrats, in Abstimmung mit dem Vorstand die Informationsversorgung sicherzustellen und effizient zu organisieren.

Tz. 3.4 des Deutschen Corporate Governance Kodex formuliert, dass die Information des Aufsichtsrats Aufgabe des Vorstands ist. Der Aufsichtsrat hat jedoch seinerseits sicherzustellen, dass er angemessen informiert wird. Zu diesem Zweck soll der Aufsichtsrat die Informations- und Berichtspflichten des Vorstands näher festlegen. Das bedeutet, dass die Informationsversorgung des Aufsichtsrats gleichermaßen als Bringschuld des Vorstands wie auch als Holschuld des Aufsichtsrats gesehen werden kann. § 90 Abs. 3 AktG sieht ein Recht des Aufsichtsrats oder einzelner Aufsichtsratsmitglieder vor, vom Vorstand jederzeit einen Bericht zu verlangen über Angelegenheiten der Gesellschaft, über ihre rechtlichen und geschäftlichen Beziehungen zu verbundenen Unternehmen sowie über geschäftliche Vorgänge bei diesen Unternehmen, die auf die Lage der Gesellschaft von erheblichem Einfluss sein können. Weiter werden formale, organisatorische und inhaltliche Anforderungen an die Vorstandsberichte formuliert (§ 90 Abs. 2, 4 und 5

> **Der Aufsichtsrat hat jedoch sicherzustellen, dass er angemessen informiert wird.**

HGB). Die Informationen zwischen Vorstand und Aufsichtsrat haben Qualitätsanforderungen zu erfüllen. Dies muss sich in den Vorschriften der Geschäfts- und Informationsordnungen der Unternehmensorgane niederschlagen durch effiziente und sachgerechte Vorgaben für präzisierte Berichtspflichten.

Dies bedeutet, dass Berichte neben Regelberichten auch Sonderberichte umfassen müssen. Weiter soll vermieden werden, dass kritische Themen durch eine Informationsflut überdeckt werden. Informationsordnungen haben eine regelmäßige, rechtzeitige und einheitliche Versorgung des Aufsichtsrats mit Informationen zu gewährleisten (Tz. 3.4 Satz 4 DCGK). Dabei ist die Verschwiegenheitspflicht des Aufsichtsrats als Korrelat des Informationsrechts zu sehen.

Zu regeln ist auch der Informationsaustausch zwischen den Gremien und zwischen den Gremienvorsitzenden außerhalb der Gremiensitzungen. Dabei geht es auch um die inhaltliche Abstimmung zur Sicherstellung relevanter Informationen z. B. aus dem Prüfungsbereich oder dem Compliance- und Risikomanagementbereich. In formaler Hinsicht gilt es die Gesprächslinien zwischen dem Aufsichtsrat bzw. Prüfungsausschuss und den dem Vorstand nachgelagerten Abteilungen, wie z. B. den Revisions- und Compliance-Leitern, abzustimmen. Schließlich sind die Voraussetzungen der Pflicht zu Ad-hoc-Berichten festzulegen.

Da Informationen die zentrale Basis zur Erfüllung der Überwachungsaufgabe durch den Aufsichtsrat darstellen, stehen ihm folgende Informationsquellen zur Verfügung:

1 Antizipative Kontrolle

- Aufsichtsorgan ist in die strategische Planung einzubeziehen (Ziffer 3.2. DCGK).

- Das setzt voraus, dass es eine strategische Planung gibt.

- Fundierung unternehmerischer Entscheidungen gemäß Business Judgement Rule.

2 Angemessene Informationsversorgung

- Informationsversorgung ist zwar Aufgabe von Vorstand und Aufsichtsrat,

- Die Initiative über Inhalt, Umfang, Aufbereitung und zeitlicher Verfügbarkeit liegt jedoch beim Aufsichtsrat (Ziffer 3.4 DCGK).

3 Follow-up Berichterstattung

- Berichterstattung über Projektstände, Zielerreichungen oder -abweichungen (Ziffer 3.2 i.V.m. 3.4 DCGK).

- Präzise Formulierung der Strategie ist erforderlich für Soll-Ist-Vergleiche, Meilensteine etc.

- Dafür sind Budgets ein mögliches Mittel.

9

- Berichte des Vorstands
- Berichterstattung des Abschlussprüfers
- eigene Ermittlungsrechte im und außerhalb des Unternehmens
- externe Berichterstattung

Faktisch sind die Vorstandsberichte die primäre Informationsquelle für den Aufsichtsrat.

Die Qualitätsverbesserung der Information zwischen Vorstand und Aufsichtsrat kann sich in formaler Hinsicht auf die Aufbereitung bzw. die Themenauswahl und Komprimierung beziehen. Auch das Aufsichtsratsreporting ist einer regelmäßigen Effizienzprüfung zu unterziehen. Ferner sollte verabredet werden, dass keine »Management Letters« des Abschlussprüfers am Aufsichtsrat vorbei direkt an den Vorstand gehen.

Management Letters sind freiwillige ergänzende schriftliche Informationen des Abschlussprüfers an die Geschäftsführung. Sie werden vom Prüfungsbericht ferngehalten, weil dieser entgegen der gesetzlichen Intention nicht nur an Vorstand und Aufsichtsrat geht, sondern immer häufiger auch an Banken, sonstige Kreditgeber, Anwälte u. Ä. Dabei handelt es sich um die Kommunikation festgestellter Probleme und Fragestellungen, die im Rahmen der Gesamtbeurteilung der Ordnungsmäßigkeit der Rechnungslegung jedoch nicht ins Gewicht fallen. Ausdrücklich sind in den Management Letters nur Inhalte behandelt, die nicht der Redepflicht über die Abschlussprüfung innerhalb des Prüfungsberichtes unterliegen. Meist handelt es sich um das Aufzeigen von Ineffizienzen, konkreten Verbesserungsmöglichkeiten, sonstigen Anregungen und Hinweisen im Interesse von Geschäftsführung/Vorstand. Daher wird empfohlen, Management Letters an den Aufsichtsrat bzw. Prüfungsausschuss weiterzugeben bzw. bei der Erteilung des Prüfungsauftrags zu vereinbaren, dass Management Letters auch dem Aufsichtsrat bzw. Prüfungsausschuss weiterzuleiten sind.

Zu beachten ist, dass Management Letter nicht Bestandteil des Prüfungsberichts sind, jedoch von Banken, Anwälten etc. immer mehr berücksichtigt werden.

Die Grenze zu niederschwelligen, nicht testats- aber überwachungsrelevanten Feststellungen nach § 321 Abs. 2 Satz 2 HGB, die im Prüfungsbericht zu vermerken sind, ist fließend.

Für den Informationsfluss innerhalb des Aufsichtsrats bedarf es klarer Informationsvorgaben zwischen dem Aufsichtsratsvorsitzenden und dem Gesamtaufsichtsrat, einer Aufgabenabgrenzung und Informationsordnung zwischen dem Aufsichtsrat und den Aufsichtsrats-Ausschüssen, für Vorbesprechungen zwischen AR-Vorsitzenden und Vorsitzenden der AR-Ausschüsse vor den AR-Sitzungen, für getrennte Besprechungen der Anteilseigner- und Arbeitnehmervertreter im Aufsichtsrat (vgl. DCGK Tz. 3.6), für Besprechungen der AR-Mitglieder ohne Anwesenheit der Vorstands- bzw. Geschäftsführungsmitglieder und für die gemeinsamen Sitzungen von Aufsichtsrat, dem Vorsitzenden des Prüfungsausschusses und den Wirtschaftsprüfern.

Beispielhafte Inhalte von Management Letters können sein:

Organisatorische Hinweise und Anregungen (betreffend risikobehafteter Systeme und Abläufe)	Detaillierte Beschreibung bzw. Konkretisierung von Maßnahmen und Verbesserungsvorschlägen zu den im Prüfungsbericht benannten Feststellungen (z.B. Mängeln/Schwächen) im internen Kontrollsystem bzw. im Risikofrüherkennungssystem	Verbesserungsempfehlungen bei der rechtlichen und steuerlichen Gestaltung

9

Für die Dialogstrukturen zwischen Aufsichtsrat und Vorstand gilt es, rechtliche Rahmenbedingungen zu beachten. Für Geschäfte von grundlegender Bedeutung legen die Satzung oder der Aufsichtsrat Zustimmungsvorbehalte zugunsten des Aufsichtsrats fest. Hierzu gehören Entscheidungen oder Maßnahmen, die die Vermögens-, Finanz- oder Ertragslage des Unternehmens grundlegend verändern (DCGK Tz. 3.3).

Die ausreichende Informationsversorgung des Aufsichtsrats ist gemeinsame Aufgabe von Vorstand und Aufsichtsrat (DCGK Tz. 3.4). Der Vorstand informiert den Aufsichtsrat regelmäßig, zeitnah und umfassend über alle für das Unternehmen relevanten Fragen der Planung, der Geschäftsentwicklung, der Risikolage, des Risikomanagements und der Compliance. Er geht auf Abweichungen des Geschäftsverlaufs von den aufgestellten Plänen und Zielen unter Angabe von Gründen ein. Der Aufsichtsrat soll die Informations- und Berichtspflichten des Vorstands näher festlegen. Berichte des Vorstands an den Aufsichtsrat sind in der Regel in Textform zu erstatten.

Entscheidungsnotwendige Unterlagen, insbesondere der Jahresabschluss, der Konzernabschluss und der Prüfungsbericht, werden den Mitgliedern des Aufsichtsrats möglichst rechtzeitig vor der Sitzung zugeleitet. (DCGK Tz. 3.4). Gute Unternehmensführung setzt eine offene Diskussion zwischen Vorstand und Aufsichtsrat sowie in Vorstand und Aufsichtsrat voraus. Die umfassende Wahrung der Vertraulichkeit ist dafür von entscheidender Bedeutung (DCGK Tz. 3.5). Alle Organmitglieder stellen sicher, dass die von ihnen eingeschalteten Mitarbeiter die Verschwiegenheitspflicht in gleicher Weise einhalten.

Besprechungen zwischen Vorstandsvorsitzendem und AR-Vorsitzenden sollen in kurzen Zeitabständen, z.B. monatlich und bei Ad-hoc-Anlässen stattfinden. Vorstandsmitglieder können als ordentliche Mitglieder von AR-Ausschüssen berufen werden. Die Einbeziehung von dem Vorstand nachgeordneten Führungskräften in die Beratungen zu einzelnen Sachthemen kann auf Anregung des Aufsichtsrats oder seiner Ausschüsse, nicht aber ohne Kenntnis des zuständigen Ressortvorstands bzw. Gesamtvorstands erfolgen. Die direkte Kommunikation zwischen dem Aufsichtsrat und/oder seinen Ausschüssen mit den dem Vorstand nachgeordneten Führungskräften kann mit oder ohne Anwesenheit des fachlich zuständigen Vorstandsmitglieds verabredet werden. Schließlich bedarf es des Zusammenwirkens von Vorstand und Aufsichtsrat bei der Abfassung der Compliance-Erklärung in Bezug auf die Einhaltung des Deutschen Corporate Governance Kodex nach § 161 AktG.

Für die Optimierung der Dialogstrukturen zwischen Aufsichtsrat und Abschlussprüfer gilt es Folgendes zu beachten: Die Aufgaben des Aufsichtsrats bzw. Prüfungsausschusses im Verhältnis zum Abschlussprüfer beziehen sich auf die Erteilung des Prüfungsauftrags und die Festlegung der Prüfungsschwer-

> **Der Aufsichtsrat soll die Informations- und Berichtspflichten des Vorstands näher festlegen. Er hat also auch eine Holschuld bzw. Verpflichtung zur Spezifikation benötigter Informationen.**

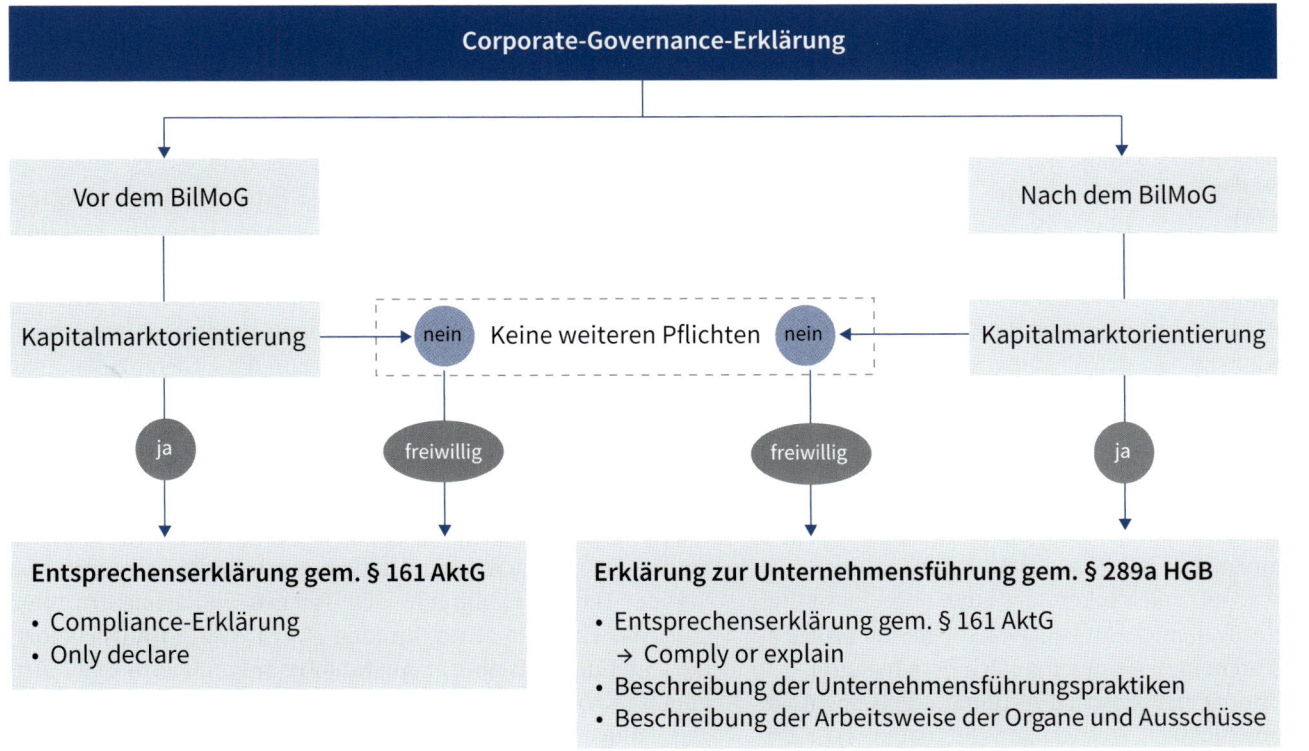

Corporate-Governance-Erklärung

Vor dem BilMoG

Nach dem BilMoG

Kapitalmarktorientierung

nein Keine weiteren Pflichten nein

Kapitalmarktorientierung

ja

freiwillig

freiwillig

ja

Entsprechenserklärung gem. § 161 AktG

- Compliance-Erklärung
- Only declare

Erklärung zur Unternehmensführung gem. § 289a HGB

- Entsprechenserklärung gem. § 161 AktG
  → Comply or explain
- Beschreibung der Unternehmensführungspraktiken
- Beschreibung der Arbeitsweise der Organe und Ausschüsse

9

punkte, die Honorarvereinbarung, die evtl. Erweiterung des Prüfungsauftrags, die Sicherstellung der Unabhängigkeit des Abschlussprüfers (§§ 319 bis 319b HGB, DCGK Tz. 7.2.1) bei Erteilung des Prüfungsauftrags und während des Prüfungszeitraums, die Entgegennahme von Feststellungen über Unrichtigkeiten, Gesetzesverstöße oder bestandsgefährdende Risiken während der Prüfung (§ 321 Abs. 1 Satz 3 HGB), die Entgegennahme von Feststellungen über niederschwellige, d. h. nicht zu einer Einschränkung oder Versagung des Bestätigungsvermerks führende Beanstandungen (§ 321 Abs. 2 Satz 2 HGB) sowie die Erläuterungen des Abschlussprüfers über die Ausübung bilanzpolitischer Gestaltungsspielräume durch den Vorstand (§ 321 Abs. 2 Satz 4 HGB).

> Der Wirtschaftsprüfer ist »Erfüllungsgehilfe« des Aufsichtsrats, der die Ergebnisse des Wirtschaftsprüfers verstehen muss – insbesondere wenn er Entscheidungen darauf abstellt.

Der Aufsichtsrat soll vereinbaren, dass der Abschlussprüfer über alle für die Aufgaben des Aufsichtsrats wesentlichen Feststellungen und Vorkommnisse unverzüglich berichtet, die sich bei der Durchführung der Abschlussprüfung ergeben (DCGK Tz. 7.2.3). Der Aufsichtsrat soll ferner vereinbaren, dass der Abschlussprüfer ihn informiert bzw. im Prüfungsbericht vermerkt, wenn er bei Durchführung der Abschlussprüfung Tatsachen feststellt, die eine Unrichtigkeit der von Vorstand und Aufsichtsrat abgegebenen Erklärung zum Kodex nach § 161 AktG ergeben (DCGK Tz. 7.2.3). Die Präsentation des geprüften Abschlusses, des Prüfungsberichts und des Bestätigungsvermerks durch den Abschlussprüfer hat in der Bilanzsitzung des Aufsichtsrats zu erfolgen, in der für den Abschlussprüfer eine Anwesenheitspflicht besteht (§ 171 Abs. 1 Satz 2 AktG). Weitere Redepflichten des Abschlussprüfers in der Bilanzsitzung des Aufsichtsrats betreffen die Schwächen des internen Kontroll- und Risikomanagementsystems bezogen auf den Rechnungslegungsprozess, Umstände, die eine Befangenheit des Abschlussprüfers besorgen lassen sowie Leistungen, die der Abschlussprüfer zusätzlich zu den Abschlussprüferleistungen erbracht hat (§ 171 Abs. 1 Satz 2 und 3 HGB).

Die Dialogstrukturen zwischen Aufsichtsrat und Hauptversammlung (§ 171 Abs. 2 AktG) sehen vor, dass nach Entgegennahme der Vorstandsvorlagen nach § 170 AktG und des Prüfungsberichts des Abschlussprüfers der Aufsichtsrat selbst den Jahresabschluss, Lagebericht, Gewinnverwendungsvorschlag und ggf. Konzernabschluss und Konzernlagebericht prüft. Er hat der Hauptversammlung schriftlichen Bericht zu erstatten über das Ergebnis seiner Prüfung (§ 171 Abs. 2 AktG). Ferner berichtet der Aufsichtsrat der Hauptversammlung über die Art und den Umfang der Prüfung der Geschäftsführung während des Jahres, und schließlich über die Art und Anzahl der Ausschüsse und Anzahl der Ausschusssitzungen. Dies schließt eine Stellungnahme des Aufsichtsrats zum Prüfungsbericht des Abschlussprüfers ein. In einer abschließenden Stellungnahme erklärt der Aufsichtsrat, ob er zum Jahresabschluss Einwendungen zu erheben hat bzw. ob er den aufgestellten Jahresab-

Ausgewählte Arbeitsgebiete des Aufsichtsrats bzw. Prüfungsausschusses

Rechnungslegungsprozess

IKS, Risikomanagementsystem

Überwachung und Prüfung

Compliance

Interne Revision

Abschlussprüfer
und dessen Unabhängigkeit

Zusatzleistungen des **Prüfers**

Aufgaben im Rahmen der Prüfung des Unternehmens

Auswahl des Prüfers	Prüfung der Unabhängigkeit	Erteilung des Prüfungsauf-trages	Ansprechperson für Prüfer	Entgegennahme und Diskussion des Prüfungs-berichts	Billigung und Feststellung des Jahres-abschlusses

9

schluss billigt. Zuvor hat der Aufsichtsrat seinen Bericht dem Vorstand innerhalb eines Monats nach Eingang der Unterlagen zuzuleiten, bei Nichtvorlage kann keine Billigung des Jahresabschlusses erfolgen (§ 171 Abs. 3 AktG). Die Offenlegung des Abschlusses durch den Vorstand erfolgt erst nach seiner Billigung durch den Aufsichtsrat (§ 171 Abs. 4 AktG).

Die **Regelberichterstattung** des Vorstandes an den Aufsichtsrat umfasst den Jahresbericht nach § 90 Abs. 1 Satz 1 Nr. 1 i. V. m. Abs. 2 Nr. 1 AktG »beabsichtigte Geschäftspolitik der Gesellschaft und andere grundsätzliche Fragen der Unternehmensplanung (insb. die Finanz-, Investitions- und Personalplanung)«. Beispielhafte Informationen zur beabsichtigten Geschäftspolitik können sein Einzelplanungen/Planrechnungen (kurz, mittel, lang) zu Beginn oder unmittelbar vor dem betreffenden Geschäftsjahr. Die Berichterstattungspflicht über grundsätzliche Fragen der Unternehmensplanung basiert auf der Vorstandspflicht zur rationalen, überprüfbaren Unternehmensplanung sowie der konkreten Struktur und den besonderen Bedürfnisse der Gesellschaft.

Sie umfasst die Jahresplanung, Budgetzahlen und ermöglicht dem Aufsichtsrat bei Vierteljahresberichten Soll-Ist-Vergleiche. Darüber hinaus ist die besondere Darstellung der Abweichungen der tatsächlichen Entwicklung von früher berichteten Zielen unter Angabe von Gründen von Bedeutung. Sie ermöglicht eine Abweichungsanalyse und -begründung im Periodenvergleich (Follow-up). Sie umfasst auch einen Bericht über die Rentabilität nach § 90 Abs. 1 Satz 1 Nr. 2 i. V. m. Abs. 2 Nr. 2 AktG, also die »Rentabilität der Gesellschaft, insbesondere der Rentabilität des Eigenkapitals«.

Tz. 3.4 des Deutschen Corporate Governance Kodex erstreckt die Vorstandsberichtspflicht gegenüber dem Aufsichtsrat auf die Einrichtung und Wirksamkeit des Risikomanagementsystems, des Internen Kontrollsystems, des Internen Revisionssystems sowie auf die Compliance. Die Berichterstattung in der Sitzung des Aufsichtsrats, in der über den Jahresabschluss verhandelt wird, umfasst die Vorlagen nach § 171 AktG betreffend die externe Rechnungslegung, die Ertragskraft der Gesellschaft in einem zusammenfassenden Bericht, welcher aussagekräftiger als im Jahresabschluss Angaben zur Verzinsung des EK, Cashflow, ROI, Gewinn je Aktie, Umsatzrentabilität, Rentabilitätskennziffern einschließlich Vergleichszahlen (Soll-Ist-Vergleich) enthält.

> **Die Vorstandsberichtspflicht gegenüber dem Aufsichtsrat erstreckt sich auf die Einrichtung und Wirksamkeit des Risikomanagementsystems, Internen Kontrollsystems, Internen Revisionssystems sowie auf die Compliance.**

Die Berichtspflichten nach § 90 AktG sind Mindestpflichten und können weder durch Satzung noch Beschluss des Aufsichtsrats eingeschränkt werden. Aufsichtsrat und Satzung können jedoch die Informationspflichten des Vorstands ausweiten; die Grenze ist allerdings Schikane im Sinne von Rechtsmissbrauch. Vorstand und Aufsichtsrat müssen für ein angemessenes Informationssystem sorgen, das auch einen »laufenden Informationsaustausch« zwischen Vorstand und

Berichtsarten

1 Regelberichte

Die Regelberichterstattung des Vorstandes an den Aufsichtsrat umfasst den Jahresbericht nach § 90 Abs. 1 Satz 1 Nr. 1 i.V.m. Abs. 2 Nr. 1 AktG »beabsichtigte Geschäftspolitik der Gesellschaft und andere grundsätzliche Fragen der Unternehmensplanung (insb. die Finanz-, Investitions- und Personalplanung)«.

2 Sonderberichte

Eine Pflicht zur Sonderberichterstattung kann sich auch aus sonstigen wichtigen Anlässen ergeben (§ 90 Abs. 1 Satz 3 AktG), insbesondere bei negativen Ereignissen, die schwerwiegende Gefahren für die Interessen der Gesellschaft bergen, z.B. wesentliche Verluste, Arbeitskämpfe, Betriebsstörungen, Umweltschäden. Eine Sonderberichtspflicht besteht nach § 92 AktG im Falle der Krise wie Verlust, Zahlungsunfähigkeit oder Überschuldung der Gesellschaft.

3 Vorlageberichte

Vorlageberichtspflichten bestehen im Zusammenhang mit dem Jahresabschluss, § 171 Abs. 1 Satz 1 AktG und umfassen den Jahresabschluss mit Anhang, Lagebericht inkl. Gewinnverwendungsvorschlag sowie den Prüfungsbericht des Abschlussprüfers, § 321 HGB.

9

Aufsichtsrat sowie deren Vorsitzenden zwischen den Sitzungs-terminen der Gremien umfasst.

Vierteljahresberichte nach § 90 Abs. 1 Satz 1 Nr. 3 i. V. m. Abs. 2 Nr. 3 AktG: »Gang der Geschäfte, insbesondere Umsatz und Lage der Gesellschaft«. Dies umfasst Angaben zum Umsatz (Angaben im Periodenvergleich), mindestens nach Sparten, Vergleich Soll (Jahresplanung) und Ist (zeitantei-lig), Gang der Geschäfte (allgemeine Entwicklung der Gesellschaft, Abweichungen gegenüber Ver-gleichsperioden und Plänen, Zusammenfassung, Analyse der Umsätze inkl. Marktvergleich), Lage der Gesellschaft, Liquiditätsübersicht (Angaben zur Ertrags- und Liquiditätslage), Übersicht Perioden-vergleich (sparten-/produktbezogen), Einflussfak-toren, Abweichungen in Umsatz oder Ertrag.

> Sonderberichte an den Aufsichtsratsvorsitzen-den sind umgehend weiterzuleiten, die Aufsichtsratsmitglieder sind entsprechend zu informieren.

Sonderberichte sind zu erstellen über Rechtsgeschäfte, die für die Rentabilität oder Liquidität der Gesellschaft von erheb-licher Bedeutung sein können (§ 90 Abs. 1 Satz 1 Nr. 4 i. V. m. Abs. 2 Nr. 4 AktG). Hierzu besteht eine ständige Berichtspflicht, wobei »besondere Bedeutung« unternehmensspezifisch zu beur-teilen ist nach den Auswirkungen auf Gesamttätigkeit der Gesell-schaft in Bezug auf den Umfang des Rechtsgeschäfts. In Abhän-gigkeit vom Verhältnis zu anderen Daten bedarf es der Beratung des Vorstands durch den Aufsichtsrat oder der Unterrichtung des Aufsichtsrats(-vorsitzenden) vor Abschluss des Geschäfts.

Eine Pflicht zur Sonderberichterstattung kann sich auch aus sonstigen wichtigen Anlässen ergeben (§ 90 Abs. 1 Satz 3 AktG), insbesondere bei negativen Ereignissen, die schwer-wiegende Gefahren für die Interessen der Gesellschaft bergen, z. B. wesentliche Verluste, Arbeitskämpfe, Betriebsstörungen, Umweltschäden. Eine Sonderberichtspflicht besteht nach § 92 AktG im Falle der Krise wie Verlust, Zahlungsunfähigkeit oder Überschuldung der Gesellschaft. Sonderberichte können vom Aufsichtsrat oder einzelnen Mitgliedern angefor-dert werden. § 90 Abs. 3 AktG gewährt hierzu ein Initiativrecht des Aufsichtsrats und seiner Mit-glieder. Das Berichtsverlangen kann sich auf alle Angelegenheiten der Gesellschaft beziehen. Ein Berichtsverlangen eines einzelnen AR-Mitglieds reicht aus und kann weder vom Vorstand noch von der Mehrheit des AR zurückgewiesen werden. Erforderlich ist eine präzise Formulierung und das Verlangen darf nicht missbräuchlich sein. Die Berichterstattung erfolgt dann an den Aufsichtsrat in seiner Gesamtheit, d. h. an alle Aufsichtsratsmitglieder.

Sonderberichte an den Aufsichtsratsvorsitzenden sind um-gehend weiterzuleiten, die Aufsichtsratsmitglieder sind ent-sprechend zu informieren. Eine Ausnahme besteht bei einem Beschluss des Aufsichtsrats, die Aushändigung von Berichten an die Aufsichtsratsmitglieder auszuschließen, § 90 Abs. 5 Satz 2 AktG. Die Berichte haben »den Grundsätzen einer gewis-senhaften und getreuen Rechenschaft zu entsprechen« (§ 90 Abs. 4, Satz 1 AktG). Die Gestaltung obliegt in diesem Rah-men dem Vorstand. Die Berichte müssen inhaltlich vollständig,

Berichtsarten – Turnus

1 Regelberichte

- Regelmäßig
- I.d.R. an die Sitzungen des Aufsichtsrats angelehnt

2 Sonderberichte

- Ad hoc
- Im Falle negativer Ereignisse bzw. definierter Themen für Sonderberichte

3 Vorlageberichte

- Berichtspflichten bestehen im Zusammenhang mit dem Jahresabschluss

übersichtlich, klar strukturiert und straff formuliert sein ggf. unter Einsatz von Schaubildern. Es ist zu unterscheiden zwischen Tatsachendarstellungen und deren Bewertung, ggf. mit einem Entscheidungsvorschlag für den Aufsichtsrat.

Vorlageberichtspflichten bestehen im Zusammenhang mit dem Jahresabschluss, § 171 Abs. 1 Satz 1 AktG und umfassen den Jahresabschluss mit Anhang, Lagebericht inkl. Gewinnverwendungsvorschlag sowie den Prüfungsbericht des Abschlussprüfers, § 321 HGB. Vorlagen können auch im Zusammenhang mit der externen Zwischenberichterstattung geboten sein. Ferner können Vorlagen im Zusammenhang mit dem Abhängigkeitsbericht nach § 312 AktG erforderlich sein. Es handelt sich dabei um den Abhängigkeitsbericht des Vorstands einer abhängigen Gesellschaft sowie das diesbezügliche Prüfungsberichtergebnis des Abschlussprüfers. Vorlageberichte des Vorstands sind schließlich erforderlich bei Maßnahmen, die der Mitwirkung (Zustimmung) des Aufsichtsrats bedürfen, so z. B. die Grundlagen für Zustimmungsvorbehalte für gesetzlich geregelte Fälle, Zustimmungsrechte des Aufsichtsrats lt. Satzung, Zustimmungsrechte des Aufsichtsrats lt. Geschäftsordnung und Ad-hoc-Zustimmungsrechte des Aufsichtsrats. Die Berichterstattung des Vorstands erfolgt stets an den Aufsichtsrat

Der Aufsichtsrat hat ein eigenes unmittelbares Einsichts- und Prüfungsrecht.

als Gesamtgremium. Jedes Aufsichtsratsmitglied hat das Recht, von den Berichten Kenntnis zu nehmen. Die Berichte sind in Textform auf Verlangen jedem AR-Mitglied zu übermitteln, entweder durch den Aufsichtsratsvorsitzenden oder direkt an alle AR-Mitglieder. Dieser Grundsatz gilt für alle schriftlichen Berichte, auch die von einem einzelnen AR-Mitglied angeforderten.

Die Berichte sind möglichst rechtzeitig und, mit Ausnahme des Anlassberichts, in Textform schriftlich, per E-Mail oder Fax abzufassen. Nur aktuelle Ergänzungen können mündlich oder per Tischvorlage in der Sitzung nachgereicht werden (Ausnahme). Hierzu besteht kein freies Ermessen des Vorstands. Rechtzeitigkeit bedeutet mindestens drei Tage vor der Sitzung.

Die Informationsrechte des Aufsichtsrats einer Konzernobergesellschaft orientieren sich an dessen Überwachungsaufgabe. Es geht um die Überwachung der Konzernleitung, also den Vorstand der Obergesellschaft durch den Aufsichtsrat dieser Gesellschaft. Der Konzern muss in den Berichten des Vorstands an den Aufsichtsrat und nach gleichen Regeln erscheinen, wie in den Berichten über die Gesellschaft. Es gibt keine systematische Parallelnorm, sondern nur eine ansatzweise Regelung in § 90 AktG. Allerdings besteht eine Erlaubnis des »schrankenlosen« Informationsflusses vom Vorstand der Tochtergesellschaft an den Vorstand der Muttergesellschaft bzw. direkt an deren Aufsichtsrat. Bei einer einheitlichen Leitung der Konzerngesellschaften sind Auskünfte der Tochtergesellschaften an die Muttergesellschaft zum Zwecke der Konzernleitung zulässig und erforderlich. Ein Informationsverbot besteht lediglich, wenn echte Minderheitsaktionäre vorhanden sind und kein Beherrschungsvertrag besteht.

Gesetzliche Grundlage

- Berichte an den Aufsichtsrat (§ 90 Abs. 1 Satz 1 AktG): »Der Vorstand hat dem Aufsichtsrat zu berichten über die beabsichtigte Geschäftspolitik und andere grundsätzliche Fragen der Unternehmensplanung.«

- Hierbei geht es insbesondere um die Finanz-, Investitions- und Personalplanung.

- Auf Abweichungen gegenüber den früher berichteten Zielen (Planwerten) ist unter Angabe der Ursachen einzugehen (§ 90 AktG).

- Die Berichterstattung erstreckt sich auch auf Tochterunternehmen bzw. verbundene Unternehmen, wenn der Vorfall für die Lage der Mutterunternehmen von erheblichem Einfluss sein könnte (§ 90 AktG).

Vergleiche Kapitel 1 zur »Informationsversorgung«

9

Regelmäßige Berichtspflichten bestehen in gleichem Umfang wie für die Gesellschaft, § 90 Abs. 1 Satz 2 AktG. Dies gilt auch für eingegliederte Gesellschaften nach §§ 319 ff. AktG, Organgesellschaften nach §§ 291 ff. AktG, (fast) 100 %-ige Tochter- und Enkelgesellschaften. Berichtspflichten bestehen im Konzern analog zu denen der Gesellschaft und betreffen die wirtschaftliche Lage, die Liquiditäts- und Ertragssituation des Konzerns, die Planungen im Konzern sowie die Konzernrentabilität. Sonderberichte über den Konzern und einzelne Konzerngesellschaften sind aus wichtigem Anlass nach § 90 Abs. 1 Satz 3 AktG geboten sowie bei einem geschäftlichen Vorgang von erheblichem Einfluss. Vorlageberichte betreffen die Vorlage des Konzernabschlusses und Konzernlageberichts sowie im Vorfeld eines Aufsichtsratsbeschlusses auch die zustimmungspflichtigen Maßnahmen im Konzern.

Ein eigenes unmittelbares Einsichts- und Prüfungsrecht des Aufsichtsrats besteht nach § 111 Abs. 2 AktG und betrifft die »Bücher und Schriften der Gesellschaft sowie Vermögensgegenstände, namentlich die Gesellschaftskasse und Bestände an Wertpapieren und Waren«. Es besteht ein Initiativrecht beim Aufsichtsrat als Organ, wobei regelmäßig ein Mehrheitsbeschluss erforderlich ist. Ein einzelnes Aufsichtsratsmitglied hat nur ein Recht auf Antragstellung und nur zur Überwachung des Vorstands in einem konkreten abgrenzbaren Fall. Die Übertragung des Einsichts- und Prüfungsrechts ist möglich auf einen Ausschuss, ein einzelnes Aufsichtsratsmitglied oder einen externen Sachverständigen. Dieses Einsichts- und Prüfungsrecht betrifft nur die Gesellschaft, nicht aber nachgelagerte Konzerngesellschaften.

Berichte und Auskünfte von Unternehmensmitarbeitern wie z. B. dem Leiter Interne Revision, Risikomanagement, Chief Compliance Officer sind gesetzlich nicht ausdrücklich gestattet; ein eigenständiges Informationssystem des Aufsichtsrats am Vorstand vorbei ist nach h. M. grds. unzulässig. Allerdings setzt sich eine differenzierte Betrachtung durch. Danach lässt sich ein Einsichts- und Prüfungsrecht an vorstandsnachgelagerte Abteilungen ohne Wissen des zuständigen Ressortvorstands aus § 111 Abs. 2 AktG nicht ableiten, insbesondere nicht für Fragen, die sich aus der Regelberichterstattung ergeben. Wenn es um die Klärung von Vorwürfen gegenüber einem Vorstandsmitglied geht, wird dieses Vorgehen nach h. M. als zulässig angesehen, allerdings wissend, dass damit bei den Mitarbeitern ein Loyalitätskonflikt ausgelöst wird. In der Praxis erfolgt die Teilnahme und Berichterstattung von vorstandsnachgelagerten Mitarbeitern in der Aufsichtsratssitzung üblicherweise mit Wissen und im Beisein des Vorstands.

Die Überwachungsfunktion des Aufsichtsrats bzw. Prüfungsausschusses umfasst auch die Überwachung der Wirksamkeit des RMS, IKS und IRS. Maßstab ist die ordentliche Sorgfaltspflicht unter Beachtung zeitnaher Erkenntnisse über Risiken und Kontrollschwächen sowie erfolgte oder notwendi-

Es sollte eindeutig definiert werden (z. B. in einer Informationsordnung) wer, wann und wie an den Aufsichtsrat berichten darf.

Relevante Fragen des Aufsichtsrats

zum Risikomanagement
- Gibt es eine systematische Risikoerfassung und -erhebung?
- Werden die Konzerngesellschaften in das Risikomanagement eingebunden?
- Werden Veränderungen der Risikolandschaft erfasst und berichtet?
- Werden Risikosteuerungsmaßnahmen dokumentiert und überwacht?

zum Compliance-Management-System
- Sind die wesentlichen geltenden gesetzlichen Vorschriften bekannt?
- Erfolgt eine Compliance-Risikoanalyse?
- Existieren der Code of Conduct und Compliance-Programme?
- Wie sehen die Organisation und das Reporting aus?

zum Internen Kontrollsystem
- Wurden die wesentlichen/ notwendigen Kontrollen systematisch ermittelt?
- Sind die Prozesse und Kontrollen dokumentiert?
- Gibt es einheitliche Mindestanforderungen für das Kontrollsystem im Konzern?
- Wird die Funktionsfähigkeit der Kontrollen geprüft?

zur Internen Revision
- Gibt es einen risikoorientierten Jahresrevisionsplan?
- Ist die Revisionsleitung unabhängig?
- Werden risikoorientierte Prüfungen durchgeführt?
- Erfolgt ein Reporting an das Management und den Aufsichtsrat?

9

ge Maßnahmen. Betroffen sind sowohl kapitalmarktorientierte wie nicht kapitalmarktorientierte Gesellschaften mit gesetzlichem Aufsichtsrat. Die Überwachung umfasst die zielgerichtete Beobachtung und Informationserhebung durch kritisches Hinterfragen der Ausgestaltung und Funktionsfähigkeit der Systeme sowie vorliegender Informationen auf Basis eigener Erfahrungen und Erkenntnisse einschließlich einem Vergleich mit Best Practices einer entsprechenden Peer Group. Die Überwachungspflicht des Aufsichtsrats beschränkt sich auf das Vorhandensein und die Wirksamkeit der Systeme, deren Optimierung und Effizienzsteigerung liegt in der Verantwortung des Vorstands.

Die Überwachungsfunktion des Aufsichtsrats bzw. Prüfungsausschusses umfasst auch die Überwachung der Wirksamkeit des RMS, IKS und IRS.

Der Vorstand hat zum Risikomanagementsystem das Handbuch, die Beschreibung zur Aufbauorganisation und zu den Prozessen sowie die Organisationsrichtlinien und Anweisungen vorzulegen sowie Berichte zu erstellen über die Risikofrüherkennung, die Risikoidentifizierung und -bewertung, die Entwicklung ergriffener Risikosteuerungsmaßnahmen einschließlich deren Auswirkung auf Plan, Budget und Rückstellungen sowie Nachweise über die Prüfung von Geeignetheit und Funktionsfähigkeit des RMS.

Zum Internen Kontrollsystem hat der Vorstand das Handbuch, die Prozess- und Kontrolldokumentation, die Rollenkonzepte sowie die Organisationsrichtlinien und Anweisungen vorzulegen. Berichte sind in diesem Zusammenhang zu erstellen über Kontrollschwächen, Maßnahmen zur Optimierung der Kontrollsysteme, Nachweise über die Prüfung der Funktionsfähigkeit sowie Self-Assessment-Ergebnisse. Betreffend das Compliance-Management-System sind vom Vorstand das Handbuch, die Organisationsrichtlinien und Anweisungen sowie der Verhaltenskodex vorzulegen. Berichte sind zu erstellen über die wesentlichen Änderungen von Gesetzen, Normen und internen Regeln, präventive Anti-Korruptionsmaßnahmen, potenzielle Compliance-Risiken, gemeldete Compliance-Verstöße, Maßnahmen und Notfallpläne bei Verstößen gegen Gesetze und interne Richtlinien sowie Nachweise über die Prüfung der Funktionsfähigkeit des Compliance-Systems. Schließlich erfordert die Überwachung des Internen Revisionssystems die Vorlage des entsprechenden Handbuchs, die Beschreibung zur Aufbauorganisation sowie zur Ablauforganisation und zu den Prozessen innerhalb der Revision, die Organisationsrichtlinien und Anweisungen sowie den Jahresbericht.

Berichte für den Aufsichtsrat sind zu erstellen über den (risikoorientierten) Jahresrevisionsplan, die Prüfungsdurchführung sowie Prüfungsergebnisse (einschließlich Compliance-Prüfungen und Fraud-Präventionen), die wesentlichen Feststellungen (einschließlich Betrugs- oder Unterschlagungsfälle). Weiter ist ein Bericht zu erstellen über ein Quality Assessment der Internen Revision durch einen unabhängigen Dritten.

Die Regelberichterstattung an den Aufsichtsrat zu diesen Themen betrifft eine Übersicht über die Top-Risiken, Compliance-Vorfälle, IKS Schwachstellen und diesbezüglich ergriffene Maßnahmen, Schulungsaktivitäten, wesentliche Entwicklungen im Corporate-Governance-Umfeld sowie die Ausgestaltung und Weiterentwicklung der Governance-Elemente. Die Regelberichterstattung an den Prüfungsausschuss umfasst zusätzlich zu den Berichtsgegenständen an den Aufsichtsrat eine Übersicht wesentlicher Risiken und Compliance-Vorfälle sowie eine quantitative und qualitative Darstellung der Schwachstellen im IKS mit Maßnahmenplan.

Ad-hoc-Berichtspflichten im Rahmen der Regelberichterstattung an den Aufsichtsrat können sich ergeben für Vorfälle bzw. »neue« Risiken mit potenziell bestandsgefährdender wirtschaftlicher Auswirkung sowie für Vorfälle bzw. »neue« Risiken mit potenziell bestandsgefährdendem Reputationsschaden. Zusätzliche Ad-hoc-Meldungen an den Prüfungsausschuss können sich ergeben für Vorfälle bzw. »neue« Risiken mit potenziell wesentlicher wirtschaftlicher Auswirkung, mit potenziell wesentlichem Reputationsschaden sowie bei Involvierung eines Vorstandsmitglieds in einen Compliance-Vorfall.

9

Planung und Strategie

Der Deutsche Corporate Governance Kodex verlangt, dass der Vorstand die strategische Ausrichtung des Unternehmens mit dem Aufsichtsrat abstimmt und mit ihm in regelmäßigen Abständen den Stand der Strategieumsetzung erörtert. Der Vorstand informiert den Aufsichtsrat regelmäßig, zeitnah und umfassend über alle für das Unternehmen relevanten Fragen der Strategie, der Planung, der Geschäftsentwicklung, der Risikolage, des Risikomanagements und der Compliance. Er geht auf Abweichungen des Geschäftsverlaufs von den aufgestellten Plänen und Zielen unter Angabe von Gründen ein. § 90 Abs. 1 AktG spezifiziert die Berichtpflichten des Vorstands gegenüber dem Aufsichtsrat auf

Nach dem DCGK ist die Strategie und deren Umsetzung regelmäßig mit dem Aufsichtsrat zu erörtern. Daraus ergibt sich zwangsläufig eine notwendige Methodenkompetenz.

- die beabsichtigte Geschäftspolitik und andere grundsätzliche Fragen der Unternehmensplanung, (insbesondere die Finanz-, Investitions- und Personalplanung) einschließlich diesbezüglicher Follow-up-Berichterstattung (Abweichungsanalyse),
- die Rentabilität, insbesondere die Eigenkapitalrentabilität,
- den Geschäftsgang insbesondere den Umsatz und die Lage der Gesellschaft,
- Geschäfte mit erheblicher Bedeutung für die Rentabilität und Liquidität der Gesellschaft.

Daraus ergeben sich Anforderungen an den Kenntnisstand von Aufsichtsräten bezogen auf Controllingmethoden und -instrumente sowohl auf strategischer wie auch auf operativer Ebene. Ferner hat der Aufsichtsrat bei der Einschätzung der Qualität der Geschäftsführung den Einsatz von Controllinginstrumenten als Qualitätsmerkmal zu beurteilen.

Ziel der Strategischen Planung ist es, die Voraussetzungen zu schaffen für einen Strategischen Fit zwischen den Anforderungen der Märkte und den Potenzialen des Unternehmens, mit deren Hilfe erfolgreich, d. h. den Unternehmenszielen entsprechend auf diesen Märkten agiert werden kann. Diesen Teil des Strategischen Managements bezeichnet man als Strategische Planung. Dazu ist es im Rahmen des strategischen Managements, unterstützt durch das strategische Controlling, erforderlich

- die strategischen Ziele zu finden und nach innen wie außen transparent zu kommunizieren (Strategische Zielsetzung);
- die engere und weitere ökonomische, rechtliche, soziale, demographische und technologische Umwelt daraufhin zu untersuchen, inwieweit das vom Unternehmen ausgewählte geographische Umfeld (Standort) und ökonomische Umfeld (Markt) geeignet ist, Unternehmensziele zu erfüllen, insbesondere Renditen zu erzielen (Umweltanalyse);
- die relevanten Unternehmenspotenziale zu identifizieren, mit Hilfe derer den Anforderungen des Marktes begegnet werden kann und im Vergleich zu den Potenzialen anderer

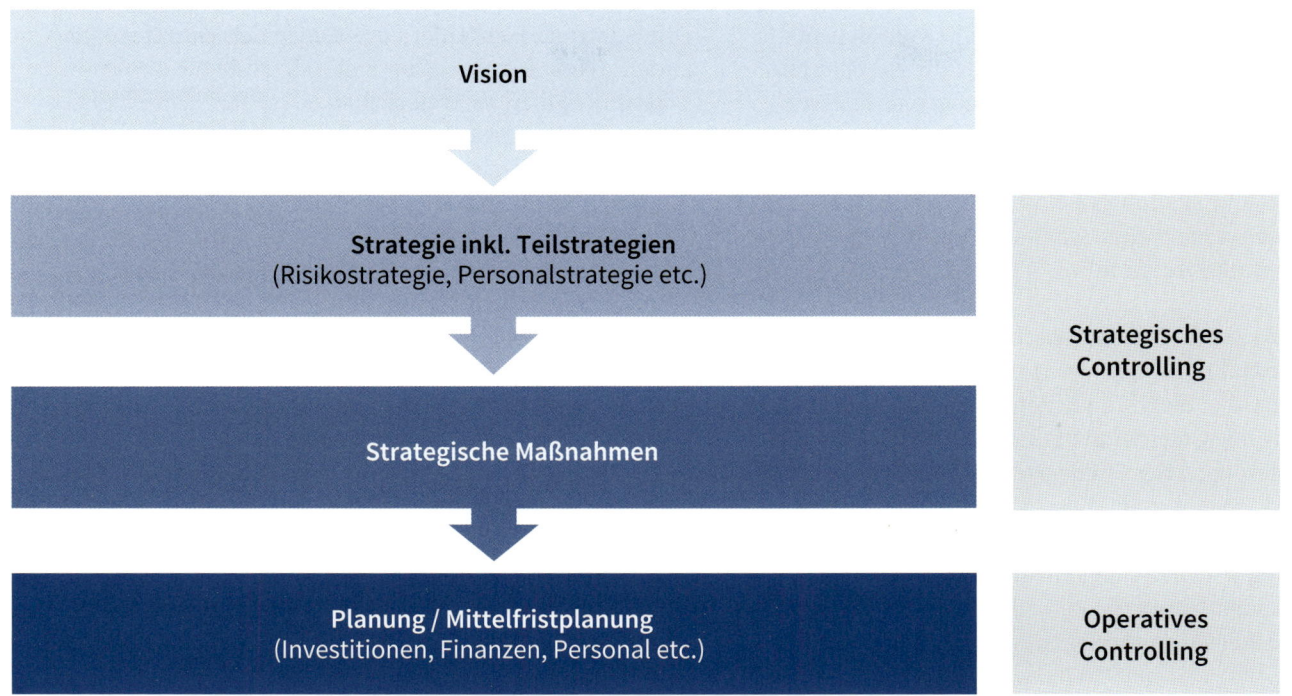

9

Marktakteure zu bewerten, bevor beurteilt werden kann, in welche Richtung die aktuellen Potenziale für die Zukunft weiter entwickelt werden sollen (Unternehmensanalyse);

- die Strategie auszuwählen, mit Hilfe derer der strategische Fit hergestellt und die Unternehmensziele unter Beachtung der aktuellen und zukünftigen Unternehmenspotenziale in der vom Unternehmen ausgewählten Umwelt umgesetzt werden sollen (Strategiewahl).

Schließlich hängt der unternehmerische Erfolg einerseits von der zielorientierten Konzeption der Unternehmensstrategie ab, andererseits auch von deren Implementierung im sozioökonomischen System der Unternehmung und ihrem Umfeld (Strategieimplementierung). Der strategische Zielbildungsprozess hängt ab von

- der Unternehmensverfassung (Rechtsform Mitbestimmung),
- der Gestaltung der Beziehungen zur Umwelt (Einbeziehung von Stakeholdern),
- der Unternehmensorganisation (Unternehmensleitung oder Delegation).

Die Umweltanalyse hat zum Ziel,

- für den Zustand der relevanten Umwelt und ihre voraussichtliche Entwicklung zu sensibilisieren,
- die relevanten Umweltsegmente zu identifizieren,
- Chancen und Bedrohungen aus der Umwelt aufzuspüren, um dadurch die Attraktivität des Marktes zu beurteilen,

d. h. inwiefern er in der Lage ist, den Akteuren, die auf ihm tätig sind, Renditen zu ermöglichen.

Als Konzepte der Umweltanalyse stehen zur Verfügung:

- Die Marktanalyse, bei der als relevante Parameter zur Beurteilung der Attraktivität des Marktes herangezogen werden:
  - Das Marktpotenzial mit den Einzelaspekten Marktgröße (gegenwärtiges Umsatzpotenzial) und Marktwachstum (Stellung im Marktzyklus)
  - Die Marktstruktur: Wettbewerber, Lieferanten, Abnehmer
  - Die Beschaffenheit des Gutes: Homogenität und Transparenz
- Die Branchenstrukturanalyse, bei der folgende Strukturmerkmale die Wettbewerbsintensität und damit die Rentabilität bestimmen:
  - Wettbewerbskräfte
  - Verhandlungsstärke der Lieferanten
  - Bedrohung durch neue Anbieter
  - Verhandlungsstärke der Abnehmer
  - Bedrohung durch Ersatzprodukte
  - Rivalität der Wettbewerber
  - Branchenkultur

Aufsichtsräte sollten nicht nur verstehen, warum bestimmte Methoden bzw. Ansätze zum Einsatz kommen, sondern auch, warum genau diese besonders geeignet für das Unternehmen sind.

- Zur Sorgfalt gehört auch ein Plan B (insbesondere bei negativer Entwicklung)
- Einrichtung einer mehrjährigen Kapitalbedarfsplanung
- Ergänzung um mögliche adverse Abweichungen zur geplanten Entwicklung

9

Im Rahmen der Unternehmenspotenzialanalyse werden die Unternehmenspotenziale ermittelt und gemessen und die identifizierten und evaluierten Potenziale mit denen der Mitbewerber verglichen (relative Vorteilsmessung). Es werden die strategischen Erfolgsfaktoren bestimmt, d.h., es wird beurteilt, in welcher Weise die Unternehmenspotenziale weiterentwickelt werden sollen, um einen optimalen Zusammenhang zwischen dem geplanten unternehmerischen Maßnahmenbündel und dem erwarteten Erfolg zu erzielen.

Jeder der genannten Ansätze hat modellbedingt Schwächen. Genau diese gilt es ebenfalls zu kennen und die Bedeutung für die Strategie zu berücksichtigen.

Als Konzepte der Potenzialanalyse stehen das Wertkettenmodell nach Porter (primäre und sekundäre Aktivitäten) sowie das Modell des Strategischen Managements (Leistungs- und Führungspotenziale) zur Verfügung. Die Konkurrentenanalyse hat zum Ziel, die Stärken und Schwächen relativ gegenüber den Potenzialen der Konkurrenten zu beurteilen.

Daraus ergeben sich folgende Arbeitsschritte:
* Beschreibung der gegenwärtigen Situation
* Analyse der Selbsteinschätzung, der Konkurrenten und ihrer Bewertung der Branche, Ermittlung der Stärken und Schwächen des Konkurrenten
* Identifikation der zukünftigen Ziele der Konkurrenten

Zur Einschätzung der Eignung bestimmter Strategien wurden verschiedene Konzepte entwickelt:

* Die Erfahrungskurventheorie
* Die Portfolioanalyse
* Das Produkt- und Marktzykluskonzept
* Das S-Kurven-Modell

Alle Konzepte münden letztlich in einer SWOT-Analyse, bei der die Stärken und Schwächen (Strengths und Weaknesses, unternehmensinterne Erfolgsparameter) mit den Chancen und Risiken (Opportunities and Threats, unternehmensexterne Erfolgsparameter) verglichen werden, um Aktionsfelder zu identifizieren, welche zu einer höchstmöglichen Übereinstimmung (Strategischer Fit) und damit zu einem maximalen Zielerreichungsgrad führen.

Die SWOT-Analyse bietet die Möglichkeit, die eigenen Potenziale und die externen Rahmenbedingungen für einen Entscheidungsprozess zu visualisieren. Den Kern der SWOT-Analyse bilden die Fragen, die darauf abzielen, ein Bild des gegenwärtigen Unternehmens mit seinen Entwicklungsmöglichkeiten zu entwerfen.

Das Bild wird dabei sowohl von internen Gegebenheiten als auch von externen Einflüssen bestimmt. Daraus ergeben sich folgende Fragestellungen:
* Stärken (Strengths) – interne Faktoren
  Auf welche Ursachen sind vergangene Erfolge zurückzuführen? Welche Synergiepotenziale liegen vor, die mit neuen Strategien stärker genutzt werden können?
* Schwächen (Weaknesses) – interne Faktoren

Als Strategieoptionen stehen je nach Betrachtungsebene folgende Varianten zur Verfügung:

Unternehmensstrategien	Wachstumsstrategie
Produkt-Markt-Strategie	Lokale, nationale, internationale und globale Strategie
Do-it-yourself, Kooperations- oder Akquisitionsstrategie	Stabilisierungsstrategie
Schrumpfungsstrategie	Geschäftsbereichsstrategie
Kostenführerschaftsstrategie	Produktdifferenzierungsstrategie
Nischenstrategie	Funktionsbereichsstrategien

9

Welche Schwachpunkte gilt es auszubügeln und künftig zu vermeiden? Welches Produkt kann die Projektziele nicht erfüllen?

- Chancen (Opportunities) – externe Faktoren
Welche Möglichkeiten stehen offen? Welche Trends gilt es zu verfolgen?

- Gefahren (Threats) – externe Faktoren
Welche Schwierigkeiten hinsichtlich der gesamtwirtschaftlichen Situation etc. liegen vor? Wo sind die Risiken im Projekt?

Die GAP-Analyse ist die Basis für eine frühzeitige Identifikation einer »Lücke« zwischen der gegenwärtigen Unternehmensentwicklung und der strategischen Zielsetzung. Durch eine differenzierte Betrachtung der identifizierten strategischen Lücke können Wachstumsstrategien entwickelt werden, die helfen sollen, die strategischen Ziele (doch noch) zu erreichen.

Planungs- und Kontrollprozesse erfordern eine umfassende und zielbezogene Informationsversorgung. Man spricht auch vom unternehmens- bzw. konzernweiten Berichtswesen, das die Entscheidungsträger rechtzeitig, umfassend und in entscheidungsrelevanter Aufbereitung mit aktuellen Informationen versorgen soll. Das Informationsmanagement ist eine originäre Controllerfunktion, von deren Qualität und Eignung sich der Aufsichtsrat überzeugen muss. Dies einerseits um die Qualität der Managementaentscheidungen zu gewährleisten, andererseits um Schadensersatzansprüche abwehren zu kön-nen, weil die Business Judgement Rule bei unternehmerischen Entscheidungen eine angemessene Informationsgrundlage erfordert.

Hierbei ist neben den organisatorischen und technischen Rahmenbedingungen des Berichtswesens auch die Eignung von Kennzahlen im Hinblick auf ihre Frühwarneigenschaften zu beurteilen. In diesen Rahmen fallen auch das Risikoreporting sowie die strategischen Kennzahlensysteme wie die Balanced Scorecard. Auch die strategischen Kostenmanagementsysteme wie die Prozesskostenrechnung und das Target Costing stehen als strategische Informationsinstrumente zur Verfügung, ebenso die Modelle der Investitions- und Finanzplanung und der Budgetierung. Gerade letztere sind strategische Informations- bzw. Planungs- und Kontrollinstrumente, die ein Aufsichtsrat für seine Funktionserfüllung nach § 90 Abs. 1 Satz 2 AktG verstehen muss, wenn er die Vorstandsberichte zur beabsichtigten Geschäftspolitik und anderen grundsätzlichen Fra-

Entscheidend ist vor allem die adressatengerechte Aufbereitung der Informationen, da Aufsichtsräte in kurzer Zeit und mit Distanz zum Tagesgeschäft umgehen müssen.

gen der Unternehmensplanung (insbesondere Finanz-, Investitions- und Personalplanung) sowie die dazu gehörende Follow-up-Berichterstattung kritisch zu lesen hat. Vgl. § 93 Abs. 1 Satz 2 AktG.

Organisation und Unternehmenskultur bilden den qualitativen Rahmen der betrieblichen Leistungserstellung in stra-

Aufsichtsräte müssen sich für eine effiziente Unternehmensüberwachung eine Vorstellung machen von den Kontrollbereichen und Kontrollinstrumenten, die die Geschäftsführung mit Unterstützung des Controllings einsetzt. Man unterscheidet folgende **Kontrollarten**:

Zielkontrolle: Prüfung, ob Ziele miteinander kompatibel sind	**Planfortschritts-kontrolle:** Prüfung, ob Plan erwartungsgemäß verwirklicht wird; Zwischenziele, Meilensteine	**Ergebniskontrolle:** Soll-Ist-Vergleich, (operative Kontrolle)	**Prognosekontrolle:** prognostizierte Größen werden auf Kompatibilität überprüft	**Prämissen-kontrolle:** Sind Planungsannahmen zu korrigieren?	**Prozesskontrolle:** Zykluszeiten, Fertigungszeiten des Personals, Qualität

Die strategische Kontrolle kann folgendermaßen organisiert sein:

- Zentrale/dezentrale Kontrolle
- Eigen- und Fremdkontrolle
- interne und externe Kontrolle
- einmalige/kontinuierliche Kontrolle

Strategische Kontrolle unterscheidet sich von strategischer Überwachung, indem es dort

- keine Begrenzung auf abgeschlossene Kontrollbereiche gibt,
- eine ungerichtete Suche nach evtl. Abweichungen die Fokussierung auf potenzielle Problembereiche aufgibt und
- ein strategisches Radar die fortlaufende Untersuchung des Zielerfüllungsgrades bei internen und externen Planbereichen ermöglicht.

9

tegischer Hinsicht sowohl für die dispositiven wie auch die leistungswirtschaftlichen Aktivitäten, welche den Erfolg des Unternehmens beeinflussen können.

Die Kenntnis der Aufbau- und Ablauforganisation ist für den Aufsichtsrat von Bedeutung, um die Eignung der Organisation beurteilen zu können, die betriebliche Tätigkeit in Abhängigkeit von internen und externen Faktoren zu steuern und zu optimieren. So empfiehlt sich bei einer Aktivität in heterogenen, aber stabilen Umwelten eher eine Divisions- oder Spartenorganisation, wohingegen eine Aktivität in dynamischen Umwelten Teamorganisationen, lernende Organisationskonzepte oder Organisationsmodelle virtueller Unternehmensverbindungen erfordert.

Die Kenntnis der Aufbau- und Ablauforganisation ist auch erforderlich, um die Flexibilität der Organisation bei sich wandelnden Rahmenbedingungen einschätzen zu können. Damit ist auch die Verbindung zur Unternehmenskultur gegeben.

Quellen, weiterführende Literatur

Bea, F. X./Haas J. (2013): Strategisches Management, 6. Aufl. Konstanz/München 2013.

Beyer, M./Heyd, R. (2014): Die Anwendung unterschiedlicher Budgetierungsverfahren und ihre Auswirkungen auf die Unternehmenskontrolle durch den Aufsichtsrat, in: Der Aufsichtsrat 2014, Heft 6/2014, S. 82-84.

Beyer, M./Heyd, R. (2016): Einführung zur Corporate Governance, in: Heyd/Beyer (Hrsg.), Corporate Governance in der Finanzwirtschaft – Aktuelle Herausforderungen und Haftungsrisiken, Berlin 2016.

Beyer, M./Heyd, R. (2015): Die Überwachung des Rechnungslegungsprozesses – Vom Prozessverständnis bis zur Bilanzpressekonferenz, in: BOARD 2015, Heft 1/2015, S. 6-10.

Beyer, M./Wulfert, I. (2015): Finanzinstrumente – Herausforderung für Aufsichtsräte?, in: BOARD 2015, Heft 4/2015, S. 157-161.

Heinen, E./Fank, M. (2013): in: Bea/Haas Strategisches Management, 6. Aufl. Konstanz/München 2013.

Heyd, R. (2014): Jahresabschluss, Konstanz/München 2014.

Heyd, R./Beyer, M. (2010): Bedeutung des Corporate Governance Reportings nach §289a HGB als Publizitätsinstrument – Wesentliche Neuerungen und deren Auswirkungen auf die bestehenden Informationsasymmetrien, in: Zeitschrift für Planung und Unternehmenssteuerung (Z Plan) 2010, S. 373-392.

Heyd, R./Beyer, M. (2011): Bedeutung des Corporate Governance Reportings nach neuem Recht, in: Heyd/Beyer (Hrsg.), Die Prinzipal-Agenten-Theorie in der Finanzwirtschaft – Analysen und Anwendungsmöglichkeiten in der Praxis, Berlin 2011.

Heyd, R./Beyer, M. (Hrsg.) (2016): Corporate Governance in der Finanzwirtschaft – Aktuelle Herausforderungen und Haftungsrisiken, Berlin 2016.

Heyd, R./Beyer, M. (2016): EU-Reform der Abschlussprüfung und ihre Auswirkungen auf die Arbeit von Aufsichtsrat und Prüfungsausschuss, in: Heyd/Beyer (Hrsg.), Corporate Governance in der Finanzwirtschaft – Aktuelle Herausforderungen und Haftungsrisiken, Berlin 2016.

Heyd, R./Beyer, M./Zorn D. (2014): Bilanzierung nach HGB in Schaubildern: Die Grundlagen von Einzel- und Konzernabschlüssen nach HGB, München 2014.

9

Kapitel 10:

AReG

Inhaltsverzeichnis

Überblick

Durch das Abschlussprüferreformgesetz (AReG) ergeben sich neue Anforderungen an Aufsichtsräte und Prüfungsausschüsse.

Einrichtung eines Prüfungsausschusses

Weiterhin können Gesellschaften freiwillig bzw. entsprechend den Empfehlungen des § 107 Abs. 3 S. 1 AktG sowie Tz. 5.3.2 S. 1 des DCGK einen Prüfungsausschuss einrichten, um die Arbeit im Aufsichtsrat effizient und qualitativ hochwertig zu gestalten. Kapitalmarktorientierte Unternehmen, die über keinen Aufsichtsrat verfügen, der die Anforderungen des § 100 Abs. 5 AktG erfüllt, müssen nach § 324 HGB einen gesonderten Prüfungsausschuss bilden, der in diesen Fällen ein eigenständiges gesellschaftsrechtlich verpflichtendes Unternehmensorgan darstellt. Der Anwendungsbereich dieser Norm wurde erweitert auf alle Public Interest Entities (PIE), also kapitalmarktorientierte Unternehmen, CRR-Kreditinstitute und Versicherungsunternehmen.

> Auch wenn PIEs als Mutter- oder Tochterunternehmen in einen Konzernverband einbezogen sind, besteht für jede einzelne Gesellschaft als PIE die Pflicht, einen Prüfungsausschuss einzurichten.

Auch wenn PIEs als Mutter- oder Tochterunternehmen in einen Konzernverband einbezogen sind, besteht für jede einzelne Gesellschaft als PIE die Pflicht einen Prüfungsausschuss einzurichten. Auch wenn die Muttergesellschaft einen Prüfungsausschuss eingerichtet hat, müssen Tochterunternehmen, sofern sie die Eigenschaften einer PIE erfüllen, ebenfalls einen solchen einrichten. Ein entsprechendes Mitgliedstaatenwahlrecht in Art. 39 Abs. 3a EU-Richtlinie wurde in deutsches Recht nicht übernommen.

Anforderungen an Mitglieder von Aufsichtsrat und Prüfungsausschuss (z. B.) Sachverstand auf den Gebieten der Rechnungslegung und/oder Abschlussprüfung

Der Aufsichtsrat von PIEs muss über mindestens ein Mitglied mit Sachverstand in der Rechnungslegung und/oder Abschlussprüfung verfügen (Financial Expert). Besondere Anforderungen an dessen Unabhängigkeit bestehen seit dem Inkrafttreten des AReG nicht mehr. Das bedeutet, dass jetzt auch z. B. Vertreter eines Mehrheitsaktionärs oder einer bestimmten Aktionärsgruppe diese Funktion wahrnehmen können. Unabhängig von der Gesetzeslage verlangt Tz. 5.3.2 S. 2 und 3 des DCGK, dass der Prüfungsausschussvorsitzende unabhängig sein muss und über besondere Kenntnisse und Erfahrungen in der Anwendung von Rechnungslegungsgrundsätzen und internen Kontrollverfahren verfügen muss. Zwar haben die Empfehlungen des DCGK keinen verpflichtenden Charakter, allerdings müssen börsennotierte Unternehmen in der Entsprechenserklärung nach § 161 AktG angeben und begründen, ob und wenn ja warum sie davon abweichen. Der Vorsitzende des Prüfungsausschusses bei Kreditinstituten muss nach § 25d Abs. 9 KWG sowohl über Sachverstand auf dem Gebiet der Rechnungslegung als auch der Abschlussprüfung verfügen.

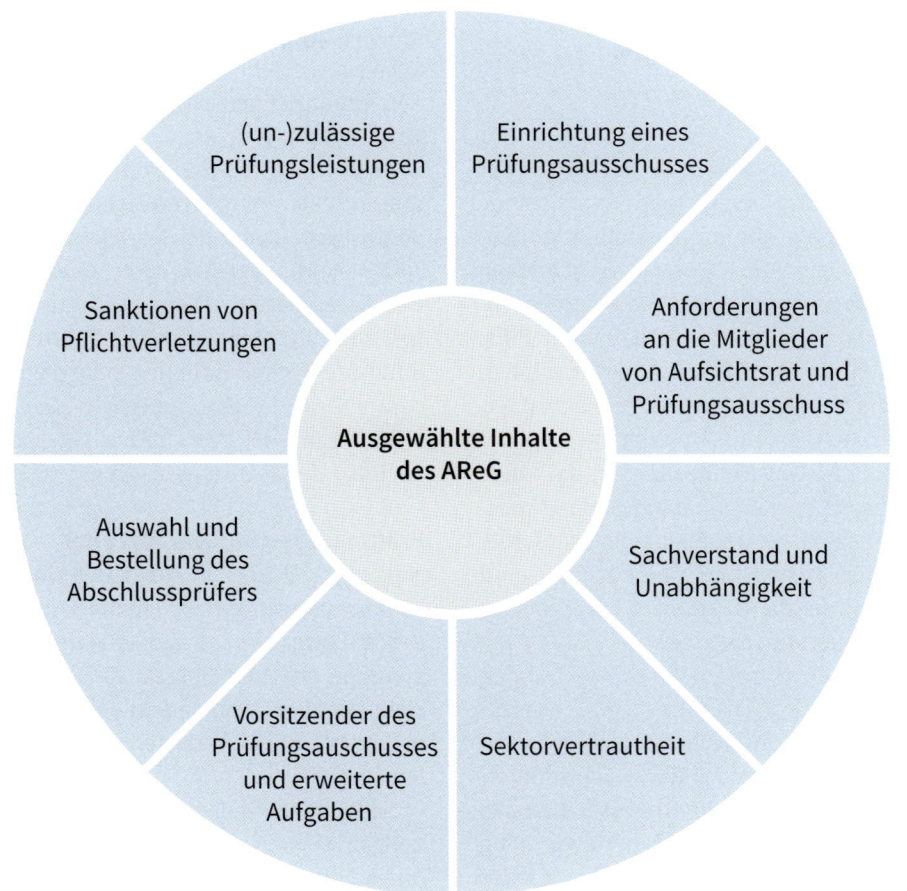

Details zum AReG

Unabhängigkeit

Nach § 324 Abs. 2 HGB muss die Mehrheit der Mitglieder des Prüfungsausschusses, darunter der Ausschussvorsitzende zwingend unabhängig sein. Dies gilt für kapitalmarktorientierte Gesellschaften, für die kein Aufsichtsrat vorgeschrieben ist. Für Kreditinstitute und Versicherungen gelten entsprechende Regelungen (§§ 340k Abs. 5, 341k Abs. 4 HGB). Für PIEs, die nach ihrer Rechtsform einen Aufsichtsrat haben, bestehen keine Anforderungen an die Unabhängigkeit des Financial Experts mehr (§ 100 Abs. 5 AktG). Dennoch empfiehlt Tz. 5.4.2 Satz 1 des Deutschen Corporate Governance Kodex, dass dem Aufsichtsrat eine angemessene Anzahl unabhängiger Mitglieder angehören soll. Eine spezifische Unabhängigkeitsanforderung an den Financial Expert besteht auch hier nicht. Somit können auch Vertreter eines Mehrheitsaktionärs oder anderer Aktionärsgruppen diese Funktion übernehmen.

Sektorvertrautheit

§ 100 Abs. 5 AktG verlangt, dass der Aufsichtsrat insgesamt mit dem Sektor vertraut sein muss, in dem das überwachte Unternehmen tätig ist. Diese Anforderung betrifft grundsätzlich alle Aufsichtsratsmitglieder, d. h. sowohl Anteilseigner- wie auch Arbeitnehmervertreter, gleichermaßen, wenngleich nicht jedes Aufsichtsratsmitglied mit jedem Detailproblem des Geschäftsmodells des Unternehmens vertraut sein muss. Insgesamt muss aber eine »flächendeckende Vertrautheit mit dem Umfeld und den Unternehmensstrukturen und -prozessen im Aufsichtsrat repräsentiert sein. In der Literatur wird der Begriff Sektorvertrautheit umschrieben mit Vertrautheit mit dem Geschäftsfeld der Gesellschaft sowie Vorhandensein von Branchenkenntnissen. Diese Vertrautheit kann durch praktische Erfahrungen in der Branche, durch intensive Weiterbildungen oder langjährige Zugehörigkeit zu beratenden Berufen innerhalb der Branche erlangt worden sein. Die in § 100 Abs. 5 AktG geforderte Sektorvertrautheit gilt auch für den Prüfungsausschuss (§ 107 Abs. 4 AktG).

> **Der Aufsichtsrat muss mit dem Sektor vertraut sein, in dem das überwachte Unternehmen tätig ist.**

Prüfungsausschussvorsitzender

Nach Art. 39 Abs. 1 Unterabschnitt 4 der EU-Richtlinie ist der Prüfungsausschussvorsitzende entweder von den Mitgliedern des Prüfungsausschusses »aus ihrer Mitte«, oder vom Gesamtgremium des Aufsichtsrats zu wählen. § 324 Abs. 2 Satz 1 HGB sieht allerdings vor, dass alle Mitglieder des Prüfungsausschusses, nicht nur der Vorsitzende, von den Gesellschaftern zu wählen sind.

Schließlich finden sich Sanktionsnormen bei Pflichtverletzungen sowohl des Abschlussprüfers wie auch der Verwaltungs- oder Leitungsorgane von Unternehmen von öffentlichem Interesse (PIE).

Erweiterte Aufgaben des Prüfungsausschusses

- Überwachung des Rechnungslegungsprozesses

- Überwachung der Wirksamkeit des internen Kontrollsystems, des Risikomanagementsystems und des internen Revisionssystems

- Überwachung der Abschlussprüfung, insbesondere der Unabhängigkeit des Abschlussprüfers und der vom Abschlussprüfer zusätzlich erbrachten Leistungen

- In Bezug auf die Überwachung der Abschlussprüfung werden die Aufgaben des Prüfungsausschusses (ersatzweise des Aufsichtsrats) konkretisiert und erweitert

- Auswahl und Bestellung des Abschlussprüfers

- Überwachung der Unabhängigkeit und Qualität des Abschlussprüfers

- Gewährleistung der Integrität des Abschlussprüfers und des Rechnungslegungsprozesses

- Mitwirkung bei der Festlegung von Prüfungsschwerpunkten sowohl bei der Prüfungsplanung als auch bei der Berichterstattung über die Prüfung z.B. betreffend die Key Audit Matters im Rahmen des Bestätigungsvermerks

10

Erweiterte Aufgaben des Prüfungsausschusses

Der Prüfungsausschuss hat nach § 107 Abs. 3 AktG bzw. § 25d Abs. 9 KWG und Tz. 5.3.2 des Deutschen Corporate Governance Kodex folgende im nächsten Schaubild dargestellte Aufgaben.

Auswahl und Bestellung des Abschlussprüfers

Bei der Auswahl des Abschlussprüfers hat der Prüfungsausschuss von Public Interest Entities (§ 107 Abs. 3 AktG) die Vorgaben des Art. 16 EU-VO zu berücksichtigen. Mit diesen Regelungen soll der Gesellschafterversammlung eine fundierte Entscheidung aufgrund transparenter Auswahlkriterien ermöglicht werden. Die generelle Zuständigkeit des Prüfungsausschusses für die Auswahl des Abschlussprüfers ergibt sich aus § 107 Abs. 3 Satz 2 AktG. Die finale Bestellung des Abschlussprüfers obliegt allerdings weiterhin der Gesellschafterversammlung (§ 119 Abs. 1 Nr. 3 AktG). Nach § 124 Abs. 3 Satz 2 AktG war bislang schon bei kapitalmarktorientierten Gesellschaften im Sinne des § 264d HGB der Vorschlag des Aufsichtsrats gegenüber der Gesellschafterversammlung zur Wahl des Abschlussprüfers auf die Empfehlung des Prüfungsausschusses zu stützen. Diese Regelung wird durch das AReG konkretisiert und erweitert. Dabei wird ein mehrstufiger in vier Phasen gegliederter Auswahlprozess vorgeschrieben, von dem nur PIEs mit geringer Marktkapitalisierung aufgrund des unverhältnismäßig hohen Aufwands von der Pflicht zur Durchführung dieses formalen Auswahlverfahrens befreit (Art. 16

Die finale Bestellung des Abschlussprüfers obliegt weiterhin der Gesellschafterversammlung.

Abs. 4 EU-VO) sind. Allerdings bleibt die Notwendigkeit, eine begründete Empfehlung an die Gesellschafterversammlung zu übermitteln, auch in diesen Fällen bestehen.

Öffentliche Ausschreibung: Die (Neu-)Ausschreibung eines Prüfungsmandats bei einer Public Interest Entity (PIE) ist vom Prüfungsausschuss vorzubereiten. Er kann auf die Prüfungsgesellschaften zugehen und sie auffordern, sich an der Ausschreibung zu beteiligen, die er für geeignet hält. Er kann über die zur Teilnahme aufzufordernden Kandidaten frei entscheiden und direkte Verhandlungen mit den an der Ausschreibung interessierten Teilnehmern führen. Zu beachten hat er nur, dass kleine und mittlere Abschlussprüfer nicht von der Teilnahme an der Ausschreibung ausgeschlossen werden und dass die Cooling-Off-Periode von vier Jahren nach Ablauf der maximalen Mandatsdauer eingehalten wird. Kleine und mittlere Prüfungsgesellschaften sind solche, die im vorangegangenen Kalenderjahr in dem jeweiligen Mitgliedstaat der EU weniger als 15 % der Gesamthonorare bei Public Interest Entities bezogen haben. Bei einer Verlängerung des Prüfungsmandats nach Ablauf der maximalen Mandatsdauer von zehn Jahren muss ein öffentliches Ausschreibungsverfahren nach Art. 17 Abs. 4a EU-VO durchgeführt werden. Die Vorbereitungsmaßnahmen des Prüfungsausschusses bei der (Neu-)Ausschreibung des Prüfungsmandats beginnen mit der Erstellung von Ausschreibungsunterlagen, aus denen der potenzielle Bewerber für das Prüfungsmandat, die Geschäftstätigkeit des zu prüfenden Un-

Übergangsregelungen bei der Pflichtrotation	
1. PIEs mit demselben Prüfer seit mehr als 20 Jahren	Pflichtrotation spätestens 2020
2. PIEs mit demselben Prüfer seit mehr als 10 Jahren, aber weniger als 20 Jahren	Pflichtrotation spätestens 2023
3. PIEs mit demselben Prüfer seit weniger als 11 Jahren (sogenannte »Kurzläufer«)	Wahlrecht: 1. Ausschreibung nach 10 Jahren 2. Joint Audit Kreditinstitute/Versicherungen: Pflichtrotation nach 10 Jahren

In Bezug auf die EU-Verordnung ist zwischen dem Zeitpunkt des Inkrafttretens und dem Zeitpunkt der erstmaligen Anwendung zu unterscheiden. Die EU-Verordnung ist bereits am 16. Juni 2014 in Kraft getreten, jedoch erst ab dem 17. Juni 2016 anzuwenden. Diese Unterscheidung ist insbesondere bei den Übergangsregelungen für die externe Pflichtrotation relevant. Der maßgebliche Stichtag für die Betrachtung der Laufzeit eines Abschlussprüfermandats ist gemäß Art. 41 EU-Verordnung das Datum des Inkrafttretens und somit der 16. Juni 2014. Die EU-Verordnung unterscheidet in Art. 41 für die Anwendung der Übergangsregelungen die drei oben angeführten Konstellationen.

10

ternehmens und die Art der durchzuführenden Abschlussprüfung erkennen kann. Ferner sind die Auswahlkriterien zu definieren, welche eine transparente und diskriminierungsfreie Auswahl gewährleisten sollen.

Diskriminierungsfreie Auswahl: Die Ausschreibung muss für die potenziellen Teilnehmer die Auswahlkriterien erkennen lassen, die der Prüfungsausschuss der PIE definiert hat. Zu beachten sind dabei lediglich die Vorschriften zur externen Rotation. Hat der Kandidat für das Prüfungsmandat bereits im Vorjahr an der Gestaltung und Umsetzung interner Kontroll- und Risikomanagementverfahren zur Erstellung und/oder Kontrolle von Finanzinformationen oder Finanzinformationstechnologien mitgewirkt, so ist er nach den Cooling-Off-Regelungen von der Prüfung auszuschließen (Art. 5 Abs. 1b EU-VO).

> Die bisherige Liste der unzulässigen Nichtprüfungsleistungen wird durch Art. 5 Abs. 1 EU-VO deutlich erweitert.

Begründete Auswahlempfehlung an den Aufsichtsrat: Auf Basis der Ergebnisse des vorangegangenen Auswahlverfahrens spricht der Prüfungsausschuss einer PIE eine Empfehlung für die Bestellung des Abschlussprüfers an den Aufsichtsrat aus. Die Empfehlung muss mindestens zwei begründete Vorschläge enthalten mit einer Präferenz für einen der Vorschläge. Die Begründung ist insbesondere erforderlich, wenn

- freiwillig keine Wiederbestellung erfolgt,
- eine Wiederbestellung aufgrund der externen Rotationspflicht nicht erfolgen kann bei Erreichen der Mandatshöchstgrenzen,

- eine Verlängerung des Mandats nach öffentlicher Ausschreibung auf bis zu 20 Jahre bzw. 24 Jahre bei einem Joint Audit erfolgt.

Der Prüfungsausschuss muss erklären, dass die Empfehlung frei von unangemessener Einflussnahme Dritter zustande gekommen ist und keinerlei Verträge oder Klauseln existieren, die die Auswahl des Abschlussprüfers einschränken (Art. 16 Abs. 2 Unterabschnitt 3 EU-VO). Zuwider stehende Einflussnahmen sind der zuständigen Behörde (APAS) zu melden (Art. 16 Abs. 6 Unterabschnitt 2 EU-VO).

Wahlvorschlag an die Hauptversammlung: Der Hauptversammlung des zu prüfenden Unternehmens gehen der Vorschlag, die Empfehlung und die Präferenz des Prüfungsausschusses zu. Folgt der Aufsichtsrat der Empfehlung des Prüfungsausschusses, leitet der Aufsichtsrat seinen Vorschlag mit dem einen vom Prüfungsausschuss präferierten Abschlussprüfer an die Hauptversammlung weiter. Präferiert der Aufsichtsrat einen anderen als den vom Prüfungsausschuss begründeter Weise bevorzugten Abschlussprüfer, so sind in dem (abweichenden) Vorschlag an die Hauptversammlung Gründe dafür zu nennen, warum der Aufsichtsrat der Empfehlung des Prüfungsausschusses nicht folgt. Allerdings darf kein Abschlussprüfer ausgewählt werden, der nicht an dem Auswahlverfahren teilgenommen hat. In Deutschland ist nicht vorgesehen, die Empfehlung für die Wahl des Abschlussprüfers einem Nominierungsausschuss zu übertragen.

Katalog unzulässiger Nichtprüfungsleistungen gem. Art. 5 Abs. 1 EU-VO

- Steuerberatungsleistungen (Lohnsteuer, Zölle)
- Leistungen mit Teilnahme an der Führung oder an Entscheidungen des geprüften Unternehmens; also Leistungen, die im eigentlichen Kompetenz- und Verantwortungsbereich des geprüften Unternehmens liegen, z.B. Working Capital Management, Bereitstellung von Finanzinformationen, Optimierung von Geschäftsabläufen, Finanzmittelverwaltung (Cash Management), Verrechnungspreisgestaltung, Supply Chain Management, u.Ä.
- Buchhaltung, Erstellung von Rechnungslegungsunterlagen und Abschlüssen
- Lohn- und Gehaltsabrechnungen
- Gestaltung und Umsetzung interner Kontroll- und Risikomanagementsysteme, die bei der Erstellung und/oder Kontrolle von Finanzinformationen oder Finanzinformationstechnologiesystemen eingesetzt werden
- Allgemeine Rechtsberatung, Verhandlungen im Namen des geprüften Unternehmens und Vermittlungstätigkeiten in Bezug auf die Beilegung von Rechtsstreitigkeiten

- Interne Revisionstätigkeiten
- Leistungen in Verbindung mit der Finanzierung, Kapitalstruktur und -ausstattung, Anlagestrategie des geprüften Unternehmens mit Ausnahme von Bestätigungsleistungen für Abschlüsse oder Prüfungsbescheinigungen (Comfort Letters) bei herausgegebenen Prospekten
- Werbung für Handel mit oder Zeichnung von Aktien des geprüften Unternehmens
- Personaldienstleistungen bezüglich Mitgliedern der Unternehmensleitung, die Einfluss auf die Vorbereitung von Rechnungslegungsunterlagen oder Abschlüssen haben, z.B. Personalauswahl für solche Kandidaten oder Überprüfung von Referenzen für solche Kandidaten
- Aufbau der Organisationsstruktur
- Kostenkontrolle

10

Überwachung der Unabhängigkeit und Qualität des Abschlussprüfers: Es gehört schon nach der bisherigen Rechtslage zu den Aufgaben des Prüfungsausschusses, die Unabhängigkeit des Abschlussprüfers zu überwachen. Dazu zählt auch die Beobachtung der von ihm über seine Prüftätigkeit hinaus für die Gesellschaft erbrachten Nichtprüfungsleistungen (§ 107 Abs. 3 Satz 2 AktG). Die bisherige Liste der **unzulässigen Nichtprüfungsleistungen** findet sich in den §§ 319 und 319a HGB. Art. 5 Abs. 1 EU-VO erweitert diesen **Katalog** und verbietet Abschlussprüfern von Unternehmen von öffentlichem Interesse folgende Tätigkeiten für die zu prüfende **PIE:** Unzulässige Nichtprüfungsleistungen unterliegen keiner Wesentlichkeitsgrenze, d. h. sie sind mit dem Prüfungsmandat nicht vereinbar, auch wenn sie in nur geringfügigem Umfang erbracht werden.

Zulässige Nichtprüfungsleistungen können Bewertungsleistungen sowie Steuerberatungsleistungen (mit Ausnahme von Beratungen bei Lohnsteuer und Zöllen) sein. § 319a Abs. 1 HGB verbietet Bewertungs- und Steuerberatungsleistungen, wenn sie sich einzeln oder zusammen auf den zu prüfenden Jahresabschluss unmittelbar und nicht nur unwesentlich auswirken. Ein Beispiel ist die aggressive Steuerplanung. Bei der Erbringung von Nichtprüfungsleistungen sind stets die Grundsätze der EU-RL 2006/43/EG zu beachten, wonach der Abschlussprüfer sicherzustellen hat, dass kein Risiko der Selbstprüfung, des Eigeninteresses, der Interessenvertretung, der Vertrautheit oder einer Vertrauensbeziehung besteht und ein objektiver, verständiger und informierter Dritter auch nicht den Schluss ziehen würde, dass die Unabhängigkeit in Gefahr ist (Independence in Fact und Independence in Appearance).

Das Verbot für die Erbringung bestimmter Nichtprüfungsleistungen bezieht sich zeitlich auf den Zeitraum vom Beginn des zu prüfenden Geschäftsjahres bis zur Erteilung des Bestätigungsvermerks. In Bezug auf die Mitwirkung des Abschlussprüfers bei der Gestaltung und Umsetzung interner Kontroll- und Risikomanagementprozesse besteht das Mitwirkungsverbot des Abschlussprüfers bereits im gesamten Geschäftsjahr vor dem Prüfungszeitraum (Cooling-in-Period). Neben der Beobachtung von Nichtprüfungsleistungen dient die Einhaltung der Vorschriften zur externen Pflichtrotation der Überwachung der Unabhängigkeit des Abschlussprüfers. Hier hat der Prüfungsausschuss bzw. Aufsichtsrat den Zeitpunkt des nächsten Prüferwechsels zu ermitteln und ggf. einen vorzeitigen Wechsel in Betracht zu ziehen.

Gewährleistung der Integrität des Rechnungslegungsprozesses: Bereits nach § 107 Abs. 3 Satz 3 AktG gehört es zu den Aufgaben des Prüfungsausschusses, den Rechnungslegungsprozess zu überwachen. Somit hatte bereits bisher der Prüfungsausschuss die Pflicht, auf Verbesserungen der Systeme und deren Funktionsfähigkeit hinzuwirken. Für die Aufgabe des Prüfungsausschusses, auf die Einrichtung eines ef-

> Das Verbot für die Erbringung bestimmter Nichtprüfungsleistungen bezieht sich zeitlich auf den Zeitraum vom Beginn des zu prüfenden Geschäftsjahres bis zur Erteilung des Bestätigungsvermerks.

Katalog zulässiger Nichtprüfungsleistungen

Zulässige und mit dem Prüfungsmandat vereinbare **Steuerberatungsleistungen** sind beispielsweise:
- Erstellung von Steuererklärungen
- Allgemeine und laufende steuerliche Beratung (außer zu Lohnsteuer und Zöllen)
- Fördermittelberatung, soweit kein direkter Einfluss auf die Managemententscheidung besteht
- Unterstützung hinsichtlich Steuerprüfungen durch die Steuerbehörden, z.B. begleitende Analyse und Zusammenstellung historischer Daten sowie die Beratung zu Einsprüchen, die steuerliche Unterstützung in Finanzgerichtsverfahren oder Einigungen mit der Finanzverwaltung
- Berechnung der direkten und indirekten Steuern sowie latenter Steuern
- Beratung bei Transfer-Pricing-Studien, Transfer-Pricing-Dokumentationen, die Tax Due Diligence

Zulässige und mit dem Prüfungsmandat vereinbare **Bewertungsleistungen** sind beispielsweise:
- Vendor Due Diligence/Buy-Side Due Diligence
- Integrationsberatung zu vollzogenen Unternehmenskäufen
- Reports, die typischerweise von einem Abschlussprüfer im Zusammenhang mit der Kapitalmarktregulierung zu erbringen sind
- Unterstützung bei bilanziellen Fragen im Zusammenhang mit Unternehmenskäufen, Agreed-upon-Procedures z.B. bezüglich Kreditverpflichtungen
- Sonstige strategische Beratungsleistungen, sofern sie nicht mit der Finanzierung, der Kapitalstruktur und -ausstattung und der Anlagestrategie des geprüften Unternehmens in Zusammenhang stehen

10

fizienten Rechnungslegungsprozesses hinzuwirken, muss der Prüfungsausschuss auf Informationen des Vorstands und ggf. auf die des Abschlussprüfers zurückgreifen; dabei sind vor allem der erweiterte Prüfungsbericht (Art 11 EU-VO, § 321 HGB), der erweiterte Bestätigungsvermerk (Art. 10 EU-VO, § 322 HGB) und die mündliche Berichterstattung

> Nach Abschluss der Prüfung hat der Prüfungsausschuss einen Bericht über das Ergebnis der Abschlussprüfung an den Aufsichtsrat zu erstatten.

des Abschlussprüfers in der Bilanzsitzung des Aufsichtsrats bzw. Prüfungsausschusses (§ 171 Abs. 1 Satz 2 AktG) von besonderer Bedeutung.

Der Grad der Einflussnahme des Prüfungsausschusses auf den Vorstand zur Optimierung der Prozesse der Abschlusserstellung wird in der Literatur unterschiedlich beurteilt. Vorschläge zur Ergänzung, Verbesserung, Beratung um Schwächen zu beseitigen, werden nach allgemeiner Auffassung dem Prüfungsausschuss zugestanden, die Umsetzung dieser Vorschläge obliegt allerdings dem Vorstand als Maßnahme der Geschäftsführung.

Nach Abschluss der Prüfung hat der Prüfungsausschuss einen Bericht über das Ergebnis der Abschlussprüfung an den Aufsichtsrat zu erstatten. Dabei ist darzustellen, in wieweit die Abschlussprüfung zur Integrität der Rechnungslegung beigetragen hat und welche Rolle der Prüfungsausschuss in diesem Prozess gespielt hat (Art. 39 Abs. 6 Buchst. a EU-RL).

Sanktionen von Pflichtverletzungen

Die Sanktionen betreffen sowohl den Abschlussprüfer und die Prüfungsgesellschaften (geregelt im APAReG) wie auch die Mitglieder von Verwaltungs- oder Leitungsorganen der geprüften Unternehmen von öffentlichem Interesse (Art. 30a Abs. 1 EU-RL). Im Kontext der Abschlussprüfung und der Überwachung des Abschlussprüfers werden Pflichtverletzungen von Mitgliedern des Prüfungsausschusses und des Aufsichtsrats sanktioniert. Drei prüfungsbezogene Pflichtfelder des Prüfungsausschusses bzw. Aufsichtsrats sind Gegenstand von Sanktionsnormen (§ 334 Abs. 2a HGB).

- Überwachung der Unabhängigkeit des Abschlussprüfers. Sanktioniert wird, wenn
  - keine vorherige Zustimmung zu Nichtprüfungsleistungen erfolgt,
  - die Einholung der Unabhängigkeitserklärung des Abschlussprüfers unterbleibt oder
  - die Überprüfung ausbleibt, ob der Abschlussprüfer aus dem geprüften Unternehmen von öffentlichem Interesse längerfristig, d.h. über den Drei-Jahres-Zeitraum hinaus, nicht mehr als 15 % seiner insgesamt vereinnahmten Honorare zieht.
- Auswahl des Abschlussprüfers. Pflichtverletzungen werden sanktioniert, wenn
  - das Auswahlverfahren nach Art. 16 EU-VO nicht den formalen Anforderungen entspricht,

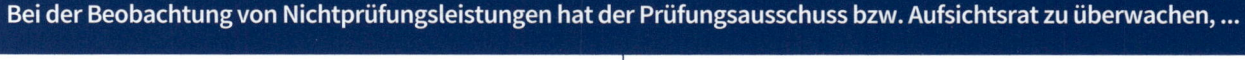

Bei der Beobachtung von Nichtprüfungsleistungen hat der Prüfungsausschuss bzw. Aufsichtsrat zu überwachen, ...

ob der Katalog unzulässiger Nichtprüfungsleistungen (black list) eingehalten wird.

ob der Fee Cap nicht überschritten wird, wonach die Gesamthonorare für zulässige Nichtprüfungsleistungen des Abschlussprüfers auf 70% des durchschnittlichen Abschlussprüferhonorars der letzten drei aufeinanderfolgenden Geschäftsjahre (Fee Cap) begrenzt sind (Art. 4 Abs. 2 der EU-VO).

ob die zulässigen Nichtprüfungsleistungen vorab vom Aufsichtsrat bzw. vom Prüfungsausschuss genehmigt werden (Pre-Approval). Das bedeutet, dass der Vorstand den Abschlussprüfer nicht ohne vorherige Zustimmung des Prüfungsausschusses bzw. Aufsichtsrats für Nichtprüfungsleistungen beauftragen kann. Hierbei ist auch die Situation ausländischer Tochtergesellschaften eines inländischen PIE oder anderer Netzwerkpartner der in Frage stehenden Prüfungsgesellschaft in die Betrachtung einzubeziehen. Es empfiehlt sich die Einrichtung eines konzernweiten Erfassungs- und Reportingsystems für die zu genehmigenden Nichtprüfungsleistungen sowie die damit zusammenhängenden Honorare.

10

– die Empfehlung für die Bestellung des Abschlussprüfers fehlerhaft ist, sie also keine begründete Empfehlung mit mindestens zwei Vorschlägen und einer transparenten Präferenz enthält oder

– die Erläuterung fehlt, dass keine unangemessene Einflussnahme auf das Auswahlverfahren erfolgt ist und keine Klauseln bestehen, welche die Auswahlentscheidung der Hauptversammlung einschränken.

Der Aufsichtsrat bzw. Prüfungsausschuss begeht eine Straftat, wenn der Vorschlag an die Hauptversammlung über die Bestellung eines Abschlussprüfers fehlerhaft ist, z.B. wenn

• der Vorschlag nicht die Empfehlung und begründete Präferenz des Prüfungsausschusses enthält,

• ein von der Präferenz des Prüfungsausschusses abweichender Vorschlag nicht begründet ist oder

• der vom Aufsichtsrat entgegen der Präferenz des Prüfungsausschusses vorgeschlagene Abschlussprüfer nicht am Auswahlverfahren teilgenommen hat.

Die Kodifikation der Sanktionsnormen findet sich in verschiedenen Einzelgesetzen, z.B. in §§ 404a und 405 AktG, §§ 86 bis 88 GmbHG, §§ 151a und 152 GenG, §§ 333a und 334, 340m und 340n sowie 342m und 341n HGB. Zuständig für die Verhängung von Geldbußen im Verwaltungsverfahren ist das Bundesamt für Justiz, bei Kreditinstituten und Versicherungen die Bundesanstalt für Finanzdienstleistungsaufsicht (BaFin). Nach der EU-RL müssen die verhängten Sanktionen öffentlich bekannt gemacht werden. Der Datenschutz wird durch das AReG im Rahmen der EU-Vorgaben weitgehend berücksichtigt. Zuständig ist hier die beim Bundesamt für Wirtschaft und Ausfuhrkontrolle angesiedelte APAS. Nach der EU-RL müssen die verhängten Sanktionen öffentlich bekannt gemacht werden.

Ordnungswidrigkeit		
1	**Mangelnde Überwachung der Unabhängigkeit des Abschlussprüfers** (Verstoß gegen Art. 4 Abs. 3 Unterabs. 2, Art. 5 Abs. 4 Unterabs. 1 Satz 1 oder Art. 6 Abs. 2 EU-VO)	**Geldbuße bis zu 50.000 Euro** Berücksichtigung der Bedeutung der Ordnungswidrigkeit, des Vorwurfs, der wirtschaftlichen Verhältnisse und des erlangten wirtschaftlichen Vorteils (§ 17 Abs. 3, 4 OWiG)
2	**Fehlerhafte Empfehlung für die Wahl eines Abschlussprüfers** (Verstoß gegen Art. 16 Abs. 2 Unterabs. 2, Unterabs. 3 oder Abs. 3 Unterabs. 1 EU-VO)	**Geringfügige Verstöße:** **Verwarnung**, ggf. inkl. Verwarnungsgeld zwischen 5 und 55 Euro (§ 56 OWiG)
3	**Fehlerhafter Vorschlag für die Wahl eines Abschlussprüfers an die Haupt-/ Gesellschafterversammlung/ zuständige Stelle** (Verstoß gegen Art. 16 Abs. 5 Unterabs. 1 EU-VO; sofern Aufsichtsrat und Prüfungsausschuss bestehen, zusätzlich Art. 16 Abs. 5 Unterabs. 2 Satz 1 oder Satz 2 EU-VO)	

Straftat		
4	Verletzung der zuvor genannten Pflichten unter Erhalt eines Vermögensvorteils , in der Aussicht auf einen solchen (Bestechung und Bestechlichkeit) oder bei beharrlicher Wiederholung	Freiheitsstrafe bis zu einem Jahr oder Geldstrafeunter den Voraussetzungen des § 70 StGB: Berufsverbot von einem Jahr bis zu fünf Jahren

10

Stichwortverzeichnis

Ihr Feedback ist uns wichtig!
Bitte nehmen Sie sich eine Minute Zeit

www.schaeffer-poeschel.de/feedback-buch